职业教育、应用型本科 计算机类专业新形态一体化 教材

U0180351

Python 程序设计项目教程
——从入门到实践

郑述招　何雪琪　杨忠明　主　编

电子工业出版社·
Publishing House of Electronics Industry
北京·BEIJING

内容简介

本教材由国家级职业教育教师教学创新团队与企业资深工程师共同编著；秉承"学生易学"原则，依据"项目引导、任务驱动"的思路，共设计了 13 个模块（项目），每个模块（项目）细分为 2 ~ 4 个任务；由实践到理论，再从理论回到实践，体现了职业教育和应用型本科教育的特点，符合初学者认知和学习编程的规律。教材内容由浅入深，除 Python 基础语法、流程控制、函数、字符串的处理、组合数据类型、文件与异常、面向对象等 Python 基础编程内容外，还包括 Python 爬虫、数据分析、数据可视化及 AI 应用等实践性模块。

在配套资源方面，本教材践行"教师易教"原则，提供了微课视频、教学课件、教案、课程标准、教学日历、习题答案、程序源代码、实训指导书、软件资源包、拓展案例、考试试卷等丰富资源。此外，本教材还提供课程答疑服务群，为选用本教材的教师提供答疑、资源分享、课程思政等服务。

本教材既可以作为职业院校、应用型本科院校程序设计相关课程的教材，又可以作为 Python 爱好者的参考用书。

图书在版编目（CIP）数据

Python 程序设计项目教程：从入门到实践 / 郑述招，何雪琪，杨忠明主编. —北京：电子工业出版社，2023.1
ISBN 978-7-121-44946-8

Ⅰ．① P… Ⅱ．①郑… ②何… ③杨… Ⅲ．①软件工具－程序设计－教材 Ⅳ．① TP311.561

中国国家版本馆 CIP 数据核字（2023）第 015976 号

责任编辑：李　静　　　　特约编辑：田学清
印　　刷：三河市良远印务有限公司
装　　订：三河市良远印务有限公司
出版发行：电子工业出版社
　　　　　北京市海淀区万寿路 173 信箱　　　邮编：100036
开　　本：880×1230　　1/16　　印张：18.5　　字数：474 千字
版　　次：2023 年 1 月第 1 版
印　　次：2023 年 3 月第 3 次印刷
定　　价：58.80 元

凡所购买电子工业出版社图书有缺损问题，请向购买书店调换。若书店售缺，请与本社发行部联系，联系及邮购电话：（010）88254888，88258888。

质量投诉请发邮件至 zlts@phei.com.cn，盗版侵权举报请发邮件至 dbqq@phei.com.cn。

本书咨询联系方式：（010）88254604，lijing@phei.com.cn。

前言

目前，Python 已经成为最流行的程序设计语言（之一），被广泛应用于人工智能、大数据、Web 开发、自动化运维、量化交易、数据分析、网络爬虫等领域。本教材从搭建编程环境入手，由浅入深、循序渐进，引导"零基础"的新手顺利进入 Python 的世界；有编程基础的读者可浏览部分内容，快速掌握 Python 基本技能；对其他编程语言"望而却步"的读者，通过"体验→学习→实践→应用"等过程，亦可重燃信心。

本教材具有如下特点：

（1）项目引导、任务驱动，力求"学生易学、乐学"

依据"项目引导、任务驱动"的设计理念，按照"零基础入门→技能进阶→实战应用"的顺序，教材内容共划分为 13 个模块（项目），每个模块（项目）细分为 2 ~ 4 个任务（如表 1 所示）；融"教、学、做、用"于一体，在实战任务中学习编程，激发学生学习的内驱动力、提升学生的成就感，体现了职业教育和应用型本科教育的特点，符合初学者认知和学习编程的规律。

表 1　本教材的模块、项目及思政主题

学习阶段	模块	项目（情景项目、实战项目）	思政主题
基础入门	1. 初识 Python	第一个 Python 程序	主动探索
	2. 语法基础	计算并打印成绩单	规则意识
	3. 流程控制	评定学生奖学金	逻辑严密
	4. 函数与模块	个人所得税计算器	爱国护税
	5. 字符串	中国古诗词的处理	传统文化
技能进阶	6. 列表与元组	校园歌手大赛评分	公平公正
	7. 字典与集合	编写"自动售货机"程序	学以致用
	8 文件与异常	不断完善"菜鸟记单词"程序	精益求精
	9. 面向对象编程	编写校园通信录	协同合作
应用实战	10. 网络爬虫	爬取热剧《觉醒年代》的信息	党史教育
	11.Pandas 数据分析	统计分析我国碳排放数据	绿色环保
	12. 数据可视化	北京冬奥会数据可视化	民族自豪
	13.AI 应用	野生动物识别	科技创新

（2）提供教学"一站式"解决方案，践行"老师易教、乐教"

本教材提供了丰富的数字化、立体化教学资源，包括微课视频、教学课件、教案、课程标准（教学大纲）、教学日历、习题答案、程序源代码、实训指导书、软件资源包、拓展案例、考试试卷等，最大限度满足教学检查、教学实施、课程考评等需求。此外，教材配套建立了课程答疑服务群，为选用本教材的教师提供答疑交流、资源分享、课程思政、资源定制等服务。

（3）贯彻课程思政，落实立德树人根本任务

"价值塑造、知识传授、能力培养"三者相互融合是落实立德树人根本任务的要求，也是本教材的一大特色。本教材每个模块对应一个课程思政主题（如表 1 所示），并且贯穿于整个项目。此外，每个模块的最后设置了"思辨与拓展"环节：一方面根据本模块的教学内容，为学生设置难度更高或综合性更强的拓展项目；另一方面结合拓展项目，通过"辨析、辩论、反思"过程，进一步提升思政育人效果。

（4）校企双元开发，融合企业工程师实践经验

本教材由国家级职业教育教师教学创新团队与企业资深工程师共同完成，成员包括具有多年教学经验的双师型高校教师，以及来自企业开发一线、具有丰富实践经验的工程师；企业工程师参与教材模块（内容）的选取、项目的设计、资源制作等环节。

本教材由郑述招、何雪琪、杨忠明担任主编，朱弘旭、邹燕妮担任副主编，吴康、任淑美、张广云、朱晓海工程师参与部分任务的编写及视频资源的制作。

选用本教材的教师可加入 QQ 服务群（群号：377639124）向编者索取全套教学材料。读者（学生）可扫描书中的二维码观看微课视频。限于编者水平及编写时间，本教材难免存在疏漏之处，欢迎广大读者提出宝贵意见（526963898@qq.com）。

编 者

2022 年 8 月

目录

模块 4　函数与模块——爱国护税，编制个人所得税计算器 62

应用实战篇

模块 10　网络爬虫——光辉历程，获取热剧《觉醒年代》信息............................201

基础入门篇

模块 **1**

初识 Python—— 搭建环境，编写第一个程序

微课：单元开篇

情景导入

"工欲善其事，必先利其器"；在开始编写 Python 程序、领略 Python 魅力之前，我们需要先了解 Python 语言并搭建 Python 开发环境；Python 开发环境是我们日后学习的主要阵地，熟悉开发环境会使我们的学习过程更加顺利。

"合抱之木，生于毫末；九层之台，起于累土；千里之行，始于足下"。Python 编程从来不是纸上谈兵，需要不断的实际操练、思考与总结，只有坚持 DIY（Do it Yourself，自己动手），才能真正掌握 Python 编程工具。现在让我们开启 Python 之门，踏入有趣的 Python 编程之旅吧！

【PPT：模块 1 初识 Python】

项目分解

为了方便读者快速了解 Python，将本模块分解为 2 个任务，各任务的具体内容如表 1-1 所示。

表 1-1　任务分解说明

序号	任务	任务说明
1	认识 Python 语言	了解 Python 语言的发展历程及其特点，熟悉 Python 的应用领域
2	编写第一个 Python 程序	搭建并熟悉 Python 开发环境，在开发环境中编写并运行第一个 Python 程序

学习目标

（1）初步了解 Python 的特点，熟悉 Python 的应用领域；

笔记

（2）在 Windows 环境中，完成 Python 解释器的下载与安装；

（3）使用 Python 自带的 IDLE，体验交互式环境下的编程；

（4）安装开发工具 PyCharm，能够在 PyCharm 中编写并运行简单程序。

任务 1.1 认识 Python 语言

微课：任务 1.1 认识
Python 语言

任务分析

近年来，Python 在各大编程语言排行榜中蝉联榜首，这主要得益于 Python 语法简洁、开发效率高、丰富的第三方库等显著优势。在动手编程实践之前，我们先来了解 Python 的发展历程，认识这门功能强大的语言，具体任务内容及相关知识点如表 1-2 所示。

表 1-2 具体任务内容及相关知识点

序号	具体任务内容	相关知识点
1	了解 Python 的发展历程	Python 的发展历程
2	领会 Python 程序设计语言的特点	Python 的特点
3	自行查找 Python 的典型（有趣）应用，并与同学分享	Python 的应用情况

知识储备

1.1.1 Python 的发展历程

1989 年，Python 的创始人 Guido van Rossum 决心开发一款新的语言解释器，其设计灵感来自 ABC 语言（Guido 参与的另一种程序设计语言，但该语言没有研发成功），并受到 Modula-3 语言的影响；秉承"明确、简单、优雅"的设计理念，结合 UNIX shell 和 C 语言用户的习惯，Guido 最终设计出了一款功能强大而且语法简洁的新语言。作为 Monty Python 喜剧团体的粉丝，Guido 将这门新的语言命名为 Python（Python 的本意为"蟒蛇"，因此 Python 语言的图标为两条蟒蛇形象）。

近年来，随着大数据、人工智能等技术领域的发展，Python 正在迸发出新的生机，相关应用呈井喷式增长。由于 Python 简单易学、功能强大，除 IT 专业人员外，众多数据处理人员、办公文员、金融从业者等非 IT 专业的人员，也开始学习应用 Python 以提升工作效率。目前 Python 已进入到 3.X 时代，Python 的社区也蓬勃发展、用户群体剧增。Python 语言的关注度快速攀升，在 2021 年 IEEE Spectrum 发布的编程语言排行榜中，Python 继续占据榜首（如图 1-1 所示）。

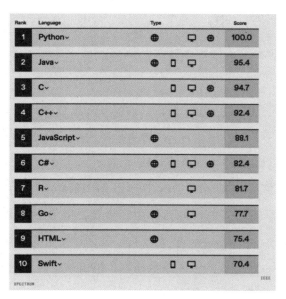

图 1-1　2021 年 IEEE Spectrum 编程语言排行榜

小贴士:

目前业界使用的 Python 主要有两个版本：Python 2.X 与 Python 3.X，这两个版本并不兼容；其中 Python 2.X 版本已于 2020 年初停止维护，越来越多的 Python 应用开始迁移到 3.X 版本，因此本书将以 Python 3.X 版作为实例进行讲解。读者在网上查阅资料时，也要注意区分两个版本。

1.1.2　Python 的特点

Python 获得广泛应用的原因在于它具有以下几个优质特性：

（1）语法简单、易学。与多数程序设计语言相比，Python 语法简洁、优雅，可以使开发人员专注于问题本身，这也是 Python 语言的初衷。

（2）丰富的第三方库。Python 具有丰富、强大且易用的第三方库，覆盖了 I/O、GUI、Web 框架、科学计算等应用场景。得益于第三方库和简洁的语法，在完成同样任务的前提下，Python 的代码量可能仅为 Java 语言的五分之一、C 语言的十分之一。

（3）免费、开源自由的社区环境。Python 的社区发达、开源自由，有利于快速解决问题；即使对于一些小众的应用场景，Python 也有对应的开源模块以提供解决方案。

（4）开发效率高。使用 Python 进行项目开发，可以节省时间与精力，大大缩短开发周期；无论对于初学者还是具有丰富经验的专业人员，都极具吸引力。

当然，任何一门编程语言都有优缺点。Python 作为一门解释型语言，具有跨平台特性，不依赖于操作系统，也不依赖硬件环境，只需提供相应的 Python 解释器，Python 程序即可在指定的平台顺利运行。同时 Python 也具有解释型语言的一些弱点，比如运行速度慢、源代码加密困难等。

1.1.3　Python 的广泛应用

Python 作为一种功能强大的编程语言，已经被广泛应用于众多领域，以下是其典型的应用场景。

（1）Web 应用开发：随着 Django、Flask 等 Web 开发框架日益成熟，Python 在 Web 开发领域的应用逐步普及，如 Youtube、豆瓣、Google 等众多大型网站均采用了 Python Web 技术。

（2）自动化运维：Python 编写的系统运维脚本，在可读性、性能、重用性与扩展性等方面都优于普通的 shell 脚本，因此是运维工程师的首选编程语言。

（3）数据分析与科学运算：Python 计算生态丰富，随着 NumPy、Pandas、SciPy、Sk-learn 等科学运算库的完善，其可以满足数据分析、数据挖掘、科学运算等业务需求。

（4）人工智能：作为 AI 时代的主要编程语言，Python 在人工智能领域内的机器学习、神经网络、深度学习等方面都有广泛的应用。

（5）网络爬虫：Python 提供有众多优质的第三方库和网络爬虫框架；借助这些库和框架，初步掌握 Python 基础语法的学习者也能够轻松爬取 Web 数据。

（7）云计算开发：Python 是云计算开发的重要语言，著名的云计算框架 OpenStack 就是用 Python 开发的；用户可以利用 Python 深入学习 OpenStack，并进行二次开发。

（8）游戏开发：在网络游戏开发方面，Python 也有众多应用。程序员可以使用更少的代码描述游戏业务逻辑，从而有效控制代码规模。

【文档：实训指导书 1.1】

📺 任务实施

如前所述，Python 是一种深受欢迎、功能强大的编程语言，在众多领域都有深入应用；请读者上网搜索 3 ~ 5 个 Python 应用案例（使用 Python 编写的网站或者有趣的应用案例等），整理到表格 1-3 中；然后与同学或好友分享，并思考：掌握 Python 编程技能后，你希望能够完成哪些相关开发工作？

表 1–3　Python 的应用案例

序号	应用领域	应用案例（说明）
1		
2		
3		
4		
5		

任务 1.2　编写第一个 Python 程序

任务分析

与其他程序设计语言相同，编写 Python 程序之前需要先搭建开发环境。在本任务中，我们首先在 Windows 操作系统中搭建 Python 开发环境；然后初步体验 Python 开发工具：IDLE 和 PyCharm，并尝试编写第一个可执行的 Python 程序。具体任务内容及相关知识点如表 1-4 所示。

微课：任务 1.2 编写
第一个 Python 程序

表 1-4　具体任务内容及相关知识点

序号	具体任务内容	相关知识点
1	下载并安装 Python 基础环境	安装 Python 基础环境
2	使用 Python 自带的 IDLE 工具编写"第一个 Python 程序"	IDLE 工具的使用
3	安装并配置 PyCharm 开发工具	PyCharm 工具的安装与配置、创建工程及 py 文件
4	在 PyCharm 中编写并运行应用程序	运行程序

完成上述工作后，编写的程序最终运行效果如图 1-2 所示。

图 1-2　在 PyCharm 环境下编写程序

知识储备

1.2.1　安装 Python 基础环境

要执行 Python 程序，首先需要安装 Python 解释器。解释器的作用是把 Python 代码翻译成计算机能够理解的二进制代码，从而使 Python 程序正常运行。当我们编写完一段 Python 程序并运行时，Python 解释器将读取该程序，并将其编译为二进制代码，然后计算机执行程序命令，并输出运行结果。

笔记

Python 官网提供了 Python 解释器，进入其官网（如图 1-3 所示），选择"Downloads"菜单下的"Windows"选项（如果使用其他操作系统，则选择相应的选项）。

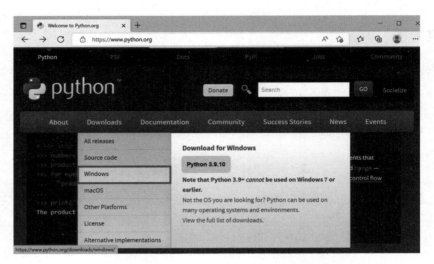

图 1-3　选择 Windows 版本的 Python 进行下载

进入图 1-4 所示的下载页面后，可以看到 Python 近期发布的若干版本，本教材选用的是 3.9.10 版本。读者需要根据自己的计算机系统版本选择相应的软件包：如果使用 64 位 Windows 操作系统，选择"Download Windows installer(64-bit)"安装包下载；如果使用 32 位 Windows 操作系统，则选择"Download Windows installer(32-bit)"安装包下载。

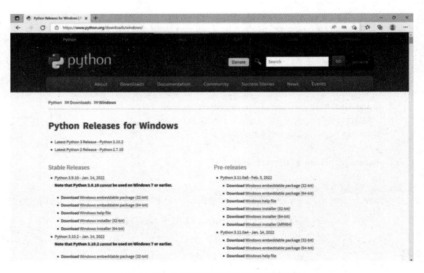

图 1-4　选择所需安装包进行下载

小贴士：

本教材中的代码经过 Python3.7 版本测试，Python3.7 以上版本均适用。

下载完成后，双击运行安装文件，弹出 Python 安装向导窗口，如图 1-5 所示。勾选"Add Python 3.9 to PATH"（自动配置环境变量）选项，然后单击"Customize installation"进行自定义安装。

图 1-5 勾选自动添加环境变量选项

在"Optional Features"窗口中，保持默认配置，单击"Next"按钮，如图 1-6 所示。

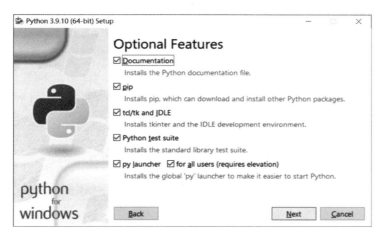

图 1-6 保持 Python 默认配置

在"Advanced Options"窗口中，保持默认配置（用户也可以在"Customize install location"一栏中修改 Python 的安装路径），单击"Install"按钮进行安装，如图 1-7 所示。

图 1-7 自定义 Python 安装路径

笔记

安装完成后，弹出 Python 安装成功的提示窗口，如图 1-8 所示。

图 1-8　Python 安装成功的提示窗口

1.2.2　熟悉 Python 自带的开发工具 IDLE

如同我们使用 WPS 或 MS Office 编辑文字一样，编写 Python 程序也需要一个环境（工具）；Python 自带的开发工具——Python IDLE，完全不需要进行额外配置即可用来编写程序，简便易用。单击 Windows 系统的"开始"菜单，找到 Python IDLE，如图 1-9 所示。

点击打开 Python IDLE，即可进入 IDLE Shell 交互式开发环境，如图 1-10 所示；在该环境下，可以看到当前的 Python 版本提示信息及 ">>>" 提示符。用户可以在 ">>>" 提示符后面输入 Python 代码，按 Enter 键后，Python 解释器将立即在下一行返回执行结果。在 ">>>" 提示符后输入 10+20，按 Enter 键后，则显示计算结果 30；输入 print(" 让我们开始愉快的 Python 编程之旅吧！ ")，按 Enter 键后，则显示文本信息 " 让我们开始愉快的 Python 编程之旅吧！ "。

图 1-9　打开 Python 自带的 IDLE

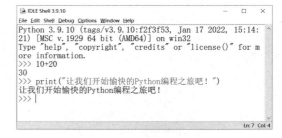

图 1-10　在 IDLE 环境下编写程序

小贴士：

（1）print() 是 Python 预先定义好的一个函数（可以简单理解为具有特定功能的代码），其作用是将括号内的信息显示（打印）在计算机屏幕上；（2）代码 print(" 让我们开始愉快的 Python 编程之旅吧！ ") 中，引号为英文引号，中文引号会使程序报错。

作为 Python 原生的开发环境（工具），IDLE 比较适合用于简单代码的编写与验证。在 IDLE Shell 交互式开发环境下，用户输入一行代码，按 Enter 键后，即可看到程序反馈的结果，非常利于初学者学习。

小贴士：

本教材中凡是出现 ">>>" 提示符的代码，均为 IDLE Shell 交互式环境下编写的代码。

1.2.3　体验功能强大的 PyCharm

IDLE 更加适用于简单代码的编写与验证，要开发稍具规模的项目则需要使用工程化、集成化的开发工具。目前比较流行的开发工具有 PyCharm、Anaconda、VSCode 等，本教材选用 PyCharm 作为主要开发工具。

PyCharm 是一款用于 Python 工程项目开发的集成开发环境，它自带代码调试、语法高亮显示、项目管理、代码跳转、智能提示、自动完成、单元测试、版本控制等工具，可以大幅提升开发效率。此外，PyCharm 提供了一些高级功能，以支持 Django 框架下的专业 Web 开发。在浏览器中输入地址 https://www.jetbrains.com/pycharm，进入 PyCharm 官网（如图 1-11 所示），单击 "DOWNLOAD" 按钮进入下载界面。

图 1-11　访问 PyCharm 官方网站

如图 1-12 所示，PyCharm 有 Community 社区版和 Professional 专业版两个版本，其中社区版免费，专业版需付费。对于初学者而言，两个版本的差别不大，下载 Community 社区版即可。

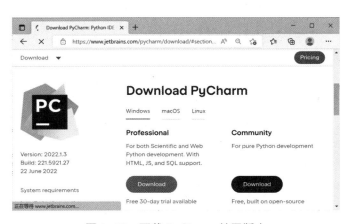

图 1-12　下载 PyCharm 社区版本

下载完毕后，双击安装文件，弹出 PyCharm 安装向导（如图 1-13 所示），单击 "Next"

笔记

按钮进行安装。

在"Choose Install Location"窗口中，用户可以自定义 PyCharm 的安装路径，然后单击"Next"按钮继续安装，如图 1-14 所示。

图 1-13　PyCharm 安装向导　　　　　　图 1-14　自定义 PyCharm 安装路径

在"Installation Options"窗口中，勾选"PyCharm Community Edition"选项以创建桌面快捷方式，勾选".py"选项以关联 py 文件，勾选"Add 'bin' folder to the PATH"选项以更新环境变量；最后单击"Next"按钮继续安装，如图 1-15 所示。

在"Choose Start Menu Folder"窗口中，单击"Install"按钮开始安装，如图 1-16 所示。

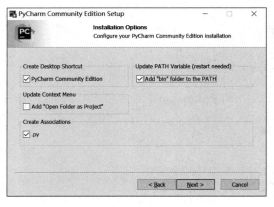
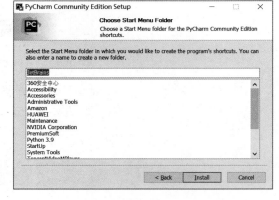

图 1-15　勾选所需选项　　　　　　　图 1-16　单击"Install"按钮进行安装

安装完毕后，会弹出 PyCharm 完成安装提示信息，如图 1-17 所示。

经过上述步骤，即可完成 PyCharm 的安装。在 PyCharm 中编写程序，首先需要创建工程；在桌面上找到 PyCharm 快捷方式并双击打开，会弹出如图 1-18 所示的 PyCharm 欢迎界面，单击"New Project"按钮开始创建工程。

在如图 1-19 所示的"Create Project"窗口中，"Location"选项可以指定工程所在的路径及工程项目的名称；单击"Preveiously configured interpreter"单选按钮，选定已经安装的 Python 解释器作为 PyCharm 的解释器；最后单击"Create"按钮创建一个工程项目。

图 1-17　PyCharm 完成安装

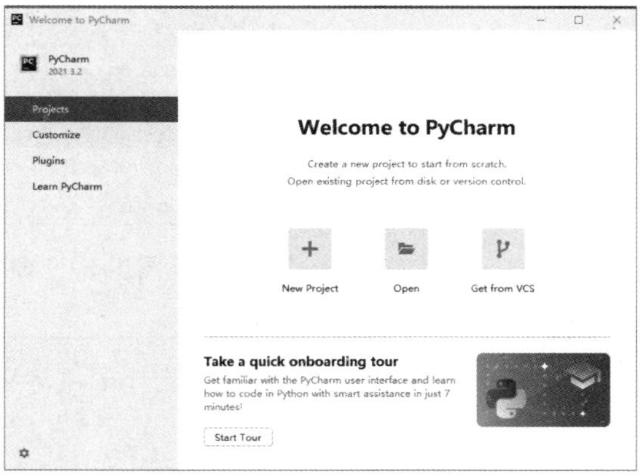

图 1-18　PyCharm 欢迎界面

笔记

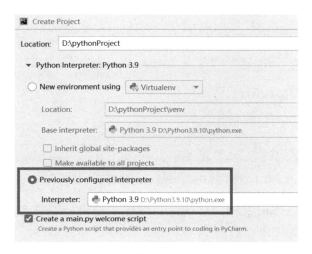

图 1-19　选择 Python 解释器

一个工程项目通常由许多个 Python 程序文件（拓展名为 .py 的文件）组成，下面继续创建 Python 程序文件。在 PyCharm 主窗口左侧，选择刚刚创建的工程"**pythonProject**"，单击鼠标右键，依次选择"**New**"→"**Python File**"命令，如图 1-20 所示。

图 1-20　在项目中创建 Python 文件

在弹出的"New Python file"窗口中，输入 Python 文件名"first_python"（如图 1-22 所示），按回车键后，自动打开创建的 Python 文件。

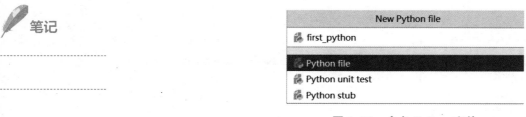

图 1-21 命名 Python 文件

> **小贴士：**
>
> Python 文件最常见的扩展名为 .py，刚才创建的"first_python"文件的完整名称应为"first_python.py"。

PyCharm 主窗口右侧为代码编辑区，在这里输入代码 print("开启 Python 之门，一起探索吧！")，如图 1-22 所示。

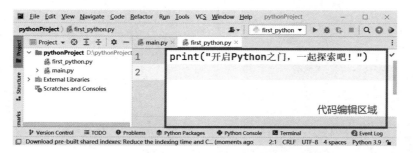

图 1-22 在 PyCharm 代码编辑区中输入代码

接下来，在当前 Python 文件的代码编辑区域单击鼠标右键选择 Run 'first_python' 命令（或者按 Ctrl+Shift+F10 组合键），即可运行程序，如图 1-23 所示。

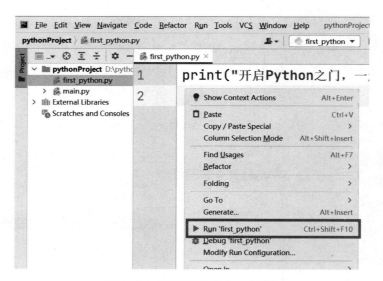

图 1-23 运行当前 Python 文件

程序的运行结果将展示在 PyCharm 主界面下方的控制台输出区域，如图 1-24 所示。至此，我们初步体验了 PyCharm 环境下的编程过程。

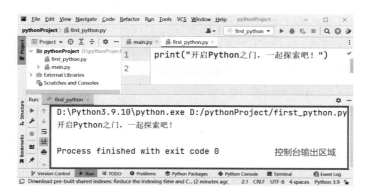

图 1-24　在 PyCharm 控制台中查看运行结果

任务实施

本任务实施的思路与过程如下：

（1）打开 Python 自带的 IDLE，在 ">>>" 提示符后面输入以下代码，按 Enter 键后输出程序运行结果。

```
>>> print("你好 Python，我叫欧雷雷，初来乍到，请多指教！")
你好 Python，我叫欧雷雷，初来乍到，请多指教！
```

（2）在前述的 PyCharm 工程项目 "pythonProject" 中，创建一个 Python 文件，命名为 "second_python.py"，在该文件中输入下面的代码。

```
print("不要漏掉书中任何一个练习，请全部做完并记录下思路。")
print("保存好你编写的所有的源文件，那是你最好的积累之一。")
```

程序编写完毕后，运行 second_python.py 程序，输出结果如下：

```
不要漏掉书中任何一个练习，请全部做完并记录下思路。
保存好你做过的所有的源文件，那是你最好的积累之一。
```

项目总结

本模块首先介绍了 Python 的发展历史、Python 语言的特点，以及 Python 在大数据、人工智能等各领域的应用情况。为了开发 Python 程序，我们下载并安装了 Python 解释器和集成开发环境 PyCharm；尝试在 Python 自带的 IDLE 交互式环境下编写第一行代码，体验到了 IDLE 环境下极为简便的开发过程；开发稍复杂的项目则需要使用 PyCharm 等工程化开发工具；作为初学者，熟悉 IDLE 与 PyCharm 开发环境是十分必要的。

本模块的学习重点包括：

（1）安装 Python 解释器；

（2）安装 PyCharm 开发工具；

（3）在 IDLE 中编写代码；

（4）在 PyCharm 中编写并运行程序。

本模块的学习难点包括：

【文档：实训指导书 1.2】

笔记

（1）在 PyCharm 中创建工程及 Python 文件；

（2）在 PyCharm 中编写程序并运行。

能力检验

1. 单选题

（1）以下哪项不属于 Python 的特点（　　）。

　　A．简洁　　　　　B．跨平台　　　　　C．丰富的第三方库　　　D．运行效率高

（2）以下哪种 Python 开发环境更适用于大型工程项目的开发（　　）。

　　A．Python IDLE　　　　　　　　　B．Eclipse

　　C．PyCharm　　　　　　　　　　　D．记事本

（3）Python 可以应用于下列哪个领域（　　）。

　　A．数据分析　　　B．网络爬虫　　　　C．自动化运维　　　　　D．以上选项都对

（4）常见的 Python 程序文件扩展名是（　　）。

　　A．.python　　　B．.p　　　　　　　C．.py　　　　　　　　　D．.txt

（5）关于 Python，下列说法正确的是（　　）。

　　A．Python 语言相对简单易学，但支持的第三方库较少

　　B．在 Python IDLE 交互式环境下，用户输入一行代码，即可得到反馈结果

　　C．在 PyCharm 中编写程序，首先要创建 Python 文件，然后创建工程

　　D．PyCharm 作为一款交互式开发环境，不适合用于开发大型工程项目

2. 判断题

（1）Python 语言的 2.X 版本与 3.X 版本是完全兼容的。　　　　　　　　　（　　）

（2）Python 语言语法相对复杂，因此入门难度较高。　　　　　　　　　　（　　）

（3）在 Python3 中，要将信息打印输出到屏幕上，可以使用 print() 函数。　（　　）

（4）在 Python IDLE 的交互式环境下，当屏幕显示 >>> 提示符时，表明环境已经准备就绪，等待输入代码。　　　　　　　　　　　　　　　　　　　　　　　（　　）

（5）Python IDLE 是一款功能强大的工程化开发工具，需要单独安装。　　（　　）

3. 编程题

（1）在 Python 的 IDLE 交互式环境下体验数学运算，输入 3*10+5，按 Enter 键后查看反馈结果。

（2）在 Python 的集成化开发环境 PyCharm 中，编写程序打印"不积跬步，无以至千里"。

思辨与拓展

当前，世界正在经历百年未有之大变局，我国经济社会发展亦面临诸多机遇与挑战；

青年人是未来世界的开创者、建设者，更应脚踏实地、主动担当。作为祖国建设的"工匠"，面对全新的 Python 学习任务，你将如何开展 Python 学习？

　　请在 PyCharm 中创建一个名称为 myProject 的工程，并为该工程添加第一个 Python 文件 "learning_plan.py"。在 "learning_plan.py" 文件中写入下面的代码：

```
print("-----------Python 学习计划 -----------")
print("学习的内容：XXX")
print("学习的方法：XXX")
print("时间规划：XXX")
print("期望达到的目标：XXX")
print("----------------------------------")
```

　　请读者根据情况自行填充上述代码中"**XXX**"，输入完毕后单击"**Run**"按钮，运行程序查看是否能够正确输出"Python 学习计划"。

模块 2

语法基础——树立规则，计算并打印期末成绩

微课：单元开篇

【PPT：模块 2 语法基础】

情景导入

每当期末考试结束后，授课老师需要完成期末成绩汇总、分数统计、成绩打印等工作；这些繁杂的工作能否使用 Python 程序完成，从而提升工作效率和准确率？答案是肯定的。

古人云："欲知平直，则必准绳；欲知方圆，则必规矩。"开始编写 Python 程序之前，首先要学习语法规则，树立编程的规范意识，这是程序能够正确执行的前提条件。针对成绩的计算与打印这一业务场景，本模块将展开 Python 基础语法的学习，通过简单语句完成期末成绩的键盘输入、简单计算、打印输出等工作。

项目分解

根据业务需求，按照难度递增原则，将项目分解为 3 个任务，任务分解说明如表 2-1所示。

表 2-1　任务分解说明

序号	任务	任务说明
1	打印成绩单	根据学生期末成绩，按照规定格式打印成绩单
2	键盘输入成绩并打印	用户通过键盘输入学生各科成绩，然后按照规定格式打印成绩单
3	计算总成绩及平均成绩	用户通过键盘输入学生各科成绩，然后计算总成绩、平均成绩，最后按照规定格式打印成绩单

📖 **学习目标**

（1）使用正确的标识符并灵活运用注释，提高程序可读性。

（2）能够理解变量的作用并掌握 Python 中变量的赋值方法。

（3）应用 print() 和 input() 函数完成数据的输入与输出。

（4）熟悉常用的数据类型，灵活运用类型转换函数。

（5）利用 Python 中的常用运算符构建表达式，进行计算和数据处理。

任务 2.1　打印成绩单

🔍 **任务分析**

微课：任务 2.1 打印
成绩单

学期末，某班张小帆、欧雷雷、于田田 3 位同学参加了 2022 年度科目 1、科目 2 的期末考试，最终成绩如表 2-2 所示。

表 2-2　2022 年期末成绩单

姓名	科目 1	科目 2
张小帆	90	82
欧雷雷	85	74
于田田	70	63

本任务要求在计算机屏幕上按照规定格式打印期末成绩单，具体任务内容及相关知识点如表 2-3 所示。

表 2-3　具体任务内容及相关知识点

序号	具体任务内容	相关知识点
1	打印表头及分割线	print() 函数、变量、注释
2	参照张小帆等 3 位同学成绩，按照规定格式打印输出	print() 函数、注释

完成上述工作后，程序最终运行效果如图 2-1 所示。

```
****  2022 年期末成绩单****
姓名      科目1        科目2
------------------------
张小帆    90          82
欧雷雷    85          74
于田田    70          63
------------------------
```

图 2-1　期末成绩单样例

笔记

知识储备

编写程序需要遵循一定的语法规则。相对于其他程序设计语言，Python 的语法规则简洁优雅，更加接近人类自然语言习惯。

2.1.1 标识符与关键字

在现实生活中，为了便于沟通交流，人们使用名称来代表某些事物，例如，用狮子、老虎、大象等名称标记不同类型的动物，用 Tom、Jerry、Petter 等名字标记不同的人。同样，为了区别不同的事物（如数据、变量、函数、类等），在程序代码中引入了标识符的概念，用来指代程序中的特定事物。Python 标识符分为两类：用户标识符和系统标识符。

1. 用户标识符

用户标识符是程序员根据编程需要，自行定义的标识符。为了保证程序的规范性，Python 的用户标识符需遵循以下规则：

◆ 标识符必须由字母（a~z、A~Z）、数字（0~9）或下画线（_）组成。

◆ 标识符的第一个字符不能是数字。

◆ 标识符对大小写敏感。例如，apple 和 Apple 是不同的标识符，指代不同事物。

◆ 不允许使用关键字（即系统标识符，后续章节会详细介绍）。

下面列举了一些合法标识符和非法标识符：

```
bananaOf100              # 合法标识符
names                    # 合法标识符
Car# red                 # 非法标识符，标识符内不能含有 # 符号
2021year                 # 非法标识符，标识符不能以数字开头
class                    # 非法标识符，class 是关键字，不能作为用户标识符
```

通常，标识符命名没有特殊要求，遵循标识符命名规范即可；但对于稍具规模的程序，如果标识符的命名风格混乱，则会造成后续阅读代码困难。因此，标识符应直观地表达事物本身的意义、风格统一，从而增强程序的可读性与可维护性。下面介绍几种常用的命名方式。

◆ 大驼峰命名：单词的首字母都是大写，例如 Student、ElectricCar。大驼峰命名法一般适用于类的命名。

◆ 小驼峰命名：第一个单词的首字母小写，其余单词的首字母大写，例如 printAddress、studentScores。小驼峰命名法常见于函数名称、变量名中。

◆ 蛇形命名：单词之间使用下画线"_"分隔，例如 my_name、student_scores 等。蛇形命名常用于函数名称、变量名中，多数 Python 程序员习惯采用蛇形命名法。

2. 系统标识符

系统标识符也称作关键字、保留字，是指 Python 中已经被赋予特定含义的标识符，程序员不能重复定义。按照模块 1 中的方法，进入 Python 自带的编辑器 IDLE，输入下面的两行代码（每输入一行后，按 Enter 键），即可输出 Python 中的关键字：

```
>>> import keyword
>>> print(keyword.kwlist)
['False', 'None', 'True', '__peg_parser__', 'and', 'as', 'assert', 'async',
'await', 'break', 'class', 'continue', 'def', 'del', 'elif', 'else', 'except',
'finally', 'for', 'from', 'global', 'if', 'import', 'in', 'is', 'lambda',
'nonlocal', 'not', 'or', 'pass', 'raise', 'return', 'try', 'while', 'with',
'yield']
```

小贴士:

（1）本教材中"＞＞＞"表示在 IDLE 交互式环境中编写代码；用户在"＞＞＞"提示符后面输入一行代码，按 Enter 键，即可看到 Python 返回的相应结果。（2）Python 的关键字不需要刻意记忆，自定义标识符避免与关键字重复即可；在后续的编程实践中，我们将逐步学习、运用这些关键字。

2.1.2　变量

计算机程序在运行过程中需要用到许多数据，这些数据存储在某个内存单元中；就像现实生活中我们使用门牌号标记一栋楼内的不同住户一样，程序设计中为了方便获取某个内存单元中的数据，会使用标识符来标识这个内存单元，该标识符称为变量。

在图 2-2 中，某个内存单元中存储了数据 10，我们可以使用变量 num 标识这个数据，在 num 与数据 10 之间建立关联；同样，内存的某个单元中存储了数据 20，我们可以使用变量 data 来标识这个数据，在 data 与数据 20 之间建立关联；后续代码则可以使用变量名代表其关联的数据。

在 Python 中，我们可以通过赋值运算符"="将内存中存储的数据与变量名建立联系（即定义变量并赋值），其语法格式为：变量名＝值。进入 Python 自带的 IDLE 编程环境，输入下面的两行代码，查看运行结果（每输入一行，按 Enter 键）：

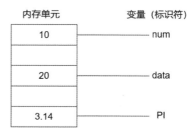

图 2-2　内存单元与变量的关联

```
>>> num=10
>>> print(num)
10
```

上述代码中，第 1 行"num=10"定义了一个变量 num，并为其赋值 10，表示变量 num 与内存中的 10 建立关联，在后面的程序中可以使用 num 代表 10。第 2 行"print(num)"，使用 Python 提供的 print() 函数打印输出 num 所代表的数据；因为 num=10，所以 print(num) 输出的结果为 10（如第 3 行所示）。

既然 num 是一个变量，那么 num 的值肯定可以改变，只需为其重新赋值即可，例如可以在上面代码的基础上，重新为 num 赋值 20，然后使用 print() 函数打印 num 的值：

```
>>> num=20
>>> print(num)
20
```

小贴士：

> 　　与 C、Java 等语言不同，在 Python 中变量不需要提前声明（不需要提前定义变量的名称和待存储数据的类型），使用时直接为其赋值即可。

　　在 Python 中，可以同时为多个变量赋值，使用一条语句将多个值赋予多个变量，示例如下：

```
>>> data1,data2,data3=10,20,30
```

　　上述代码等同于如下代码：

```
>>> data1=10
>>> data2=20
>>> data3=30
```

2.1.3 注释

　　在实际工作中，我们可以为文档添加批注、标注、脚注等，从而对相关内容进行说明。在程序中，我们同样也可以加入部分注释，以提高程序的可读性。注释是穿插于计算机程序中的"隐形代码"，方便编程人员理解代码。程序运行时，Python 解释器会自动忽略注释部分。

　　Python 的注释分为单行注释和多行注释；单行注释以符号"#"开头，用来说明当前行或后面代码的功能，例如：

```
>>> # 下面使用 print() 函数打印输出"Life is short, you need Python！"
>>>print("Life is short, you need Python！")   # 注意：打印的文本信息需要放在引号中
Life is short, you need Python！
```

　　上述代码中，第 1 行为注释，用来说明其下面代码的作用；第 2 行中，print() 函数后面的注释用来说明本行代码的格式；第 3 行为打印输出的结果。

小贴士：

> 　　为了进一步增强程序的可读性，Python 官方建议在"#"号后添加一个空格再进行注释；如果注释与代码同时占用一行，则两者之间至少需要使用两个空格进行分隔。

【源代码：2_1_ 多
行注释示例 .py】

　　如果注释的内容较长、超过一行，则可以使用多行注释，Python 的多行注释需要使用三对单引号或三对双引号将多行注解内容包裹起来。参照模块 1 中介绍的方式，在 PyCharm 中创建一个 Python 程序文件"2_1_ 多行注释示例 .py"，输入以下代码和注释：

```
"""打印输出毛泽东诗文：
孩儿立志出乡关，学不成名誓不还。
埋骨何须桑梓地，人生无处不青山。"""
print("孩儿立志出乡关，学不成名誓不还。")
print("埋骨何须桑梓地，人生无处不青山。")
```

上述代码中，第 1 行至第 3 行为多行注释（使用三对双引号包裹），用于说明后续代码（第 4 行、第 5 行）的功能。

小贴士：

（1）多行注释一般用于说明某些函数、功能、开发者信息等；（2）在 IDLE 交互式环境下，多行注释会被认为是一个字符串，将作为程序运行结果返回；在 Pycharm 环境下，多行注释则不会作为程序运行结果返回；（3）我们不仅可以使用注释来提升程序可读性，还可以暂时注释掉（"忽略"）部分代码以调试程序；调试结束时再恢复注释掉的代码。

2.1.4 打印输出

Python 程序中，默认的打印输出是将信息显示在计算机屏幕上。在前面的章节中，我们已经多次使用 Python 提供的 print() 函数打印输出相关信息，它可以输出任何类型的数据，我们只需要将输出的内容放置到 print 后面的括号中即可：

```
>>> print(10)                          # 打印输出整数 10
10
>>> print(3.14)                        # 打印输出小数 3.14
3.14
>>> print（"我们要树立 Python 编程的规范意识。"）# 打印一句话，需要使用双引号将这句话包裹起来
我们要树立 Python 编程的规范意识。
```

观察上述代码可知，如打印 10、3.14 等数值，直接将其放到 print() 函数的小括号内即可；而要打印一句话（即一段文字），则需要用英文双引号将这句话包裹起来。初学者应当注意的是：代码中所有的括号、引号等，需使用英文输入法下的符号；例如代码 print(" 开始奇妙的 Python 之旅 ") 中，引号、括号都需要使用英文符号，否则可能出现如下错误提示：

```
>>> print（"我们要树立 Python 编程的规范意识。"）        # 使用了中文引号，代码报错！
SyntaxError: invalid character in identifier
```

print() 函数还可以一次性输出多个数据，数据间使用逗号 "," 隔开，示例如下：

```
>>> print(10, 3.14, "我们要树立 Python 编程的规范意识。"）
10 3.14 我们要树立 Python 编程的规范意识。
```

小贴士：

默认情况下，当使用 print() 函数打印输出多个数据时，输出的数据之间使用空格隔开。

前面我们已经学习了变量，也可以通过变量名打印其标识的数据，例如：

```
>>> num1=10
>>> print(num1)                # 打印 num1 代表的数据 10
10
>>> num2=3.14
>>>print(num2)                 # 打印 num2 代表的数据 3.14
3.14
```

笔记

23

🖥 **任务实施**

本任务的实施思路与过程如下：

（1）在 PyCharm 中创建一个 Python File，命名为"report_cards1.py"；

（2）根据描述，任务需求为使用 print() 函数逐行打印输出成绩表的表头、分割线及学生成绩等信息；因此我们需要在"report_cards1.py"文件中输入下面的代码。

```
year=2022                                    # 定义变量 year，其值为 2022
print("****",year,"年期末成绩单 ****")        # 输出表名信息
print(" 姓名       科目1      科目2    ")      # 输出表头信息
print("------------------------")            # 打印分割线
print(" 张小帆      90        82      ")      # 打印成绩单第一行信息
print(" 欧雷雷      85        74      ")      # 打印成绩单第二行信息
print(" 于田田      70        63      ")      # 打印成绩单第三行信息
print("------------------------")            # 打印分割线
```

在 PyCharm 中单击"Run"按钮，运行上述程序，结果如下：

```
**** 2022 年期末成绩单 ****
姓名       科目1        科目2
------------------------
张小帆      90          82
欧雷雷      85          74
于田田      70          63
------------------------
```

任务 2.2　通过键盘输入成绩并打印

🔍 **任务分析**

在上一项任务中，我们直接使用 print(" 欧雷雷 85 74") 等语句，完成了成绩的打印工作；但这种处理方式灵活性较差，成绩有任何调整都需要修改程序代码。本任务要求用户通过键盘输入同学的姓名及成绩，然后打印输出，从而提升程序的适应性和交互性。具体任务内容及相关知识点如表 2-4 所示。

表 2-4　具体任务内容及相关知识点

序号	具体任务内容	相关知识点
1	键盘输入 3 位同学的姓名及各科成绩	input() 函数、数据类型、注释
2	按照规定格式打印输出成绩单	print() 函数、变量

完成上述任务内容后，程序最终运行效果如图 2-3 所示。

```
请输入第一位同学的姓名：张小帆
请输入第一位同学的科目1成绩：90
请输入第一位同学的科目2成绩：82
请输入第二位同学的姓名：欧雷雷
请输入第二位同学的科目1成绩：85
请输入第二位同学的科目2成绩：74
请输入第三位同学的姓名：于田田
请输入第三位同学的科目1成绩：70
请输入第三位同学的科目2成绩：63
*****2022 年期末成绩单*****
姓名        科目1          科目2
-----------------------------------
张小帆      90            82
欧雷雷      85            74
于田田      70            63
-----------------------------------
```

图 2-3　从键盘输入成绩并打印

知识储备

2.2.1　数据类型

现实生活中，我们使用的数据形式多样，包括整数、小数、文本等；在程序设计中，也需要对数据类型加以区分，从而采用不同的处理方式。Python 常用的数据类型有数值类型、字符串类型和组合型数据类型（如列表、元组、集合、字典）。

1. 数值类型

数值类型包括整数类型（int）、浮点数类型（float）、复数类型（complex）和布尔类型（bool）。其中，整数类型(int)对应于数学中的整数，浮点数类型(float)对应于数学中的小数，复数类型（complex）对应于数学中的复数；布尔类型（bool）相对特殊，它只有 True（真）和 False（假）两种取值。数值类型的示例如下：

```
整数类型：    0         100       8848        -10
浮点数类型：  1.2       3.14      3E-2        -273.15
复数类型：    3+4j      10-5j
布尔类型：    True      False
```

小贴士：
数值类型中的整数类型、浮点数类型、复数类型通常用于执行数学运算，布尔类型通常用于进行逻辑判断。

（1）整数类型。

整数类型（int）简称整型，用于表示整数。与 Java、C 等编程语言不同，在 Python3 中，整型数据没有长度限制，只要计算机内存足够大，用户无须考虑内存溢出的情况。

（2）浮点数类型。

浮点数类型（float）即小数，由整数部分、小数点和小数部分组成。对于较大或较小的小数，Python 使用科学计数法表示，使用字母 e 或 E 代表基数 10。示例如下：

笔记

```
1.2            3.14        # 普通的小数
3.14e4                     # 较大的小数，表示 3.14 乘 10 的 4 次方，即 31400
5.2E-3                     # 较小的小数，表示 5.2 乘 10 的 -3 次方，即 0.0052
```

小贴士：

> 每个浮点数占用 8 个字节（即 64 位），因此其表示范围是有限的；根据相关规范，Python 中浮点数范围为 -1.8e308 ~ 1.8e308；若超出了该范围，则视为无穷大或无穷小。

（3）复数类型。

复数类型由实部和虚部两个部分组成，使用 real、imag 属性可以得到复数的实部和虚部。

```
>>> num=10+5j              # 定义一个复数 num
>>> num.real               # 获得 num 的实部，返回值默认包含一位小数
10.0
>>> num.imag               # 获得 num 的虚部
5.0
```

（4）布尔类型。

布尔类型也可以看作特殊的整型，只有两个值 True 和 False，布尔值 True 对应整数 1，布尔值 False 对应整数 0。布尔类型代表逻辑真假值，通常用在条件判断和循环语句中。

小贴士：

> Python 3 中，任何数据类型都可以转换成布尔类型，任何值为零的数据、空的组合数据类型、None 对象等对应的布尔值都是 0。

2. 字符串类型

字符串类型可以用来表示和存储文本信息，即一系列字符（字母、中文、符号、标点等）。在 Python 中字符串通常用单引号、双引号或者三引号包裹起来：

```
>>> 'This is a string.'             # 用单引号包裹字符串
'This is a string.'
>>> "This is a string, too"         # 用双引号包裹字符串
'This is a string, too'
>>>s1='''I like Python.'''          # 用三引号包裹字符串，并赋值给变量 s1
>>> print(s1)                       # 打印 s1 代表的字符串
I like Python.
```

3. 组合型数据类型

一个变量通常只能代表（保存）一个数据，比如语句 name="Tom" 中，我们使用变量 name 来代表（保存）一个学生的名字。如何使用变量保存一个宿舍 5 名同学的名字？可以使用变量 name1、name2...name5。但是如果需要保存一个班级 50 名同学的名字呢？连续定义 50 个变量的方法无疑是低效的。

对于这个问题，我们可以使用组合数据类型。组合数据类型可以简单理解为存放一组数据的数据类型。Python 提供了列表、元组、字典与集合等组合数据类型（本教材模块 6、

模块 7 将详细介绍组合数据类型），这里我们来简单了解应用广泛的列表。列表 list 可以存放任意数量、任意数据类型的数据。在 Python 中，我们可以使用 "[]" 创建列表，列表中的数据项之间使用逗号分隔，示例如下：

```
>>>namelist= ["张小帆", "欧雷雷", "于田田"]      # 使用列表存放姓名清单
>>>scorelist= [90, 85, 70]                    # 使用列表存放某课程的分数清单
```

列表中的数据项称为列表的元素，它们是有先后（位置）顺序的；由于列表元素的顺序性，我们可以根据位置编号（索引）获取相应的元素，具体写法为 "列表名 [位置编号]"，注意位置编号的起始位置从 0 开始，例如：

```
>>> namelist= ["张小帆","欧雷雷","于田田"]
>>> namelist[0]                   # 从列表 namelist 中，获取位置编号为 0 的元素
'张小帆'
>>> namelist[2]                   # 从列表 namelist 中，获取位置编号为 2 的元素
'于田田'
>>> scorelist= [90,85,70]
>>> scorelist[1]                  # 从列表 scorelist 中，获取位置编号为 1 的元素
85
```

2.2.2　数据类型的判断

有时我们需要判断某个变量的数据类型，进而采用不同的处理方式。Python 提供了 type() 函数，用于查看变量的数据类型，具体用法如下：

```
>>> data1=10
>>> type(data1)              # 获取变量 data1 的数据类型，返回整数类型
<class 'int'>
>>> data2=6.18
>>> type(data2)              # 获取变量 data2 的数据类型，返回浮点数类型
<class 'float'>
>>> data3="I like Python."
>>> type(data3)              # 获取变量 data3 的数据类型，返回字符串类型
<class 'str'>
```

除 type() 函数外，Python 还提供了 isinstance() 函数用于判断某个变量是否为某种数据类型，并返回判断结果（布尔值 True 或 False），示例如下：

```
>>> isinstance(data1,int)      # 判断 data1 是否为整数类型，返回结果为 True
True
>>> isinstance(data2,int)      # 判断 data2 是否为整数类型，返回结果为 False
False
>>> isinstance(data3,str)      # 判断 data3 是否为字符串类型，返回结果为 True
True
```

2.2.3　数据类型的转换

Python 内置了一系列可用于数据类型强制转换的函数：int(x)、float(x)、complex(x)、

笔记

bool(x)、str(x)，分别用于将某变量 x 转换为整数、浮点数、复数、布尔值、字符串，常见的用法示例如下：

```
>>> int(3.14)                    # 将浮点数 3.14 转换为整数，去掉小数部分
3
>>> int("100")                   # 将字符串 "100" 转换为整数
100
>>> float(10)                    # 将整数 10 转换为浮点数
10.0
>>> float("100")                 # 将字符串转换为浮点数
100.0
>>> str(3.14)                    # 将浮点数转换为字符串
'3.14'
```

除此之外，Python 中还有一个比较特殊的函数 eval()，它可以将字符串转换为其表达式的值；相对于 int()、float() 等函数，eval() 函数具有更强大的数据解析能力：

```
>>> eval("3.14")                 # 返回字符串 "3.14" 转换的数值（浮点数）
3.14
>>> eval("10+20")                # 返回 10+20 的值
30
>>> r=10
>>> eval("r*20")                 # 返回 r*20 的值，即 10*20
200
```

2.2.4 数据的输入

程序在运行过程中，有时需要用户输入部分数据，比如输入用户名、密码，从而判断用户是否合法等。Python 提供了 input() 函数，它可以接收用户通过键盘输入的数据，这个数据存放在变量中，应用示例如下：

```
>>>user_name=input("请输入用户名：")        # 在括号内输入提示信息
请输入用户名：Tom
>>> user_pw=input("请输入密码：")
请输入密码：123
>>> print(user_name,user_pw)              # 打印输出用户名、密码
Tom 123
```

上述代码中，第 1 行调用了 Python 的 input() 函数，接收用户键盘输入的数据后，赋值给变量 user_name。输入第 1 行代码并按 Enter 键后，第 2 行会显示"请输入用户名："，等待用户键盘输入；用户输入 Tom 后，则将字符串"Tom"赋值给 user_name，即 user_name="Tom"。

需要注意的是，用户通过键盘输入的信息均为字符串类型，整型、浮点型等数据类型需要进行强制转换，示例如下：

```
>>> age=input("请输入您的年龄：")            # 要求用户通过键盘输入年龄，并赋值给 age
请输入您的年龄：20
```

```
>>> type(age)                    # 查看 age 的数据类型，结果为字符串
<class 'str'>
>>> age_int=int(age)             # 将 age 强制转换为整数类型，并赋值给 age_int
>>> type(age_int)                # 查看 age_int 的数据类型，结果为整型
<class 'int'>
```

📺 任务实施

本任务的实施思路与过程如下：

（1）在 PyCharm 中新建一个 Python File 文件，命名为"report_cards2.py"。

（2）使用 input() 函数接收用户从键盘输入的姓名和科目 1 成绩、科目 2 成绩，并存放在对应变量中；使用 input() 函数得到的数据均为字符串类型，为了方便后续的计算过程，可以使用 int() 函数将考试成绩强制转换为整数。

【文档：实训指导书 2.2】

【源代码：report_cards2.py】

```
# 第一位同学姓名及成绩录入
student1_name = input("请输入第一位同学的姓名：")        # 接收键盘输入的姓名
student1_score1_str=input("请输入第一位同学的科目 1 成绩：")   # 接收键盘输入的成绩
student1_score2_str=input("请输入第一位同学的科目 2 成绩：")
student1_score1 = int(student1_score1_str)          # 将字符串类型成绩强制转换为整数
student1_score2 = int(student1_score2_str)
# 第二位同学姓名及成绩录入
student2_name = input("请输入第二位同学的姓名：")
student2_score1_str=input("请输入第二位同学的科目 1 成绩：")
student2_score2_str=input("请输入第二位同学的科目 2 成绩：")
student2_score1 = int(student2_score1_str)
student2_score2 = int(student2_score2_str)
# 第三位同学姓名及成绩录入
student3_name = input("请输入第三位同学的姓名：")
student3_score1_str=input("请输入第三位同学的科目 1 成绩：")
student3_score2_str=input("请输入第三位同学的科目 2 成绩：")
student3_score1 = int(student3_score1_str)
student3_score2 = int(student3_score2_str)
```

（3）使用 print() 函数打印输出表名、表头、分割线、姓名、各科成绩等信息。

```
# 打印三位同学的成绩记录
year=2022
print("*****",year,"年期末成绩单 *****")
print(" 姓名      科目 1      科目 2  ")
print("------------------------")
print("student1_name," ",student1_score1," ",student1_score2)
print("student2_name," ",student2_score1," ",student2_score2)
print("student3_name," ",student3_score1," ",student3_score2)
print("------------------------")
```

在 PyCharm 中单击 "Run" 按钮，运行上述程序，在运行过程中，按照提示输入学生姓名、各科成绩，程序输出结果如下：

```
请输入第一位同学的姓名：张小帆
请输入第一位同学的科目 1 成绩：90
请输入第一位同学的科目 2 成绩：82
请输入第二位同学的姓名：欧雷雷
请输入第二位同学的科目 1 成绩：85
请输入第二位同学的科目 2 成绩：74
请输入第三位同学的姓名：于田田
请输入第三位同学的科目 1 成绩：70
请输入第三位同学的科目 2 成绩：63
***** 2022 年期末成绩单 *****
姓名        科目 1        科目 2
--------------------------------
张小帆        90            82
欧雷雷        85            74
于田田        70            63
--------------------------------
```

任务 2.3　计算总成绩及平均分

任务分析

针对期末成绩，还需要完成计算总成绩、平均成绩等工作，具体任务内容及相关知识点如表 2-5 所示。

表 2-5　具体任务内容及相关知识点

序号	具体任务内容	相关知识点
1	用户通过键盘输入张小帆同学的成绩	input() 函数、数据类型转换
2	计算张小帆同学的总成绩和平均成绩	运算符
3	打印输出张小帆同学的单科成绩、总成绩、平均成绩等信息	print() 函数

微课：任务 2.3 计算总成绩及平均分

完成上述任务内容后，程序最终运行效果如图 2-4 所示。

```
请输入学生的姓名：张小帆
请输入该同学科目1成绩：90
请输入该同学科目2成绩：82
        ***2022年期末成绩单***
姓名      科目1      科目2      总成绩      平均分
------------------------------------------------
张小帆     90.0      82.0      172.0      86.0
------------------------------------------------
```

图 2-4　计算并输出期末成绩

 知识储备

在数学领域，我们可以使用加减乘除等运算。为了完成多种计算逻辑，Python 也提供了算术运算、关系运算、逻辑运算、赋值运算、成员运算等多种运算功能。

2.3.1　算术运算符

Python 中，每一种运算都有特定的符号与之对应，这些符号称为运算符。在程序运行过程中，解释器将执行运算符代表某项数学运算或者逻辑运算，进而得到相应结果。

Python 的算术运算符与数学中的算术运算符表示的含义基本一致。假定变量 a=10、b=2，表 2-6 中列出了 Python 的算术运算符及实例运算结果。

表 2-6　Python 的算术运算符

运算符	描述	实例
+	加法	a + b 运算结果为 12
-	减法	a - b 运算结果为 8
*	乘法	a * b 运算结果为 20
/	除法	a / b 运算结果为 5
%	取余	a % b 运算结果为 0
**	幂运算	a ** b 运算得到 100

算术运算符主要用于数值计算，具体示例如下：

```
>>> a = 10
>>> b = 2
>>> print(a+b)          # 打印两个数的和
12
>>> print(a-b)          # 打印两个数的差
8
>>> print(a*b)          # 打印两个数的乘积
20
>>> print(a/b)          # 打印两个数的商
5.0
>>> print(a%b)          # a 除以 b，取余数
0
>>> print(a**b)         # a 的 b 次方
100
```

2.3.2　关系运算符

关系运算符也称为比较运算符，用于比较两个变量的大小，其运算结果为布尔值（True 或者 False）。当关系表达式成立时，运算结果为 True，否则为 False。假定变量 a = 10、b =

20，表 2-7 中列出了 Python 的关系运算符及实例运算结果。

表 2-7　Python 的关系运算符

运算符	描述	实例
==	等于，比较两个对象是否相等	(a == b) 返回 False
!=	不等于，比较两个对象是否不相等	(a != b) 返回 True
>	大于，返回 x 是否大于 y	(a > b) 返回 False
<	小于，返回 x 是否小于 y	(a < b) 返回 True
>=	大于等于，返回 x 是否大于等于 y	(a >= b) 返回 False
<=	小于等于，返回 x 是否小于等于 y	(a <= b) 返回 true

关系运算符的作用是比较大小，具体示例如下：

```
>>> a = 10
>>> b = 20
>>> print(a==b)              # 判断两个数是否相等，结果为 False：即 a 不等于 b
False
>>> print(a!=b)              # 判断 a 是否不等于 b
True
>>> print(a>b)               # 判断 a 是否大于 b
False
>>> print(a<=b)              # 判断 a 是否小于等于 b
True
```

2.3.3　逻辑运算符

逻辑运算符通常用于布尔值的运算，表 2-8 中列出了 Python 支持的逻辑运算符及其描述。

表 2-8　Python 逻辑运算符

运算符	逻辑表达式	描述
and	x and y	如果 x、y 均为 True，则返回 True，否则返回 False
or	x or y	如果 x、y 中至少有一个为 True，则返回 True，否则返回 False
not	not x	如果 x 为 True，返回 False；如果 x 为 False，返回 True

逻辑运算符的具体示例如下：

```
>>> a=True
>>> b=False
>>> print(a and b)           # 逻辑 "与"，a 与 b 的值均为 True 时，结果才为 True
False
>>> print(a or b)            # 逻辑 "或"，只要 a 或 b 的值中有一个 True，结果即为 True
True
>>> print(not a)             # 逻辑 "非"，a=True，则 not a 返回 False
False
```

2.3.4 成员运算符

成员运算符用于判断一个数据是否在一个序列（字符串、列表等）中，其运算结果为布尔值（True 或者 False）；表 2-9 中列出了 Python 的成员运算符及实例。

表 2-9 Python 成员运算符

运算符	描述	实例
in	判断一个数据是否在一个序列（如列表、字符串）中，如果是，返回值为 True，否则返回值为 False	"P" in "Python" 返回 True
not in	与 in 操作相反	"D" not in "python" 返回 True

成员运算符的应用示例如下：

```
>>> print("P" in "Python")          # 判断 "P" 是否在字符串 "Python" 中
True
>>> print("P" not in "Python")      # 判断 "P" 是否不在字符串 "Python" 中
False
>>> 3 in [1,2,3,4]                   # 判断 3 是否在列表 [1,2,3,4] 中
True
```

小贴士：

关系运算和成员运算的结果均为布尔值（True 或者 False），它们经常与逻辑运算符联合使用，作为流程控制语句的判断条件。

2.3.5 赋值运算符

赋值运算符的作用是为变量赋值，即将等号右侧表达式的值赋予左侧的变量（其含义与数学中的等号不同）。表 2-10 中列出了 Python 语言的部分赋值运算符及相关说明。

表 2-10 Python 赋值运算符

运算符	描述	实例	等价形式（含义）
=	简单赋值运算符	c = a + b	将 a + b 的运算结果赋值为 c
+=	加法赋值运算符	c += a	等效于 c = c + a
-=	减法赋值运算符	c -= a	等效于 c = c - a
*=	乘法赋值运算符	c *= a	等效于 c = c * a
/=	除法赋值运算符	c /= a	等效于 c = c / a
%=	取模赋值运算符	c %= a	等效于 c = c % a
**=	幂赋值运算符	c **= a	等效于 c = c ** a

赋值运算的具体示例如下：

```
>>> a = 1
>>> b = 2
>>> c = a + b          # 将 a+b 的计算结果赋值给变量 c
```

```
>>> print(c)
3
>>> c += 1            # 等价于 c=c+1
>>> print(c)
4
```

小贴士:

建议初学者先掌握最基本的算术运算、逻辑运算、关系运算、赋值运算等，在后续实践中可以逐步学习，做到"学以致用"。

2.3.6　运算符优先级

在数学中执行加减乘除的混合运算需要遵守一定的规则，比如"先算乘除，后算加减"等。程序设计中，表达式是根据不同应用场景，用运算符、括号将数据连接起来的、有意义的式子。一个 Python 表达式可以使用多个运算符，从而实现相对复杂的功能。当一个表达式中包含多个运算符时，需要遵循 Python 设定的优先级进行运算。表 2-11 中列出了 Python 常用运算符的优先级顺序（由高到低）。

表 2-11　Python 运算符优先级（由高到低）

运算符	描述
**	幂运算符
*、/、%、//	乘、除、取模、整除
+、-	加、减
==、!=、>、>=、<、<=	关系运算符
in、not in	成员运算符
=	赋值运算符

小贴士:

运算符优先级决定了表达式中的运算顺序，同一级别优先级的运算符按照从左往右的顺序运算；在书写包含多个运算符的复杂表达式时，可以使用括号"()"改变运算符的优先级顺序，提高程序的可读性。

【文档：实训指导书 2.3】

🖥 **任务实施**

以张小帆同学的成绩处理过程为例，本任务的实施思路与过程如下：

（1）在 PyCharm 中新建 Python File 文件，命名为"report_cards3.py"。

（2）使用 input() 函数接收用户通过键盘输入的学生姓名和成绩，为了便于后续计算，将字符串类型的成绩强制转换为浮点数类型。

【源代码：report_cards3.py】

```
student1_name = input("请输入学生的姓名：")
student1_score1_str = input("请输入该同学科目 1 成绩：")
```

```
student1_score2_str = input("请输入该同学科目2成绩：")
student1_score1 = float(student1_score1_str)    # 将字符串类型的成绩转换为浮点型
student1_score2 = float(student1_score2_str)
```

（3）使用算术运算符 "+" 和 "/" 求得成绩总分和平均分。

```
student1_total_score = student1_score1+student1_score2
student1_avg_score = student1_total_score/2
```

（4）打印输出张小帆同学的成绩信息。

```
print("            *** 期末成绩单 ***            ")
print("姓名      科目1        科目2      总成绩      平均分")
print("------------------------------------------")
print(student1_name,"  ",student1_score1,"    ",student1_score2,"   ",student1_
total_score,"   ",student1_avg_score)
print("------------------------------------------")
```

（5）在 PyCharm 中单击 "Run" 按钮，运行上述程序，结果如下：

```
请输入学生的姓名：张小帆
请输入该同学科目1成绩：90
请输入该同学科目2成绩：82
           ***2022 年期末成绩单 ***
姓名       科目1        科目2      总成绩      平均分
------------------------------------------
张小帆     90.0        82.0       172.0      86.0
------------------------------------------
```

项目小结

学习任何一门编程语言都要掌握一定的语法基础，树立编程规范意识。与多数程序设计语言相比，Python 的语法更加简洁明了。在打印成绩单项目中，我们学习了基本的数据类型、变量等基础知识，使用 input() 函数接收键盘输入的数据，使用 print() 函数将信息输出（打印）到计算机屏幕上。Python 也支持算术、关系、逻辑等运算符，我们使用这些运算符完成了成绩处理。掌握了这些基础内容，我们就可以在 Python 的世界扬帆起航，去探索更多的奥秘。

本模块的学习重点包括：

（1）变量的命名规则；

（2）代码注释；

（3）print() 函数、input() 函数的应用；

（4）数据类型及类型转换；

（5）常见运算符的使用及优先级。

本模块的学习难点包括：

（1）变量的含义；

（2）数据的输入与类型转换；

（3）赋值运算符、逻辑运算符的使用。

能力检验

1. 选择题

（1）下列选项中不符合 Python 语言变量命名规则的是（　　　）。

　　A．TempStr　　　　B．I　　　　　　　C．3_1　　　　　　　D．_AI

（2）若 a=10，则执行 a *= 2 后，a 的值为（　　　）。

　　A．10　　　　　　B．2　　　　　　　C．20　　　　　　　D．False

（3）代码 print(3**2 > 7) 的结果是（　　　）。

　　A．True　　　　　B．False　　　　　C．6　　　　　　　　D．3**2 > 7

（4）Python 不支持以下哪种数据类型（　　　）。

　　A．char　　　　　B．complex　　　　C．int　　　　　　　D．float

（5）在 Python 3 中，如果变量 x = 10，那么 x % 3 的结果为（　　　）。

　　A．3　　　　　　B．0　　　　　　　C．1.0　　　　　　　D．1

2. 填空题

（1）已知 a=10，b=20，则表达式 a<b or b<0 的值为_____。

（2）已知 a=10，则表达式 a % 2 ==0 的值为_____。

（3）表达式 int(4**2) 的值为_____。

（4）已知 x='2*3+1'，则表达式 int(x) 的值为_____。

（5）表达式 type(3) == int 的值为_____。

3. 编程题

（1）编写程序，运行时先输出"请问你贵姓？"，并在用户输入姓氏后打印输出"你好！欢迎 xx 同学！"。

（2）编写程序，程序运行时提示用户从键盘输入两个数字，计算并输出两个数字的和、差、积、商，打印输出结果。

（3）编写程序，提示用户从键盘输入一个圆形的半径，计算其周长及面积，并打印输出。

（4）已知 num1=10，num2=3，计算 num1 的 num2 次幂，并打印输出。

（5）体质指数（BMI）是国际常用的衡量人体胖瘦程度及是否健康的一个标准，其计算公式为 BMI= 体重 ÷ 身高的平方（体重单位：千克；身高单位：米）；要求用户通过键盘输入身高、体重，计算 BMI 并打印。

思辨与拓展

　　如今越来越多的青年开始参与各类志愿服务活动，抗疫志愿者、消防志愿者、奥运志愿者、社区志愿者、环保志愿者等成为大批青年身上的新标签，展现了新时代青年的风貌和担当。志愿服务活动倡导的"奉献、友爱、互助、进步"的精神，符合当代大学生的特点；通过参与形式多样的志愿活动，在帮助他人、服务社会、贡献社会的同时，也传递了爱心、传播了文明，促进了人与人之间心灵与情感的交流。如果你还未参加过志愿者活动，可以从简单的志愿活动做起，比如学校迎新、运动会上的"小红帽"，维持核酸检测队伍秩序的"大白"，图书馆整理书籍的"收纳大师"……这些志愿活动一定会让你的校园生活更加丰富多彩！

　　为了引导和鼓励更多大学生参与志愿活动，某学院团委成立了学院志愿者中心，定期发布周末举行的各类志愿活动信息。根据活动计划，要求在志愿者活动中心宣传屏幕上打印输出活动信息，具体要求如下：

　　（1）从键盘输入 2 ~ 4 个志愿活动信息：活动时间、主题、人数上限及时长（小时）；

　　（2）计算输出志愿活动的需求总人数、总时长；

　　（3）打印周末志愿活动公告，样式可参考图 2-5；

　　（4）为程序添加注释，提升可读性。

```
***本周末志愿活动公告***
序号   时间      主题           人数上限        时长
----------------------------------------------------
1     周六上午   环湖卫生清洁      30           2.5
2     周六下午   抗疫宣传         20           3.5
3     周日下午   疫苗接种秩序      20           3.5
----------------------------------------------------
需求总人数：70人，  时长合计：9.5小时
```

图 2-5　志愿活动公告

模块 3

流程控制——逻辑严谨，使用分支与循环评定奖学金

微课：单元开篇

情景导入

1900 年，梁启超先生提出"少年强则国强，少年进步则国进步"。当前，我国已步入国家富强、民族复兴的关键历史时刻，作为新时代的青年，要投入更多的精力到知识学习与技能提升中。为了鼓励学生努力完成学业、践行历史使命，某学院设立了奖学金，制定了评选标准表彰优秀学生。

在学习 Python 基础语法之后，我们可以开始编写一些简单的程序。但是这些程序都是自上而下顺序执行的，在解决复杂问题方面存在明显不足。在实际项目开发过程中，经常需要根据不同的条件执行不同的功能，也可能需要重复多次执行某些功能，这就需要控制程序的流程。本项目将引入程序流程控制语句，根据学生课程成绩及评审条件，评定多位学生的奖学金。

【PPT：模块 3
流程控制】

项目分解

按照"由易到难、逐步完善"的思路，将奖学金评定项目分解为 3 个任务，任务分解说明如表 3-1 所示。

表 3-1　任务分解说明

序号	任务	任务说明
1	评定单个学生的奖学金	从键盘输入某个学生的考试成绩，根据奖学金评审规则，评定其奖学金等级
2	评定多个学生的奖学金	从键盘输入参评学生数量，输入每一位参评学生的成绩，根据奖学金评审规则评定其奖学金等级

续表

序号	任务	任务说明
3	循环的控制	评定多名学生奖学金，每评定一名学生后询问是否继续评定，如评审员决定不再继续评定，则退出

学习目标

（1）能够根据程序的处理逻辑，选择合适的条件分支语句。

（2）熟悉循环控制结构，掌握使用 while 循环的方法。

（3）在程序中结合使用 range() 函数、列表等，完成 for 循环处理。

（4）根据程序逻辑需要，灵活应用 break 和 continue 语句跳出循环体。

（5）学会正确使用 Python 缩进，标识不同的逻辑代码块。

任务 3.1　使用 if 语句评定单个学生的奖学金

任务分析

为营造良好的学习氛围，某学院决定根据学生 Python 和 Database 两门课程的成绩情况，评定学院奖学金。假定评审规则如下：

◆ 单科成绩大于等于 90 分，总成绩大于 185 分，评定为一等奖学金；

◆ 单科成绩大于等于 85 分，总成绩大于 175 分，评定为二等奖学金；

◆ 单科成绩大于等于 80 分，总成绩大于 165 分，评定为三等奖学金；

◆ 不满足上述条件，则无奖学金。

本任务要求用户通过键盘输入学生成绩，根据评审规则评定其奖学金等级，需要完成的具体任务内容及相关知识点如表 3-2 所示。

表 3-2　具体任务内容及相关知识点

序号	具体任务内容	相关知识点
1	用户通过键盘输入某学生两门课程的成绩	input() 函数
2	将输入的成绩转换为浮点数	float() 函数
3	结合评审规则，确定奖学金等级	if 分支语句、程序的缩进
4	打印输出该学生的奖学金等级	print() 函数

微课：任务 3.1 使用 if 语句评定单个学生的奖学金

完成上述任务后，程序最终运行效果如图 3-1 所示。

```
---评定1位学生的奖学金---
请输入学生 Python 成绩：96
请输入学生Database成绩：92
评定结果>>>>【一等奖学金】
------------------------
```

图 3-1 评定单个学生的奖学金

知识储备

3.1.1 if 单分支语句

日常生活中，我们经常需要根据某个条件做出行动决策，比如根据天气状况决定是否带雨伞、根据期末考试分数判断是否需要参加补考等。同样，在程序设计中也会遇到根据某个条件，决定是否执行某个动作（功能）的情况，这时就需要使用 if 单分支语句，其语法结构为：

```
if   条件表达式：
    代码块 1
```

if 关键字后附带一个条件表达式，如该条件成立（结果为真 True）则执行代码块 1 中的语句，然后继续执行后面的语句；如果条件不成立（结果为假 False），则忽略代码块 1，直接执行后面的语句。单分支语句的执行流程如图 3-2 所示：

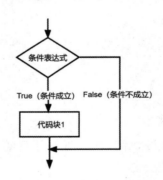

图 3-2 单分支语句执行流程

【源代码：3_1_if 单分支语句示例 .py】

比如，Python 课程期末考试以 60 分为合格线，成绩合格则给出相应的提示，实现代码如下：

```
score=72
if score >= 60:                          # 如果条件成立，则执行下面一行代码
    print("恭喜，通过了 Python 课程考核！")     # 打印提示信息
print("程序结束！")                          # 最后执行该行代码
```

上述示例代码中，第 1 行创建了一个变量 score（值为 72）；第 2 行判断 "score >= 60" 是否成立，因 score 的值为 72，故条件成立，执行 "print(" 恭喜，通过了 Python 课程考核！")" 语句；最后执行第 4 行。上述代码运行结果为：

```
恭喜，通过了 Python 课程考核！
```

程序结束！

> **小贴士：**
>
> 在使用 if 单分支语句时，需要注意以下语法规则：
>
> （1）if 语句的条件后面要有冒号 ":"。
>
> （2）满足 if 条件执行的代码块需要使用"缩进"（一般为 4 个空格），与其他语句加以区分。

if 语句中的条件表达式对所使用的运算符没有特定要求，只要条件表达式能返回一个布尔值（真 True 或假 False）即可。例如，用户可以使用关系运算符 "==" 或 "!=" 书写条件表达式，示例如下：

【源代码：3_2_ 使用关系运算符构建条件表达式 .py】

```
# 使用双等号 "==" 书写条件表达式
subject='Python'
if subject == 'Python':              # 判断科目 subject 是否为 Python，返回一个布尔值
    print('欢迎参加 Python 课程学习。')   # if 条件判断结果为真，执行该语句

# 使用 "!=" 书写条件表达式
score=100
if score != 100:                     # 判断分数 score 是否为 100 分
    print('您没有考满分，仍有提升空间！')
```

用户也可以使用成员运算符 "in" 或 "not in" 书写条件表达式，示例如下：

【源代码：3_3_ 使用成员运算符构建条件表达式 .py】

```
# 使用 "in" 书写条件表达式
if "P" in "Python":                  # 判断 "P" 是否在 "Python" 字符串中
    print("字符'P'在'Python'字符串中。")

# 使用 "not in" 书写条件表达式
if 50 not in [10, 20, 30]:           # 判断 50 是否在列表 [10, 20, 30] 中
    print("数值 50 不在 [10, 20, 30] 列表中。")
```

3.1.2　避免缩进错误

在书写 if 分支语句时需要注意使用"缩进"，那么什么是缩进？它有什么作用？处理文档时，我们经常使用缩进来展示逻辑结构；比如下面的目录中，通过缩进 2 个空格的方式，说明不同内容之间的逻辑关系（上下级关系、同级关系），使其结构更加清晰。

```
第 3 章  程序流程控制语句
    第 1 节  条件分支语句
        1.1 单分支语句
        1.2 双分支语句
        1.3 多分支语句
    第 2 节  循环语句
        2.1 for 循环语句
        2.2 while 循环语句
```

【源代码：3_4_使用缩进标识不同代码块.py】

Python 延续了人们的文档处理习惯，同样以"缩进"的方式来标识不同代码块之间的逻辑关系。下面的代码用于求某个数 number 的绝对值：

```
number = -5
if number < 0:                          # 判断数字 number 是否为负数
    print("数值为负数，需要转变为正数！")      # 满足 if 条件执行的代码段
    number = -number                    # 满足 if 条件执行的代码段
print("输出结果为:",number)               # 无论 if 条件是否成立都要执行的代码段
```

上述代码中，Python 首先执行第 1 行"number = -5"。接下来执行第 2 行，使用 if 语句判断"number<0"是否成立；如果 if 条件成立，则执行第 3、第 4 行语句；从逻辑上来讲，第 3、第 4 行语句属于同一个逻辑代码块，在 Python 中通过缩进一致（均缩进 4 个空格）来标识。最后继续执行第 5 行，打印结果。

小贴士：

缩进是 Python 代码的组成部分，特殊要求如下：（1）顶级代码必须顶格写（上述示例中第 1、第 2、第 5 行），即如果一行代码本身不依赖于任何条件，则不使用任何缩进；（2）同一级别的代码，缩进必须一致，如第 3、第 4 行代码，属于同一个级别、同一个逻辑代码块，其缩进一致；（3）官方建议使用 4 个空格作为缩进。

Python 代码中的缩进反映了不同代码块之间的逻辑关系，能够使用户直观、快速地了解程序的组织结构。用户在编写程序时需要注意一些常见的缩进错误：

（1）无缩进。

```
number = -5
if number < 0:
print("数值为负数，需要转变为正数！")
    number = -number
print("输出结果为: ",number)
```

上述代码中，第 3 行代码没有缩进；因此第 2 行的 if 语句没有找到需要执行的代码块，会给出相应的错误提示：

```
File "D:/pythonProject/程序控制语句/简单 if 语句 1.py", line 46
    print("数值为负数，需要转变为正数！")
        ^
IndentationError: expected an indented block
```

代码无缩进也可能不会引起报错，但可能会使程序逻辑错误，无法输出正确的结果，例如：

```
number = 5
if number < 0:
    print("数值为负数，需要转变为正数！")
number = -number
print("输出结果为: ",number)
```

上述代码能够执行，但没有输出正确的结果：

```
输出结果为：-5
```

为什么程序的运行结果是错误的？按照上述代码的逻辑：首先 number=5，因此第 2 行的判断条件 "number < 0" 不成立，程序跳过第 3 行代码继续执行；第 4 行代码与第 1、第 2 行平级，因此执行第 4 行，此时 number 变为 -5；最后，程序执行第 5 行，输出错误结果。

（2）不必要的缩进。

不必要的缩进可能导致程序报错，比如下面代码中，第 1 行代码不需要缩进（该行属于顶级代码），却因添加了额外的缩进导致程序错误。

```
    number = 5
if number < 0:
    print(" 数值为负数，需要转变为正数！")
    number = -number
print(" 输出结果为：",number)
```

不必要的缩进也可能不会引起报错，但是无法输出正确的运行结果：

```
number = 5
if number < 0:
    print(" 数值为负数，需要转变为正数！")
    number = -number
    print(" 输出结果为：",number)
```

运行上述代码，可以发现：程序没有任何输出！这是因为 "number = 5"，第 2 行的判断条件 "number<0" 不成立，因此 if 语句下面的代码块不会被执行（即第 3、第 4、第 5 行均不执行，因为它们使用了同样的缩进，被认为是同一个代码块）。

（3）其他错误的缩进。

下面的语句中，第 4、第 5 行缩进错误；第 4 行缩进应该与第 3 行保持一致，从而告知 Python 解释器：它们从属于同一个代码块。

```
number = 5
if number < 0:
    print(" 数值为负数，需要转变为正数！")
        number = -number
print(" 输出结果为：", number)
```

3.1.3　多个判断条件

日常生活中，我们经常需要根据多个条件做出行动决策，比如根据自身需要和经济能力购买商品，根据个人兴趣爱好、学习基础、就业意向等因素选择专业。if 语句的条件表达式可以结合关键字 "and" "or" 实现多条件组合判断。以两个判断条件为例，规则如下：

（1）"条件 A and 条件 B"，表示两个条件 A、B 同时成立时，其结果为 True，否则为 False，示例如下：

【源代码：3_5_使用 and 连接条件表达式 .py】

```
subject='Python'
score = 92
```

```
if subject == 'Python' and score >= 90:  # 判断科目是否为 Python 并且分数是否大于等于 90
    print('您的 Python 课程成绩优秀！')            # 两个条件都成立，则执行该语句、打印输出
```

（2）"条件 A or 条件 B"，表示条件 A 成立或者条件 B 成立时，其结果为 True，否则为 False，示例如下：

```
today='Sunday'
if today=='Saturday' or today=='Sunday':  # 判断 today 是否为 Saturday 或 Sunday
    print('今天是周末，可以休息一下了！')  # 两个条件只要有一个为真，则执行该语句、打印输出
```

3.1.4 if-else 双分支语句

if 单分支语句只考虑了满足条件的情况，但有些场景也需要考虑不满足条件的情况，Python 将 if 语句和 else 语句联合使用，组成 if-else 双分支语句，可同时处理满足条件和不满足条件两种情况，其语法结构为：

```
if  条件表达式：          # 条件表达式结果为"真"（True），执行代码块 1；
    代码块 1
else:                   # 条件表达式结果为"假"（False），执行代码块 2；
    代码块 2
```

其含义为：当 if 条件成立（判断结果为"True"）时，执行代码块 1，然后继续执行后面的语句；当 if 条件不成立（判断结果为"False"）时，执行代码块 2，然后继续执行后面的语句。双分支语句的执行流程如图 3-3 所示：

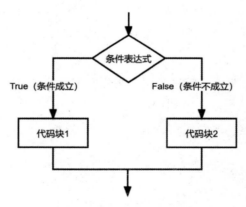

图 3-3 双分支语句执行流程

例如，为某课程考试成绩设置 60 分及格线，考虑及格、不及格两种情况，打印不同的信息，代码如下：

```
score=82
if score>=60 :                          # 判断分数 score 是否大于等于 60 分
    print('恭喜，您已通过考试！')          # if 条件判断的结果为真，执行该语句
else:
    print('遗憾，您未通过考试！')          # if 条件判断的结果为假，执行该语句
```

在上述程序中，遇到 if 语句时，会根据判断条件"score >= 60"是否成立，确定执行流

程。如果"score >= 60"条件成立（条件表达式结果为真 True），则执行"print(' 恭喜，您已通过考试！')"语句；如果"score >= 60"条件不成立（条件表达式结果为假 False），则执行 else 语句后面的"print(' 遗憾，您未通过考试！')"语句。

再如，判断一个数是奇数还是偶数也可以使用 if-else 双分支语句，代码如下：

```
num=2022
if num % 2 == 0:                    # 判断 num 是否能被 2 整除
    print(num,' 是一个偶数 ')        # if 条件表达式结果为真，执行该语句
else:
    print(num,' 是一个奇数 ')        # if 条件表达式结果为假，执行该语句
```

【3_8_if-else 双 分支语句示例（2）.py】

> **小贴士：**
>
> if-else 双分支语句需要注意以下语法规则：
>
> （1）if 条件和 else 后面要有冒号"："；
>
> （2）合理使用缩进，以便区分不同的代码块。

3.1.5　if-elif-else 多分支语句

除了双分支结构，Python 还提供了 if-elif-else 多分支结构，从而对多种情况采取不同的处理方式，其语法结构如下：

```
if    条件表达式 1：     # 如条件表达式 1 成立，执行代码块 1；否则跳转到"elif    条件表达式 2"
      代码块 1
elif    条件表达式 2：   # 如条件表达式 2 成立，执行代码块 2；否则跳转到"elif    条件表达式 3"
      代码块 2
elif    条件表达式 3：
      代码块 3
......
else:
      代码块 n

代码块 m
```

其含义为：首先判断条件表达式 1 是否成立，如果成立则执行代码块 1，执行完毕后跳转到代码块 m。如条件 1 不成立，则继续判断条件表达式 2 是否成立；如果条件表达式 2 成立，则执行代码块 2，执行完毕后跳转到代码块 m。以此类推，如果所有条件均不成立，最后执行 else 下面的代码块 n，然后跳转到代码块 m。多分支语句的执行流程如图 3-4 所示。

例如根据学生成绩划分考核等级：优秀（90 ~ 100 分）、良好（80 ~ 89 分）、中等（70 ~ 79 分）、及格（60 ~ 69 分）、不及格（0 ~ 59 分）；使用多分支语句实现成绩等级的判断，代码如下：

```
score=87
if score>=90 and score<=100:       # 判断分数 score 是否在 90~100 之间
    print（'考试成绩优秀'）         # 满足判断条件则执行该语句
```

【源 代 码：3_9_if-elif-else 多分支语句示例 .py】

笔记

```
elif score>=80 and score<90:           # 不满足上述条件，继续判断分数是否在 80~90 之间
    print('考试成绩良好')
elif score>=70 and score<80 :          # 不满足上述条件，继续判断分数是否在 70~80 之间
    print('考试成绩中等')
elif score>=60 and score<70:           # 不满足上述条件，继续判断分数是否在 60~70 之间
    print('考试成绩及格')
else:                                   # 上述条件都不满足，执行 else 后面的语句
    print('考试成绩不及格')
```

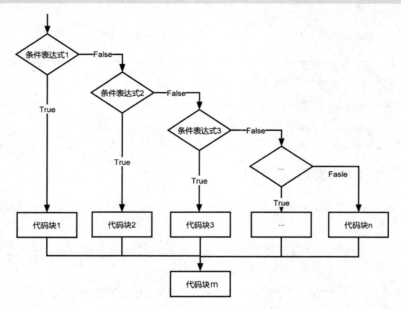

图 3-4　多分支语句执行流程

在上述程序中，遇到 if 语句时，首先判断条件 "score>=90 and score<=100" 是否成立，如条件成立，则执行 "print('考试成绩优秀')" 语句；如果 "score>=90 and score<=100" 条件不成立，则继续判断第 4 行 elif 条件 "score>=80 and score<90" 是否成立，如果条件 "score>=80 and score<90" 成立，则执行 "print('考试成绩良好')" 语句；如果 "score>=80 and score<90" 条件不成立，则继续判断下一个 elif 条件 "score>=70 and score<80" 是否成立，以此类推。如各条件均不成立，则进入最后的 else 模块，执行 print('考试成绩不及格') 语句。

> **小贴士：**
> Python 也支持链式比较，"score>=70 and score<80" 也可以写作 "70<=score<80"。

3.1.6　if 语句嵌套

在编写程序时，用户可以根据实际需求选择合适的 if 条件分支语句：如果只是进行简单的条件判断，可以使用 if 单分支语句；如果程序需要考虑两种条件判断的结果，可以使用 if-else 双分支语句；如果程序需要根据多个判断条件做出不同反应，可以使用 if-elif-else 多分支语句；如果程序逻辑比较复杂，还可以使用 if 语句嵌套。

if 语句嵌套是指在一个 if 语句内部嵌套另外一个 if 语句。例如某血液采集中心允许献血的条件为：（1）男性体重大于 50kg，年龄为 18 ~ 60 周岁；（2）女性体重大于 45kg，年龄为 18 ~ 55 周岁。我们可以按照献血条件的内在逻辑编写程序：献血对象有男性和女性两个群体，因此可以使用 if-else 双分支语句把两个群体分开处理；接下来在每一个程序分支（群体）内部，通过嵌套 if 语句设置本群体的献血条件。实现代码如下：

【 源 代 码：3_10_if 语句嵌套使用示例 .py】

```
gender = '女'
weight = 55
age = 24
if gender == '女':                    # 判断性别 gender 是否为女
    if weight>=45 and 18<=age<=55:  # 判断体重 weight 和年龄 age 是否满足女性的献血条件
        print('该女士可以献血。')
    else:
        print('该女士不满足条件，不允许献血。')
else:                                # 性别 gender 为男
    if weight>=50 and 18<=age<=60:  # 判断体重 weight 和年龄 age 是否满足男性的献血条件
        print('该男士可以献血。')
    else:
        print('该男士不满足条件，不允许献血。')
```

在上述程序中，遇到第一个 if 关键字时，会判断条件"gender == '女'"是否成立；如条件成立，则执行 if 后面的分支语句（继续判断是否符合女性的献血条件），否则执行 else 后面的分支语句（继续判断是否符合男性的献血条件）。

任务实施

【 文档：实训指导书 3.1 】

本任务的实施思路与过程如下：

使用 input 函数接收用户输入的两门成绩，强制转换为数值型数据，并求出两门课程的总成绩。

【 源 代 码：scholarship_evaluation1.py 】

```
print("--- 评定 1 位学生的奖学金 ---")
score1=float(input('请输入学生 Python 成绩：'))
score2=float(input('请输入学生 Database 成绩：'))
total_score=score1+score2
```

分析奖学金的评定规则，选择 if-elif-else 多分支语句实现评定逻辑。

```
if score1>=90 and score2>=90 and total_score>185:
    print('评定结果 >>>>【一等奖学金】')
elif score1>=85 and score2>=85 and total_score>175:
    print('评定结果 >>>>【二等奖学金】')
elif score1>=80 and score2>=80 and total_score>165:
    print('评定结果 >>>>【三等奖学金】')
else:
    print('评定结果 >>>>【无奖学金】，继续努力')
print("----------------------")
```

笔记

运行上述程序，结果如下：

```
--- 评定 1 位学生的奖学金 ---
请输入学生 Python 成绩：96
请输入学生 Database 成绩：92
评定结果 >>>>【一等奖学金】
----------------------
```

任务 3.2　使用 while/for 循环评定多个学生的奖学金

任务分析

在前面的任务中，我们使用 if 多分支语句完成了某个学生奖学金的评定。现实生活中，可能会有多个学生参与奖学金的评定，因此本任务中我们尝试评定 N 个学生的奖学金（N 由用户通过键盘输入），需要完成的具体任务内容及相关知识点如表 3-3 所示。

表 3-3　具体任务内容及相关知识点

序号	具体任务内容	相关知识点
1	用户通过键盘输入参评学生的数量 N	input() 函数、int() 函数
2	针对每一位参评学生，通过键盘输入其成绩，结合评审规则，确定其奖学金等级	for 循环、while 循环、if 分支语句
3	打印每位学生的奖学金等级	print() 函数

完成上述工作后，程序最终运行效果如图 3-5 所示。

```
请输入参评学生人数：2
-----------------------
第 1 位学生的奖学金评定开始！
请输入该同学 Python 成绩：96
请输入该同学Database成绩：92
评定结果>>>>【一等奖学金】
-----------------------
第 2 位学生的奖学金评定开始！
请输入该同学 Python 成绩：90
请输入该同学Database成绩：88
评定结果>>>>【二等奖学金】
-----所有学生评定完毕-----
```

图 3-5　评定多位同学的奖学金

微课：任务 3.2 使用 while/for 循环评定多个学生的奖学金

知识储备

3.2.1　while 循环语句

在现实生活中，很多工作都具有重复性，比如会计人员按照既定的规则和流程处理多张发票、教师参照标准答案评阅 50 名学生的答卷等。程序中也会遇到需要反复执行某功能（代码块）的情况，因此 Python 引入了 while 循环和 for 循环。while 循环的基本语法格式如下：

```
while 条件表达式：
    循环体（需重复执行的代码块）
```

与 if 分支语句类似，while 循环也有一个条件表达式；当该条件表达式为真 True（条件成立）时，执行循环体（需要重复执行的代码块）；然后重新判断条件表达式是否成立，如条件成立则再次执行循环体；直到条件表达式为假 False 时，不再执行循环体中的代码块、退出循环。while 循环的执行流程如图 3-6 所示。

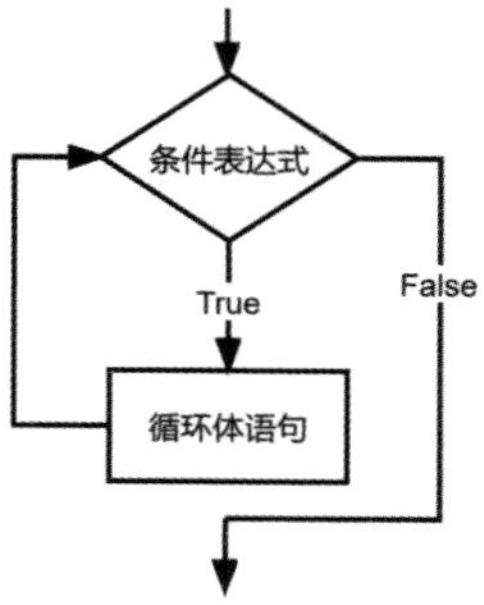

例如，使用 while 循环计算 1 ～ 100 内所有整数之和，代码如下：

图 3-6　while 循环执行流程

【 源 代 码： 3_11_while 循环语句示例（1）.py】

```
total=0                # 定义 total 变量存放累加结果，赋初始值为 0
i=1                    # i 变量表示 1~100 内的整数值，赋初始值为 1
while i<=100:          # 循环判断条件为 i<=100，若条件成立，则执行下面两行代码
    total=total+i      # 将 i 累加到 total 中
    i=i+1             # 每循环一轮，i 的值都加 1；然后返回第 3 行继续判断条件是否成立
print('1+2+3+...+100=',total)
```

在上述程序中，当遇到 while 语句时，会根据循环条件"i<=100"是否成立，决定是否执行循环体中的操作。因为 i 初始值为 1，所以进入循环体，执行以下操作：

◆　total=total+i

◆　i=i+1

执行完第一轮循环后，i 值为 2；再次判断循环条件"i<=100"是否成立，决定是否继续执行循环体中的操作；如此往复，直至不满足循环条件(i 的值增长到 101)，循环操作停止；最后执行"print('1+2+3+...+100=',total)"语句，输出程序运行结果如下：

```
1+2+3+...+100= 5050
```

上述示例中指定"i<=100"作为循环判断条件。此外，也可以引入一个标记变量 flag 作为执行循环的控制信号，当 flag 为 True 时，执行循环体，改写上述示例：

【 源 代 码： 3_12_while 循环语句示例（2）.py】

```
total=0
i=1
flag=True              # 设置 flag 变量的取值为真
while flag:            # flag 取值为真时，反复执行循环体中的操作
    total=total+i
    i=i+1
    if i>100:          # 当 i>100 时，flag 变量取值为假，从而终止循环
        flag=False
print('1+2+3+...+100=',total)
```

我们再来看一个有趣的例子——猜数字小游戏：预先设定一个整数数字，用户共有 5

次机会猜数字，猜对或猜错均给出相应提示。分析该程序的循环条件为：只有 5 次机会猜数字，循环体中执行以下两个操作：

（1）用户通过键盘输入猜测的数字，并将字符串型数字转换为整型数字。

（2）将用户输入的数字与预先设定的数字进行比较，根据不同的情况输出不同结果。

具体代码如下：

【源代码：3_13_while 循环语句示例（3）.py】

```
key = 10                                    # 预先设定待猜测的数字
i = 5                                       # 剩余的机会次数
while i>0:                                   # 循环条件：剩余的机会大于 0 次
    guess = int(input("请输入你猜测的数字:"))    # 用户输入猜测的数字并转换为整型
if guess == key:                             # 判断用户输入的数字是否与 key 相等
    print("恭喜你，答对了！")
    elif guess < key:
        print("猜小了！")
    else:
        print("猜大了！")
    i = i-1                                  # 用掉一次机会，i 减少 1
```

3.2.2 for 循环语句

除了 while 循环，Python 还提供了另一种循环，即 for 循环，其语法格式为：

```
for 变量  in 可迭代对象：
    循环体（需重复执行的代码块）
```

可迭代对象是指元素可以单独提取出来的对象，如字符串、列表、元组、字典、集合等都是可迭代对象。每执行一轮 for 循环，程序就从可迭代对象中读取一个元素，并将其赋值给变量，进而执行循环体中的代码，直至读取完可迭代对象的所有元素为止，不再循环，由此可见，for 循环语句的循环次数是确定的，其运行流程如图 3-7 所示。

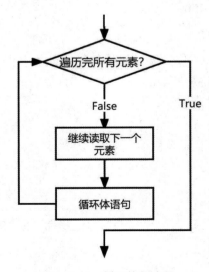

图 3-7　for 循环执行流程

例如字符串"Python"由"P""y""t""h""o""n"六个字符元素组成，可以使用 for 循环遍历字符串"Python"，打印其字符元素：

```
>>> for char in "Python":        # 遍历字符串中的每一个数据元素，并赋值给变量 char
        print(char)              # 执行打印操作
P
y
t
h
o
n
```

上述代码中，for 循环每执行一次都从字符串"Python"中读取一个字符，赋值给变量 char，然后执行循环体中的打印语句 print(char)，直到依次读取完字符串"Python"的所有字符，循环终止。

列表是可迭代对象，因此我们可以采用类似的方法遍历列表，打印其中的元素：

```
>>> list1 = [1,-3,-4,7,-9,10]
>>> for i in list1:              # 遍历列表中的每个数据元素并赋值给变量 i
        print(i)                 # 执行打印操作
1
-3
-4
7
-9
10
```

除完成打印操作外，循环体还可以执行更复杂的操作，例如求列表 list1 的元素绝对值并打印：

```
list = [1,-3,-4,7,-9,10]
for i in list:                   # 遍历列表中的每个数据元素，并赋值给变量 i
    if  i < 0:                   # 判断 i 的取值是否为负数
        i = -i                   # 如果 i 的取值为负数，则转变为正数
    print(i)                     # 打印变量 i 的结果
```

【源代码：3_14_for 循环语句示例（1）.py】

for 循环还可以用来求列表 [1,2,3,4,5] 的所有元素之和：

```
total=0                          # 定义存放累加结果的变量 total，赋初始值为 0
list1 = [1,2,3,4,5]
for num in list1:                # 遍历列表中的每个数据元素，并赋值给变量 num
    total=total+num              # 累加求和
print(total)                     # 打印最终累加求和的结果
```

【源代码：3_15_for 循环语句示例（2）.py】

上述代码中，我们使用 for 循环与列表 [1,2,3,4,5] 求得了"1+2+3+4+5"的值，是否可以使用同样的方法求"1+2+3+4+...+99+100"的值？为了避免手动输入一个包含 100 个元素的列表"[1,2,3,4...99,100]"，这时可以借助 Python 内置的 range() 函数，该函数可以快速生成一个整数序列，示例如下：

```
>>>range(0,10)                    # 生成一个 0 到 9 的整数数字序列：0 1 2 3 4 5 6 7 8 9
range(0, 10)
>>>range(10)                      # 默认情况下从 0 开始生成数字序列，等价于 range(0, 10)
range(0, 10)
>>>range(5,10)                    # 生成一个 5 到 9 的序列：5 6 7 8 9
range(5, 10)
```

小贴士：

range(m,n) 函数产生的数字序列为"m,m+1,m+2,...n-2,n-1"，并不包括尾数 n。

用户无法直接查看 range() 函数生成的序列元素，但是可以将 for 循环语句和 range() 函数结合使用，遍历查看 range() 函数生成的数字序列，代码如下：

```
>>>for i in range(1,5):     # 遍历数字序列中的每个数据元素，并赋值给变量 i
print(i)                    # 执行打印操作
1
2
3
4
```

【源代码：3_16_for 循环语句示例（3）.py】

使用 range() 函数可以完成"1+2+3+4+...+99+100"的运算：

```
total=0                          # 定义存放累加结果的变量 total，赋初始值为 0
for i in range(1,101):           # 遍历 1 到 100 的数据序列
    total=total+i                # 累加求和
print('1+2+3+...+100=',total)
```

【源代码：3_17_for 循环语句示例（4）.py】

下面使用 for 循环语句编写猜数字小游戏，保持原规则，代码如下：

```
key = 10              # 预先设定待猜测的数字
for i in range(5):    # 循环条件：i 变量依次遍历数字序列 0 1 2 3 4，表示共有 5 次猜测机会
    guess = int(input("请输入你猜测的数字:")) # 用户从键盘输入猜测的数据，并转换为整型
    if guess == key:                          # 判断用户输入的数字是否与预先设定的数字相等
        print("恭喜你，答对了！")
    elif guess < key:                         # 判断用户输入的数字是否小于预先设定的数字
        print("猜小了！")
    else:                                     # 用户输入的数字大于预先设定的数字，执行 else 后面的语句
        print("猜大了！")
```

3.2.3 循环的嵌套

if 语句可以嵌套，循环语句同样可以嵌套（即一个循环体中包含另外一个循环）。例如食堂现有黄瓜、西红柿、白菜、土豆、四季豆 5 种蔬菜，以及牛肉、猪肉、鸡肉 3 种肉类，任意搭配可以做出哪些一荤一素的菜肴？

数学中的"排列组合"可以帮助我们解决这一问题：首先在 5 种蔬菜中依次选择每一种蔬菜，然后在 3 种肉类中依次选择每一种肉类与之搭配，如图 3-8 所示：

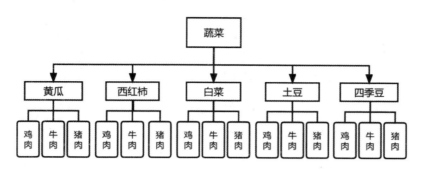

图 3-8　排列组合搭配菜肴

使用 Python 程序模拟这一过程，需要两层循环结构，代码如下：

```
vegetables = ["黄瓜","西红柿","白菜","土豆","四季豆"]
meats =["牛肉","猪肉","鸡肉"]
for i in vegetables:            # 遍历 vegetables，每次获取一种蔬菜
    for j in meats:            # 遍历 meat，每次获取一种肉类
        print(i, "炒", j)
```

【源代码：3_18_循环的嵌套示例.py】

在上述程序中，外层循环用来遍历 vegetables 列表，逐个获取"黄瓜""西红柿"等蔬菜并赋值给变量 i；内层循环则从另一个列表 meat 中逐个获取"牛肉""猪肉"等肉类并赋值给变量 j，最后打印相关信息。

📺 任务实施

要使用同样的处理逻辑完成多人奖学金的评定，则需要借助循环语句，下面给出使用 while 循环和使用 for 循环的两种实现方法。

【文档：实训指导书 3.2】

方法一：使用 while 循环结构

使用 input() 函数接收用户输入的参评学生人数，并强制转换为数值型，用于后续循环条件的判断；

定义一个变量 count（初始值为 1），表示当前评定第 count 位学生奖学金，每一次循环过后 count 值加 1；

使用 while 循环，循环条件为"count<=number"，即已经评定的学生人数不大于参评人数；循环体中执行的操作与任务 3.1 中单个学生奖学金评定的流程一致。

【源代码：scholarship_evaluation2.py】

```
number = int(input("请输入参评学生人数："))        # 用户输入参评学生人数
count = 1                                      # 计数器，当前评定第 count 位学生奖学金
while count <= number:
    print("------------------------")
    print("开始评定第 ",count,"位同学的奖学金！")
    python_score = float(input('请输入该同学 Python 成绩：'))
    database_score = float(input('请输入该同学 Database 成绩：'))
    total_score = python_score + database_score
    if python_score >= 90 and database_score >= 90 and total_score > 185:
        print('评定结果 >>>>【一等奖学金】')
```

```
    elif python_score >= 85 and database_score >= 85 and total_score > 175:
        print('评定结果 >>>>【二等奖学金】')
    elif python_score >= 80 and database_score >= 80 and total_score > 165:
        print('评定结果 >>>>【三等奖学金】')
    else:
        print('评定结果 >>>>【无奖学金】，继续努力')
    count = count + 1

print('----- 所有学生评定完毕 -----')
```

方法二：使用 for 循环结构

使用 input() 函数接收用户输入的学生人数，并强制转换为数值型存放在 number 变量中，用于后续循环条件的判断；使用 for 循环，循环条件为 "range(1,number+1)"，利用 range 函数生成人数区间。循环体中执行的操作与任务 3.1 中单个学生奖学金评定的流程一致。

```
number = int(input("请输入参评学生人数: "))
for i in range(1,number+1):
    print("--------------------------")
    print(" 第 ",i," 位学生的奖学金评定开始! ")
    python_score = float(input('请输入该同学 Python 成绩: '))
    database_score = float(input('请输入该同学 Database 成绩: '))
    total_score = python_score + database_score
    if python_score >= 90 and database_score >= 90 and total_score > 185:
        print('评定结果 >>>>【一等奖学金】')
    elif python_score >= 85 and database_score >= 85 and total_score > 175:
        print('评定结果 >>>>【二等奖学金】')
    elif python_score >= 80 and database_score >= 80 and total_score > 165:
        print('评定结果 >>>>【三等奖学金】')
    else:
        print('评定结果 >>>>【无奖学金】，继续努力')

print('----- 所有学生评定完毕 -----')
```

运行上述程序，结果如下：

```
请输入参评学生人数: 2
--------------------------
第 1 位学生的奖学金评定开始!
请输入该同学 Python 成绩: 90
请输入该同学 Database 成绩: 92
评定结果 >>>>【二等奖学金】
--------------------------
第 2 位学生的奖学金评定开始!
请输入该同学 Python 成绩: 90
```

请输入该同学 Database 成绩：86
评定结果 >>>>【二等奖学金】
----- 所有学生评定完毕 -----

任务 3.3　循环的控制 break/continue

任务分析

在批量评审奖学金过程中，评定完一名同学后可以询问评审员"是否继续评定下一位？"，给予评审员更多的自主权，若评审员决定"不继续评定"，则程序停止循环；若评审员决定"继续评定"，则继续评审下一位同学的奖学金等级。本项任务需要完成的具体任务内容及相关知识点如表 3-4 所示。

表 3–4　具体任务内容及相关知识点

序号	具体任务内容	相关知识点
1	在循环体中完成奖学金评定	循环控制语句、分支语句
2	用户通过键盘输入学生成绩	input() 函数、
3	处理完一位学生奖学金后，询问用户是否继续评定下一位	input() 函数
4	若用户选择终止评定，则循环结束；否则，继续评定下一位学生奖学金	break 语句

完成上述任务后，程序最终运行效果如图 3-9 所示。

```
------------------------
第 1 位学生的奖学金评定开始！
请输入该同学 Python 成绩：96
请输入该同学Database成绩：92
评定结果>>>>【一等奖学金】
------------------------
是否继续评定下一位？是-Y 否-N：Y
------------------------
第 2 位学生的奖学金评定开始！
请输入该同学 Python 成绩：90
请输入该同学Database成绩：86
评定结果>>>>【二等奖学金】
------------------------
是否继续评定下一位？是-Y 否-N：N
-----所有学生评定完毕-----
```

图 3–9　用户决定是否继续评定

微课：任务 3.3 循环的控制 break/continue

知识储备

在满足循环条件的情况下，while 循环和 for 循环会重复执行循环体中的代码，直到不满足循环条件才会终止循环。Python 还提供了在满足循环条件下，根据实际需要提前跳出循环的 break 和 continue 语句，从而使得程序的执行流程更加灵活。

3.3.1　break 语句

在循环执行过程中，如需要中途强行跳出并结束循环，可以使用 break 语句。例如通过循环提示用户逐个输入喜欢的城市名字，并打印出相关信息，直到用户输入"quit"为止，代码实现如下：

【源代码：3_19_循环中使用 break 示例（1）.py】

```
while True:                    # 循环条件永远成立
    city=input('请输入你喜欢城市名字（输入 quit 退出程序）: ')
    if city=='quit':          # 如果用户输入"quit"
        break                 # 使用 break 跳出循环体
    else:                     # 只要用户没有输入"quit"，打印相关信息，然后进入下一轮循环
        print('我喜欢的城市: ', city)
```

上述代码中，while 的循环条件为 True，表示循环将一直执行。当用户输入"quit"时，程序将执行 break 语句，强制跳出循环体。

> **小贴士：**
>
> 　　使用 while True 条件循环时，一定要在循环体中的合适位置加入 break 语句，否则循环将无法退出，永远执行下去，形成"死循环"。

使用 for 循环依次打印列表 [2,4,6,8,9,10,12] 中的元素，遇到奇数则停止打印，代码如下：

【源代码：3_20_循环中使用 break 示例（2）.py】

```
list1 = [2,4,6,8,9,10,12]
for i in list1:               # 遍历列表中的每个数据元素并赋值给变量 i
    if  i % 2 != 0:           # 判断变量 i 是否为奇数
        break                 # 变量 i 为奇数则跳出循环体，不再执行剩余代码
print(i)                      # 变量 i 为偶数则执行打印操作
```

上述代码的 for 循环体中，使用 if 语句判断 i 是否为奇数，如果是奇数则使用 break 语句跳出循环、不再执行剩余的代码，否则继续执行 print(i) 操作。

借助 break 语句，我们可以升级猜数字小游戏，使之更具有交互性，例如用户每猜测一次数字，程序向用户询问是否继续（是 -Y、否 -N）。若用户输入 Y 则游戏继续，否则使用 break 语句跳出循环体、游戏结束，具体实现代码如下：

【源代码：3_21_循环中使用 break 示例（3）.py】

```
key = 10                # 预先设定待猜测的数字
for i in range(5):      # 循环条件：i 变量依次遍历数字序列 0 1 2 3 4，共有 5 次猜测机会
    guess = int(input("请输入你猜测的数字:"))
    if guess == key:
        print("恭喜你，答对了! ")
        break           # 猜对的情况下，直接退出循环、游戏结束
    elif guess < key:
        print("猜小了! ")
    else:
```

```
        print("猜大了！")
    choice = input("请问是否要继续游戏？ 是 -Y 否 -N: ")
    if choice == "Y" and i != 4:   # 判断用户输入"Y"，并且 i 不为 4（还有猜测机会）
        print("游戏继续")            # if 条件成立则游戏继续
    else:                           # 不满足 if 条件则使用 break 语句跳出循环结构
        print("退出游戏")
        break                       # 直接退出循环、游戏结束
```

3.3.2　continue 语句

continue 语句用于立即结束本轮循环，提前进入下一轮循环。例如，我们想要打印列表 [2,4,6,8,9,10,12] 中的所有偶数元素，可以结合使用 for 循环与 continue 语句完成该任务。

【源代码：3_22_循环中使用 continue 示例 .py】

```
nums= [2,4,6,8,9,10,12]
for i in nums:                 # 遍历列表中的每个数据元素并赋值给变量 i
    if i % 2 != 0:             # 判断变量 i 是否为奇数
        continue              # 变量 i 为奇数，则退出本轮循环，执行下轮循环
    print(i)                  # 变量 i 为偶数则执行打印操作
```

上述代码的 for 循环体中，使用 if 语句判断"i % 2 != 0"是否成立，如果结果为 True（即 i 为奇数），则执行 continue，即退出本轮循环（不再执行最后的 print(i) 语句），返回 for 循环的开头处，执行下一轮循环。

📊 任务实施

【文档：实训指导书 3.3】

本任务的实施思路与过程如下：

（1）由于不确定参评学生的数量，因此使用 while 循环，循环条件设置为 True，即不断重复执行循环体中的代码；

（2）在循环体中，询问用户是否继续评定其他同学奖学金，如果用户选择不再继续评定，则使用 break 语句退出循环。

【源代码：scholarship_evaluation3.py】

```
count = 1
while True:
    print("------------------------")
    print("第 ", count , "位学生的奖学金评定开始！")
    python_score = float(input('请输入该同学 Python 成绩：'))
    database_score = float(input('请输入该同学 Database 成绩：'))
    total_score = python_score + database_score
    if python_score >= 90 and database_score >= 90 and total_score > 185:
        print('评定结果 >>>>【一等奖学金】')
    elif python_score >= 85 and database_score >= 85 and total_score > 175:
        print('评定结果 >>>>【二等奖学金】')
    elif python_score >= 80 and database_score >= 80 and total_score > 165:
        print('评定结果 >>>>【三等奖学金】')
```

笔记

```
    else:
        print(' 评定结果 >>>>【无奖学金】，继续努力 ')
print("------------------------")
choice = input(' 是否继续评定下一位？是 -Y 否 -N: ')
if choice == 'Y' or choice == 'y':
    count = count + 1
    continue
else:
    print('----- 所有学生评定完毕 -----')
    break
```

运行上述程序，输出结果如下：

```
------------------------
第 1 位学生的奖学金评定开始！
请输入该同学 Python 成绩：96
请输入该同学 Database 成绩：92
评定结果 >>>>【一等奖学金】
------------------------
是否继续评定下一位？是 -Y 否 -N: y
------------------------
第 2 位学生的奖学金评定开始！
请输入该同学 Python 成绩：90
请输入该同学 Database 成绩：88
评定结果 >>>>【二等奖学金】
------------------------
是否继续评定下一位？是 -Y 否 -N: n
----- 所有学生评定完毕 -----
```

🕸 项目总结

分支和循环改变了 Python 程序只能自上而下执行的逻辑，从而为解决更加复杂的问题提供了可能。在"评定奖学金"项目中，我们借助 if-elif-else 多分支结构，根据两门课程的成绩完成了单个学生奖学金的评定，为了应对多人奖学金评定问题，我们在程序中引入了 while/for 循环来应对重复执行某些操作的问题。为了使程序更友好，每评定完一名学生的奖学金后，询问是否继续评定下一位，如用户选择不再继续评定，则使用 break 语句退出循环。利用上述程序流程控制语句，我们能够实现相对复杂的算法，为项目实战奠定基础。

本模块的学习重点包括：

（1）if 分支结构的用法；

（2）while 循环结构的用法；

（3）for 循环结构的用法；

（4）range() 函数产生数字序列；

（5）break、continue 关键字退出循环。

本模块的学习难点包括：

（1）循环的处理流程；

（2）循环的嵌套使用；

（3）break、continue 的区别。

能力检验

1. 选择题

（1）两个条件表达式以运算符（　　　　）相连，同时成立时表达式的结果才为 True。

   A．and   B．or   C．==   D．!=

（2）执行以下代码，其结果为（　　　　）。

```
n = 10
sum = 0
number = 1
while number <= n:
    sum = sum + number
    number += 1
print(sum)
```

   A．0   B．45   C．55   D．66

（3）求 0 ~ 10 之间的偶数的代码如下，将代码补充完善应该增加下列选项中的（　　　　）。

```
x = 10
while x:
    if x%2!=0:
        (    )
        print (x)
x = x-1
```

   A．break   B．continue   C．yield   D．flag

（4）以下代码循环的执行次数是（　　　　）。

```
i = 0
while i < 5:
    print(i)
```

   A．5   B．4   C．1   D．死循环

（5）以下代码打印的数字序列是（　　　　）。

```
for i in range(1,5):
    print(i)
```

   A．1,2,3,4,5 B．1,2,3,4 C．2,3,4 D．2,3,4,5

2. 填空题

（1）在 Python 程序中，_____的作用是标识不同的逻辑代码块。

（2）_____循环一般用于实现遍历循环。

（3）在语句 for i in range(6) 中，程序共循环_____次。

（4）在循环语句中，_____语句的作用是跳过当前循环中的未执行语句，提前进入下一次循环；_____语句的作用是跳出当前的循环并结束循环。

（5）以下代码输出的结果为_____。

```
num=0
for i in range(5):
    num=num+i
print(num)
```

3. 编程题

（1）"参军报国，不负韶华"，目前越来越多的青年人应征入伍。参军选拔有较为严格的标准，比如高中以上学历的青年要求：年龄 17 ~ 24 周岁，左眼视力 4.5、右眼视力 4.6以上等。根据以上条件，输入一名青年的年龄、视力等，判断其是否可以报名参军。

（2）体质指数（BMI）是国际上常用的衡量人体胖瘦程度以及是否健康的一个常用标准，其计算公式为 BMI= 体重 ÷ 身高的平方（体重单位：千克；身高单位：米）；BMI正常范围为 20 ~ 25，大于 25 则偏胖，小于 20 则偏瘦；输入自己的身高、体重，根据上述标准输出结论。

（3）通过循环，求 1 ~ 100 所有整数的平方和，即 $1^2+2^2+3^2+...+100^2$。

（4）逢 7 拍手游戏：找出 1 ~ 100 内 7 的倍数或含有 7 的数字（如 17、27、71、97），并打印出来。

（5）设计一个验证用户密码的程序，假定用户名为 admin，密码为 123456，程序运行时用户输入用户名和密码，如果用户名和密码符合上述要求，则输出"登录成功"，否则输出"登录失败，请重新输入"。此外，用户只有三次输入错误的机会。

💡 思辨与拓展

2020 年，在新冠肺炎疫情对全球经济造成严重冲击时，我国率先控制疫情、复工复产、实现经济增长由负转正；2021 年，国内生产总值比上年增长 8.1%，两年平均增长 5.1%，经济增速居全球主要经济体前列……这些成绩的取得源自我党坚持"人民至上、生命至上"的理念，源自我国坚持统筹疫情防控和经济社会发展的方针，源自全社会积极主动参与疫情阻击战的行动。

新冠肺炎疫情防控期间，依据疫情防控部门统筹，响应"抓细抓实疫情防控各项举措"的号召，某单位要求乘坐班车需持有 24 小时核酸检测阴性报告，有检测报告可以乘车，没有则不能乘车。班车行进路线共设有五个停靠站供乘客选择上下车，行进过程中如果有乘客要上下车则停车；无乘客上下车则持续行驶。

　　根据上述乘车要求，使用合适的流程控制语句，编写 Python 程序模拟班车行驶的全过程，程序输出结果可参照图 3-10。

```
***模拟班车行进过程***
您是否持有24小时核酸检测结果？是-Y,否-N：Y
您可以乘坐班车！
第 1 站到了！
您是否需要在本站下车？是-Y,否-N：N
班车继续行进...
第 2 站到了！
您是否需要在本站下车？是-Y,否-N：Y
您将在本站下车！
```

图 3-10　程序输出结果

模块 4

微课：单元开篇

函数与模块——爱国护税，编制个人所得税计算器

【PPT：模块 4 函数与模块】

情景导入

个人所得税是我国重要的税收来源，也是调节社会收入分配、实现共同富裕目标、维护社会稳定的重要手段。根据我国现行的《个人所得税法》，每个公民须如实申报个人收入，超过个税起征点的部分则需按比率缴税。近年来，随着税务机关的重拳出击，部分明星等公众人物的"阴阳合同、少缴瞒报、隐匿收入、虚假申报"等违法行为浮出水面，明星偷逃税款被处罚为社会大众敲响了依法纳税的警钟。

在本模块中，我们将编写 Python 程序模拟个税计算及工资计算过程。随着程序复杂性和难度的提升，通常需采取一定的措施将程序分解成较小的代码块，从而化繁为简、逐一击破。本模块将利用函数封装工资结算、个税计算的代码块，提高代码的复用性，并引入模块化思想，将函数进一步封装到模块中，以便更好地组织程序。

项目分解

根据项目需求，按照"功能递进、逐步完善"的思路，将本模块分解为 3 个任务，任务分解说明如表 4-1 所示。

表 4-1　任务分解说明

序号	任务	任务说明
1	编写简单函数判断是否需缴个税	结合个税起征标准，编写简单函数判断是否需要缴纳个人所得税
2	利用函数计算个税金额	根据员工的工资收入情况，结合个税计算标准，编写一个结构完整的函数，用以计算应缴个税金额

续表

序号	任务	任务说明
3	模块化思想改造程序	引入模块思想，将函数放置于模块中，进而形成一个完整的个税计算与工资结算的程序

📖 学习目标

（1）根据业务需求，定义所需的函数；

（2）能够调用相关函数、传递合适的参数，得到函数返回值；

（3）学会导入 Python 模块，并使用模块中的函数；

（4）使用 pip 命令，下载所需的第三方模块；

（5）能够运用模块化思想创建并引用自定义模块。

任务 4.1　利用简单函数判断是否需缴个税

🔍 任务分析

函数是提高代码重用率和开发效率的重要手段。根据目前国家税收政策，月收入大于 5000 元则需要缴纳个税，本项任务将编写一个简单函数，根据员工的收入情况判断是否需要缴纳个人所得税，具体任务内容及相关知识点如表 4-2 所示。

表 4-2　具体任务内容及相关知识点

序号	具体任务内容	相关知识点
1	定义一个函数，用来判断某员工是否需要缴纳个人所得税	认识函数、定义简单函数
2	在函数中计算员工的总工资，若超过个税起征点（5000 元），则打印输出需要缴税	if 分支结构、print() 函数
3	调用上述函数，执行函数中的代码	函数的调用

完成以上工作，程序运行的效果如图 4-1 所示。

> 您本月总收入为 **8000** 元，高于5000元起征点，需要缴税！
> 税务部门提醒您：依法诚信纳税，是最好的信用证明。

图 4-1　简单函数判断是否需要缴税

微课：任务 4.1 利用简单函数判断是否需缴个税

🌱 知识储备

4.1.1　认识函数

函数是组织好的、可重复使用的、用来实现特定功能的代码段，它能有效提升程序的模块化程度和代码的重复利用率，用以构建更加复杂、强大的程序。Python 的函数包括内置函数和自定义函数，内置函数是 Python 已经预定义好的、可以直接使用的函数，比如我们熟悉的 print()、input() 函数就是典型的内置函数，它们封装了函数内部实现的细节，我们通过函数名调用即可达到输出、输入的目的。除了调用内置函数，我们还可以编写符合需求的自定义函数。

函数是程序设计中非常重要的编程方式，被程序员广泛应用。下面我们通过一个例子深入理解使用函数的好处：图 4-2 中的代码块可以使用星号打印输出一个三角形，如果在一个程序的多个地方都需要输出这个图像，每次都重复书写这 3 条语句的做法显然是低效的。

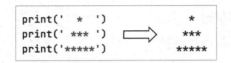

图 4-2　Python 代码打印三角形

为了提高编程效率，我们可以把具有独立功能的代码封装成一个小模块（单元），这就是函数。例如针对上面打印三角形的问题，可以将相关代码封装在一个名为"print_triangle()"的函数中，在需要时通过函数名 print_triangle 调用相关代码，打印输出三角形，这样我们只需编写一次 print_triangle() 函数，即可多次调用，从而提升代码的重用性（如图 4-3 所示）。

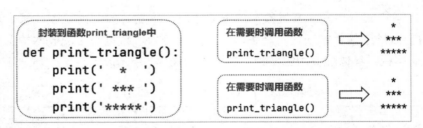

图 4-3　调用函数 print_triangle

4.1.2　定义并调用简单函数

使用自定义函数前，首先需要定义（创建）函数，然后可以利用函数名来调用这个函数。在 Python 中，一个简单的函数包括 def 关键字、函数名和函数体三个部分，形式如下：

```
def  函数名 ( ):
    函数体
```

其中，def 关键字用于声明一个函数，函数名要符合标识符的命名规则，函数名后加小括号与冒号，函数体为函数内部要执行的代码。下面演示创建一个简单的点餐函数 order()，然后通过函数名调用此函数：

【源代码：4_1_简单函数示例 1.py】

```
def order():                                    # 使用 def 关键字定义名为 order 的函数
    print('我点一份剁椒鱼头，微辣！')
    print('我的朋友 Tom 点一份水煮牛肉！')
    print('我的朋友 Jerry 点一份宫保鸡丁！')
```

```
        print('再来三碗米饭，响应光盘行动！')
print('开始点餐：')
order()                           # 通过函数名调用，执行函数内封装的代码
print('点餐结束。')
```

上述代码中，我们使用 def 关键字定义了一个名为 order 的函数。虽然 Python 程序按照自上而下的顺序执行，但是 Python 解释器遇到第 1 行"def order()"时，并不立即执行函数内部的代码（第 2 行到第 5 行），而是直接执行第 6 行"print('开始点餐：')"；接下来，执行第 7 行"order()"，即调用 order() 函数（执行函数内的第 2 行到第 5 行语句）；当函数内部的语句执行完毕后，再次返回函数调用处，继续执行第 8 行"print('点餐结束。')"。程序运行结果如下：

```
开始点餐：
我点一份剁椒鱼头，微辣！
我的朋友 Tom 点一份水煮牛肉！
我的朋友 Jerry 点一份宫保鸡丁！
再来三碗米饭，响应光盘行动！
点餐结束。
```

小贴士：

　　如果我们定义了一个函数，但是不调用该函数，则函数中的代码就不会运行。

再比如，定义一个求长方形（长为 10，宽为 5）面积的函数 calculate_area()，并调用：

【源代码：4_2_简单函数示例 2.py】

```
def calculate_area():            # 定义求长方形面积的函数
    length = 10
    width = 5
    area = length*width          # 计算长方形的面积
print("长方形的面积为 ",area)
print("准备调用函数 ")
calculate_area()                 # 调用函数
print("程序结束 ")
```

上述代码中，通过 def 关键字定义了一个求长方形面积的函数 calculate_area()。Python 首先执行第 6 行"print("准备调用函数 ")"；接下来执行第 7 行"calculate_area()"，即调用 calculate_area() 函数（返回函数的开头，执行函数内的第 2 行至第 5 行，计算并输出长方形面积）；函数体内的语句执行完毕后，再次返回函数调用处，继续执行第 8 行"print("程序结束 ")"。程序运行结果如下：

```
准备调用函数
长方形的面积为  50
程序结束
```

🖥 任务实施

【文档：实训指导书 4.1】

本任务的实施思路与过程如下：

（1）首先使用 def 关键字定义一个函数 if_tax()，用于判断是否需缴纳个人所得税。

（2）在函数 if_tax 内部计算总工资（基本工资 base_salary+ 奖金 bonus），然后使用 if-else 双分支结构判断是否需要缴纳个税。

（3）调用函数 if_tax()，查看输出结果。

【源代码：tax_ calculator1.py】

```
def if_tax():     # 定义函数
    base_salary= 5000
    bonus = 3000
    total_salary = base_salary+bonus
    if total_salary>=5000:
        print("您本月总收入为 ",total_salary," 元，高于 5000 元起征点，需要缴税！ ")
    else:
        print("您本月总收入为 ",total_salary," 元，低于 5000 元起征点，无须缴税！ ")
    print(" 税务部门提醒您：依法诚信纳税，是最好的信用证明。")

if_tax()      # 调用 if_tax 函数
```

运行上述程序，结果如下：

您本月总收入为 8000 元，高于 5000 元起征点，需要缴税！
税务部门提醒您：依法诚信纳税，是最好的信用证明。

任务 4.2　利用函数计算个税金额

微课：任务 4.2 利用 函数计算个税金额

任务分析

在任务 4.1 中，我们设计了简单函数来判断某人是否需要缴纳个人所得税，但程序有明显缺陷：（1）函数中的基本工资、奖金都是固定的，不够灵活；（2）仅能判断是否需要缴纳个人所得税，不能确定缴税金额。为了实现更加强大、灵活的个税计算功能，我们需要进一步挖掘 Python 函数的用法。假定员工的工资由基本工资和奖金组成，个人所得税缴纳规则如下：

◆ 月工资不超过 5000 元，免税；

◆ 月工资超过 5000 元、但不超过 15000 元的部分，征收 5%；

◆ 月工资超过 15000 元的部分，征收 10%；

本任务要求编写更加复杂的函数，从而灵活计算个人所得税，具体任务内容及相关知识点如表 4-3 所示。

表 4-3　具体任务内容及相关知识点

序号	具体任务内容	相关知识点
1	通过键盘输入员工的基本工资及奖金	input() 函数、float() 函数
2	定义个税计算函数，函数根据基本工资与奖金，计算并返回个税金额	函数的参数、返回值

续表

序号	具体任务内容	相关知识点
3	调用上述个税计算函数，并打印输出	函数的调用、print() 函数

完成上述工作后，程序运行结果如图 4-4 所示。

请输入您本月的基本工资：*5000*
请输入您本月的奖金：*3000*
您本月应缴纳个人所得税150.0元
依法纳税是每个公民应尽的义务，感谢您的支持！

图 4-4　利用函数计算个税金额

 **知识储备**

4.2.1　普通函数形式

在任务 4.1 中，我们初步体验了比较简单的函数及其使用方法；实际上，函数包括参数和返回值，其完整格式如下：

```
def 函数名（参数）:
    函数体（代码块）
    return 返回值
```

上述函数结构中，参数及返回值部分是可以省略的（任务 4.1 中省略了这两个部分）。参数和返回值可以看作一个函数的输入和输出接口，如果把函数比作一个加工车间，那么参数就是原材料，返回值就是最终产品。我们可以根据需要向函数传递不同的参数，从而产生不同的结果。比如，定义一个包含两个参数的函数 salary() 用于计算员工的总工资：

【源代码：4_3_带参数函数 .py】

```
def salary(basic,bonus):          # salary() 函数接收 2 个参数：basic、bonus
    total=basic+bonus
    print(" 该员工的总工资为: ", total)
salary(5000,3500)                 # 调用 salary() 函数，传入一组数据
print(' 第 1 名员工工资计算结束 ')
salary(4000,3500)                 # 再次调用 salary() 函数，传入一组数据
print(' 第 2 名员工工资计算结束 ')
```

上述代码中，首先使用 def 关键字定义一个函数 salary()，该函数接收两个参数：基本工资 basic、奖金 bonus，这两个参数称为函数的形式参数（简称形参）。当程序执行到第 4 行 "salary(5000,3500)" 时，将调用 salary() 函数（这里 5000、3500 代表某个员工的基本工资与奖金，它们是函数实际执行时的参数，称为实参），实参 5000、3500 将分别传递给形参 basic、bonus（即 basic=5000，bonus=3500），然后执行函数体中的语句（第 2 行、第 3 行），计算并输出该员工的总工资。函数体内语句执行完毕后，继续执行第 5 行代码。程序运行结果如下：

```
该员工的总工资为:  8500
```

```
第 1 名员工工资计算结束
该员工的总工资为： 7500
第 2 名员工工资计算结束
```

除可以接收参数外，函数还可以附带 return 语句，用于退出函数并返回一个值给调用程序。进一步修改 salary() 函数，使用 return 语句返回员工的总工资：

```
def salary(basic,bonus):
    total=basic+bonus
    return total                    # 使用 return 关键字返回总工资 total
total_income=salary(3000,3500) # 调用 salary() 函数，返回的结果赋值给 total_income
print('该员工的总工资为:',total_income)
```

上述代码中，salary() 函数内部使用 return 关键字返回总工资 total；第 4 行 "total_income=salary(3000,3500)"，调用 salary() 函数计算并返回总工资 6500，进而赋值给变量 total_income（即 total_income=6500）；最后执行第 5 行代码，打印输出该员工的总工资。程序运行结果如下：

```
该员工的总工资为： 6500
```

小贴士：

如果一个函数中不包括 return 语句或者 return 关键字后面没有任何返回值，则相当于该函数返回 None。

4.2.2 参数的类型

Python 函数的参数包括位置参数、关键字参数、默认值参数等多种形态。

1. 位置参数

下面的代码在定义函数 salary(basic,bonus) 时，即确定了其参数的数量及位置（第 1 个参数为 basic 基本工资，第 2 个参数为 bonus 奖金）；在执行 "salary(5000,3000)" 时，程序会根据参数的位置顺序，将实参 5000 传递给形参 basic、实参 3000 传递给 bonus（即 basic=5000,bonus=3000）。在 Python 中，这种按照固定位置顺序传递的参数称为位置参数。

```
>>> def salary(basic,bonus):
        total=basic+bonus
        print("该员工的总工资为: ",total)

>>> salary(5000,3000)          # 调用函数时，5000 传递给形参 basic，3000 传递给形参 bonus
该员工的总工资为： 8000
```

使用位置参数要注意：调用函数时实参的数量要与定义函数时形参的数量一致，否则程序会报错。下面的例子使用 "salary(5000)" 语句调用 salary() 函数，只有一个实参 5000 对应于形参 basic，函数 salary() 的第 2 个形参 bonus 则没有对应的实参，因此程序会报错：

```
>>> def salary(basic,bonus):
        total=basic+bonus
```

笔记

```
          print("该员工的总工资为：",total)

>>> salary(5000)              # 调用时缺少一个实参，程序报错！
Traceback (most recent call last):
  File "<pyshell# 24>", line 1, in <module>
    salary(5000)
TypeError: salary() missing 1 required positional argument: 'bonus'
```

2. 关键字参数

如果函数的参数比较多，不方便开发人员记忆每个参数的意义与位置，可能会发生参数顺序错乱的情况，从而导致程序输出错误的结果。例如，定义一个描述学生基本信息的函数，然后按照位置参数去调用：

```
>>> def discribe_student(name,age,major):
        print(' 学生姓名 :', name)
        print(' 学生年龄 :', age)
        print(' 所学专业 :', major)

>>> discribe_student('Tom', ' 大数据技术专业 ', 20)# 参数位置错乱，导致程序输出错误的结果
学生姓名 : Tom
学生年龄 : 大数据技术专业
所学专业 : 20
```

上述代码中，discribe_student() 函数有 3 个参数，第 1 个参数 name 姓名、第 2 个参数 age 年龄、第 3 个参数 major 所学专业，在调用函数时，实参的位置出现了错误，因此程序输出错误的结果。

为了解决这类问题，可以使用关键字参数，即在函数调用时，通过 "形参 = 实参" 的形式关联形参和实参（将实参传递给特定的形参），这类参数称为关键字参数。使用关键字参数，允许调用函数时的参数顺序与定义函数时的参数顺序不一致。对于前面的 discribe_student() 函数，可以采用关键字参数形式调用：

```
>>> discribe_student(name='Tom', age=20, major=' 大数据技术专业 ')      # 调用函数，使
用关键字参数
学生姓名 : Tom
学生年龄 : 20
所学专业 : 大数据技术专业
```

小贴士：

关键字参数的定义方式要比位置参数复杂（需要输入的字符较多）；当函数参数越多时，关键字参数的优势愈加明显，毕竟多输入几个字符要比排除程序 bug 轻松得多。

调用函数时，关键字参数也可以与位置参数混合使用，但位置参数必须在关键字参数的前面，否则程序会报错：

```
>>> discribe_student('Tom', age=20, major=' 大数据技术专业 ')     # ' Tom' 为位置参数，
```

```
其余为关键字参数
学生姓名：Tom
学生年龄：20
所学专业：大数据技术专业
>>> discribe_student( age=20, major=' 大数据技术专业 ','Tom')    # 位置参数在关键字参
数后面，报错！
SyntaxError: positional argument follows keyword argument
```

3. 默认值参数

在定义函数时，可以为参数指定默认值，这类参数称为默认值参数（也称为可选参数）；程序员在调用该函数时，可以选择是否使用参数的默认值。例如，针对前面的函数 discribe_student()，若大多数学生专业为"大数据专业"，则可以考虑为参数 major 设置默认值"大数据专业"；在调用函数 discribe_student() 时，用户可以选择是否使用默认值，从而使函数更加灵活、便捷。

```
>>> def discribe_student(name,age,major=' 大数据专业 '):    # 为参数 major 设置默认值
" 大数据专业 "
        print(' 学生姓名 :', name)
        print(' 学生年龄 :', age)
        print(' 所学专业 :', major)

>>> discribe_student('Petter',18) # 调用 discribe_student() 函数，使用 major 默认值
学生姓名：Petter
学生年龄：18
所学专业：大数据专业
>>> discribe_student('Bob',19,' 人工智能专业 ') # 调用 discribe_student() 函数，不使
用 major 默认值
学生姓名：Bob
学生年龄：19
所学专业：人工智能专业
```

在定义函数 discribe_student() 时，上述代码通过"形参 = 默认值"的方式为参数 major 设置了默认值。在调用该函数时，"discribe_student('Petter',18)"语句中没有为形参 major 赋值，则 major 使用默认值"大数据专业"；而"discribe_student('Bob',19,' 人工智能专业 ')"语句中为形参 major 传递了对应的实参"人工智能专业"，则 major 不使用默认值。

小贴士：

在使用 def 关键字定义函数时，默认值参数必须位于其他参数的后面，否则会产生语法错误。

4.2.3 再议 print() 函数

print() 函数是我们使用最为频繁的函数之一，其本身支持多种类型的参数。在 IDLE 环境下输入"help(print)"语句，可以查看 print() 函数的相关说明，print() 函数的完整形式如下：

```
print(value, ..., sep=' ', end='\n', file=sys.stdout, flush=False)
```

◆ value：需要输出的值，可以一次性输出多个值，使用逗号"，"分隔。

◆ sep：多个输出值之间的分隔符，默认为一个空格符" "。

◆ end：输出语句结束后附加的字符串，默认为换行符"\n"。

◆ file：输出的目标对象，可以是文件或者数据流，默认为"sys.stdout"，表示默认输出到标准输出设备（通常为显示器）。

◆ flush：其值为 True 或者 False，默认为 Flase，表示是否立刻将输出语句输出到目标对象。

根据以上说明，除 value 参数外，其他参数均设置了默认值，通过修改默认值参数，可以实现不同的打印效果：

```
>>> print("西瓜","草莓","葡萄","香蕉","橘子")    # 输出多个数据，数据之间使用空格分隔
西瓜 草莓 葡萄 香蕉 橘子
>>> print("西瓜","草莓","葡萄","香蕉","橘子",sep="/")# 输出多个数据，数据之间用斜杠分隔
西瓜／草莓／葡萄／香蕉／橘子
>>> print("西瓜","草莓",end="***"); print("香蕉","橘子")# 打印完"西瓜、草莓"，加入 ***
西瓜 草莓***香蕉 橘子
```

4.2.4　变量的作用域

程序中的每个变量都有特定的有效范围，称为变量的作用域；程序可以在有效范围内使用该变量，超出范围则可能报错；变量的作用域主要取决于定义变量的位置。

在函数内部定义的变量称为局部变量，其有效范围仅限于所在函数内部（只能在函数内部使用）；函数执行完毕后变量即被释放，无法再次访问。比如定义一个计算两个数之和的函数 sum_nums()，并调用：

```
>>> def sum_nums(num1,num2):
        total=num1+num2                # total 为函数内部定义的局部变量
        print(num1,'+',num2,'=',total)


>>> sum_nums(10,20)                     # 调用函数
10 + 20 = 30
>>> print('最终 total 的值为',total)     # 试图在函数外面访问局部变量total,程序报错！
Traceback (most recent call last):
  File "<pyshell# 32>", line 1, in <module>
    print('最终 total 的值为',total)
NameError: name 'total' is not defined
```

上述代码中，num1、num2 和 total 都是函数 sum_nums() 内的局部变量，其作用域（有效范围）仅限于函数 sum_nums() 内部。在函数外部，当语句"print('最终 total 的值为',total)"

试图访问 total 时，因为超出了变量 total 的有效范围，所以程序报错。

与局部变量相对应，全局变量通常定义在函数的外部，其有效范围涵盖整个程序文件。在下面的代码中，变量 age 定义在函数的外面，它是一个典型的全局变量，因此可以在函数 print_age() 中访问：

```
>>> age=18            # 函数外部，定义一个全局变量
>>> def print_age():
        print(' 函数内访问全局变量age=',age)

>>> print_age()
函数内访问全局变量age= 18
```

在函数内部能够直接修改全局变量吗？观察以下示例：

```
>>> age=18                        # 定义全局变量 age
>>> def print_age():
        age=20                    # 尝试在函数内部修改 age 的值
        print(' 函数内部 age=',age)
>>> print_age()                   # 调用函数，查看 age 的值
函数内部 age= 20
>>> print(' 函数外部 age=',age)     # 再次直接查看全局变量 age 的值
函数外部 age= 18
```

在上述代码中，我们定义了一个全局变量 age，初始值为 18，然后在 print_age() 函数内部尝试修改 age 的值为 20，并打印输出，但最后执行 "print(' 函数外部 age=',age)" 时，我们发现 age 的值仍然为 18。这是因为 Python 使用了屏蔽手段对全局变量进行 "保护"，如果用户尝试在函数内部修改全局变量，Python 就会在函数内部创建一个同名的局部变量代替，这个修改只会影响局部变量的值，而全局变量不会发生改变。上述代码中，函数内部的语句 "age=20" 相当于创建了一个全新的局部变量 age，而函数外面的全局变量 age 没有发生任何改变（其值仍然为 18）。

为了方便用户在函数内部修改全局变量，Python 提供了 global 关键字，用于在函数内部声明全局变量，示例如下：

```
>>> age=19                       # 定义全局变量 age
>>> def print_age():
        global age               # 使用 global 关键字表明 age 是全局变量
        age=20                   # 修改 age 的值
        print(' 函数内部 age=',age)
>>> print_age()
函数内部 age= 20
>>> print(' 函数外部 age=',age)    # 再次直接查看全局变量 age 的值
函数外部 age= 20
```

上述示例中首先定义了全局变量 age，其值为 19，而在函数 print_age() 内部使用 global 关键字表明函数内部的 age 是全局变量，因此在函数内部修改 age 的值，是对全局变量 age

进行修改。

> **小贴士：**
>
> 　　在函数内部修改全局变量会导致程序的可读性变差，容易引起意外的 bug，增加维护代码的成本，因此在非必要情况下，不建议用户在函数内部修改全局变量的值。此外，应当尽量避免全局变量与函数内的局部变量重名的情况，以防产生歧义。

4.2.5　递归函数

　　递归是一种特殊的函数调用形式，是指在函数内部调用函数本身。递归的作用是将大型复杂的问题转化为一个与之类似、但规模较小或相对简单的问题。比如用来求一个正整数 n 的阶乘（即 $n!$ ），可以根据 n 的值分为如下两种情况：

　　（1）当 $n=1$ 时，$n! = 1$；

　　（2）当 $n>1$ 时，$n! = (n-1)! \times n$；

　　经过分析可以发现：n 的阶乘其实就是（$n-1$）的阶乘与 n 的乘积，因此，这个问题可以使用递归函数来解决：

【源代码：4_5_递归函数示例 .py】

```
def factorial(num):
    if num==1:
        return  1
    else:
        return  num * factorial(num-1)    # 调用 factorial(num-1)，先求得（num-1)!
result=factorial(10)
print('10 的阶乘为：',result)
```

任务实施

本任务的实施思路与过程如下：

【文档：实训指导书 4.2】

　　（1）定义计算个税的函数 calculate_tax()，该函数以基本工资 base_salary、奖金 bonus 为参数。

　　（2）函数 calculate_tax() 内部，引入 if-elif-else 多分支结构计算需要缴纳的个税，返回计算结果（个税金额）。

　　（3）用户通过键盘输入基本工资和奖金。

　　（4）调用 calculate_tax() 函数，计算个税金额，最终打印相关信息。

【源代码：tax_calculator2.py】

```
def calculate_tax(base_salary,bonus):
    money = base_salary+bonus
    if money<=5000:
        tax = 0
    elif 5000<money<=15000:
        tax =(money-5000)*0.05
    else:
        tax =(money-15000)*0.1+10000*0.05
```

笔记

```
    return tax
# 用户通过键盘输入基本工资和奖金
base_salary = float(input("请输入您本月的基本工资："))
bonus = float(input("请输入您本月的奖金："))
# 调用函数得到个税的计算结果
tax = calculate_tax(base_salary,bonus)
print("您本月应缴纳个人所得税 ",tax," 元 ",sep='')
print("依法纳税是每个公民应尽的义务，感谢您的支持！ ")
```

运行上述程序，结果如下：

```
请输入您本月的基本工资：5000
请输入您本月的奖金：3000
您本月应缴纳个人所得税150.0元
依法纳税是每个公民应尽的义务，感谢您的支持！
```

任务 4.3　模块化思想改造程序

 任务分析

函数在一定程度上解决了代码复用的问题，并提高程序的可读性，但如果我们希望编写的函数可以供其他程序使用，或者供其他程序员使用，则可以把需要共享的函数放入模块（py 文件）或者 package 包中。

本任务将按照模块化思想，编写个税计算与工资结算器，具体任务内容及相关知识点如表 4-4 所示。

微课：任务 4.3 模块化思想改造程序

表 4-4　具体任务内容及相关知识点

序号	具体任务内容	相关知识点
1	将"计算个税"、"税后工资结算"功能封装到两个函数中；按照模块化思想，把这两个函数置于自定义模块（py 文件）中	自定义函数、自定义模块
2	在主程序文件中，导入上述自定义模块	模块的导入
3	通过键盘输入员工的基本工资和奖金	input() 函数、float() 函数
4	以菜单的形式呈现功能选项：【1】计算个人所得税、【2】税后工资结算、【0】退出程序	print() 函数
5	循环显示菜单，用户选择所需的功能项（调用相关函数），直到用户选择"【0】退出程序"为止	while 循环、input 函数、if 分支语句、函数的调用

完成上述任务后，程序运行效果如图 4-5 所示。

```
*****欢迎使用工资结算器*****          *****欢迎使用工资结算器*****
您好，请先输入以下基本信息！          您好，请先输入以下基本信息！
请输入员工每月基本工资：5000          请输入员工每月基本工资：5000
请输入员工本月奖金：3000             请输入员工本月奖金：3000
本程序提供如下功能：                 本程序提供如下功能：
1.计算个税                          1.计算个税
2.税后工资结算                       2.税后工资结算
0.退出程序                          0.退出程序
请选择您需要执行的操作：1            请选择您需要执行的操作：2
您本月预计缴纳个税：  150.0 元       您本月预计工资为：  7850.0 元
```

图 4-5　工资结算器运行效果

 知识储备

4.3.1　内置模块

　　模块是指处理一类问题的代码集合，它可以包含一系列函数、变量及类（类的相关内容将在模块 9 中介绍）等；在 Python 中，一个 Python 程序文件（py 文件）可以称为一个模块，文件名可以作为模块名。Python 中的模块分为内置模块、第三方模块和自定义模块三种类型。

　　内置模块是 Python 自带的模块，提供了许多实用的函数。使用某个模块时，需要借助 import 关键字导入该模块，然后通过"模块名 . 函数名 ()"的方式调用模块中的函数。Python 自带的 random 模块中，包含若干产生随机数的函数，相关方法演示如下：

```
>>> import random            # 使用 import 语句导入 random 模块
>>> random.randint(1,10)     # 调用 random 模块中的 randint 函数，生成 1~10 随机整数
5
>>> random.random()          # 调用 random 模块中的 random 函数，生成 0~1 随机浮点数
0.6182218025893127
>>> random.uniform(1,10)     # 调用 random 模块中的 uniform 函数，生成 1~10 随机浮点数
3.673755665069206
```

　　在调用模块内的函数时，如果不希望添加模块名作为前缀，可以采用"from 模块名 import 函数名"的形式，示例如下：

```
>>> from random import choice
>>> list1=[1,2,3,4,5,6,7,8,9,10]
>>> choice(list1)    # 调用 choice 函数，从 list1 中随机抽取一个元素
9
>>> from random import shuffle,sample   # 导入 random 模块中的 shuffle 和 sample 函数
>>> shuffle(list1)            # 调用 shuffle 函数，打乱 list1 元素的顺序
>>> list1                     # 查看 list1，其顺序已经打乱
[9, 4, 1, 7, 2, 3, 10, 8, 6, 5]
>>> sample(list1,3)           # 从 list1 中随机抽取 3 个元素
[10, 1, 6]
```

　　如果模块名（或函数名）太长，还可以使用 as 关键字为模块（或函数）取一个简短的

笔记

别名。例如，datetime 模块是一个常用的处理时间、日期的模块，在下面的代码中，使用 as 关键字为 datetime 模块取别名 dt，并调用该模块中的函数：

```
>>> import datetime as dt              # 使用 as 关键字为 datetime 模块取别名 dt，并导入
>>> today=dt.date.today()              # 获取当前日期
>>> print(today)
2022-05-16
>>> text ="2022-05-16"
>>> print( dt.datetime.strptime(text, "%Y-%m-%d") )      # 将字符串 text 转换为日期
2022-05-16 00:00:00
```

4.3.2　第三方模块

第三方模块并非 Python 官方发布，是由其他开发人员（组织）编写的开源模块，在使用之前必须先下载安装，然后才可以使用 import 语句导入。

例如，wordcloud 是一个绘制词云的第三方模块，可以根据文本中词语出现的频率等参数绘制词云；用户需要进入 Windows 的"命令提示符窗口"，输入"pip install wordcloud"命令安装该模块，如图 4-6 所示。

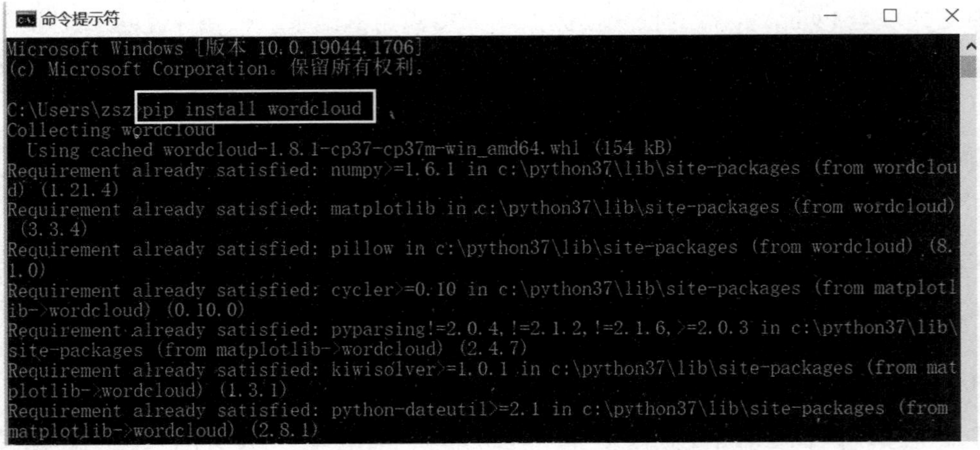

图 4-6　使用 pip 命令安装 wordcloud 模块

完成安装后，即可在程序中通过 import 语句导入第三方模块，下列代码演示了使用 wordcloud 模块生成一段英文短篇的词云：

【源代码：4_6_ wordcloud 使用示例.py】

```
import wordcloud                           # 使用 import 语句导入模块 wordcloud
cloud=wordcloud.WordCloud(background_color='white')      # 生成词云对象，词云图片背景设置为白色
txt = "Thinking is necessary if you want to be successful in life. " \
        "People worry that thinking may upset their comfort and self-
satifaction.、" \
      "Thinking requires constant practice with enthusiasm." \
      "Enthusiasm creates interest and susustains thinking." \
        "And concentration helps us picture the ultimate goal clearly in our
```

```
minds."
cloud.generate(txt)                      # 加载变量 txt 中的文本
cloud.to_file("D:\pywordcloud1.png")     # 在当前路径下输出词云图片
```

运行上述代码，会在 D 盘根目录下生成名为 "pywordcloud1.png" 的词云图片。英文短篇中，单词出现的次数越多，则其在词云中显示的字体越大，如图 4-7 所示。

图 4-7   Wordcloud 生成词云

4.3.3   自定义模块的创建与使用

为了进一步增强代码复用性及可维护性，更好地组织程序，用户可以编写自定义模块，将部分函数、变量等存放到一个 Python 文件中，该文件就是一个用户自定义模块。在 PyCharm 的工程项目中，新建一个名为 my_module.py 的 Python 文件（自定义模块），并输入以下代码：

```
def calculate_aera(length,wide):
    area=length * wide
    print(f' 长方形的面积为 {area}')
```

【 源 代 码：my_module.py 】

另外新建一个名为 rectangle.py 的 Python 文件，并输入以下代码：

```
from my_module import calculate_aera        # 导入自定义 my_module 模块内的函数
calculate_aera
length=float(input('请输入长方形的长:'))
wide=float(input('请输入长方形的宽:'))
calculate_aera(length,wide)                 # 调用 my_module 模块内的 calculate_aera 函数
```

【 源 代 码：rectangle.py 】

在 rectangle.py 中，使用 "from...import..." 语句导入了自定义 my_module 模块内的函数 calculate_aera()，直接通过函数名即可调用。

4.3.4   包的创建与导入

在稍具规模的工程中，可能有成百上千个模块（Python 文件），通常不建议把所有模块都放入一个文件夹中，因为不便于管理且可能造成文件名冲突，我们可以将众多模块按照逻辑关系放入不同的文件夹中，这些文件夹可以称为 "包"（package）。简单来说，Python 包可以看作 "文件夹"，只是该文件夹下必须包含一个名为 __init__.py 的模块文件。

在 PyCharm 主窗口中，单击已经创建好的 PyCharm 工程项目，在弹出的快捷菜单中选择 "New" → "Python Package" 命令，如图 4-8 所示。

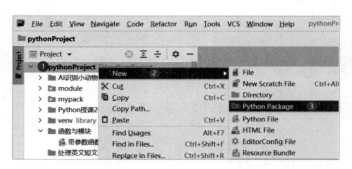

图 4-8　创建新包

在弹出的"New Python Package"对话框中输入包的名称"package01"（如图 4-9 所示），然后按"Enter"键，即可完成包的创建。

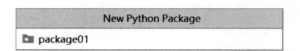

图 4-9　输入包名

在 PyCharm 主窗口中，右键单击刚刚创建好的 package01 包；在弹出的快捷菜单中选择"New"→"Python File"命令，创建一个 Python 文件（模块），命名为"module01.py"；如图 4-10 所示，package01 包含两个模块（py 文件），其中"__init__.py"为 PyCharm 自动添加的模块。

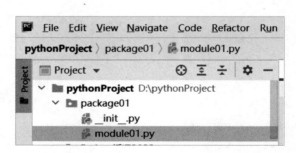

图 4-10　package01 包含两个模块（py 文件）

【源代码：module01.py】

在 module01.py 中输入以下代码，用于计算圆的面积：

```python
def area(r):
    result=r*r*3.14
    print(f'半径为{r}的圆形面积为{result}')
```

在 PyCharm 工程中，创建一个与 package01 同级的 Python 文件，命名为 circular.py；在 circular.py 中，使用 import 语句导入 package01 内的模块 module01，然后调用其中的函数 area()：

【源代码：circular.py】

```python
from package01 import module01
r=float(input('请输入圆的半径：'))
module01.area(r)
```

运行 circular.py 文件，结果如下：

```
请输入圆的半径：10
半径为 10.0 的圆形面积为 314.0
```

在 circular.py 中，我们采用 "from 包名 import 模块名" 的形式导入了整个 module01 模块；也可以采用 "from 包名.模块名 import 函数名" 的形式，导入 module01 模块中的 area() 函数：

```
from package01.module01 import area
r=float(input('请输入圆的半径：'))
area(r)
```

小贴士：

> 在 Python 编程中，还有一个经常被提及的概念 "库"，严格来说 Python 中没有库的概念，Python 库通常指一个模块或者一个包，多数情况下不会进行严格区分。

任务实施

本任务的实施思路与过程如下。

在 PyCharm 中创建一个名为 module.py 的 Python 文件（自定义模块），在该 Python 文件中定义计算个税的函数 calculate_tax() 和计算税后工资的函数 calculate_aftertax()。

```
def calculate_tax(base_salary,bonus):          # 定义计算个税的函数
    money = base_salary+bonus
    if money<=5000:
        tax = 0
    elif 5000<money<=15000:
        tax =(money-5000)*0.05
    else:
        tax =(money-15000)*0.1+10000*0.05
    return tax
def calculate_aftertax(base_salary,bonus):     # 定义计算税后工资函数
    tax = calculate_tax(base_salary,bonus)
    salary = base_salary+bonus-tax
    return salary
```

在 PyCharm 中创建一个名为 process.py 的 Python 文件，导入自定义模块 module.py，然后调用 module.py 中的个税计算、工资计算函数。

```
from module import calculate_tax,calculate_aftertax

print('***** 欢迎使用工资结算器 *****')
print("您好，请先输入以下基本信息！")
base_salary = float(input("请输入员工每月基本工资："))
bonus = float(input("请输入员工本月奖金："))
while True:
```

【文档：实训指导书 4.3】

【源代码：module.py】

【源代码：process.py】

笔记

```
#  打印功能菜单
print(' 本程序提供如下功能：')
print('1. 计算个税 ')
print('2. 税后工资结算 ')
print('0. 退出程序 ')
#  提示用户选择所需的功能；根据不同的选项，执行不同功能
choice = input(' 请选择您需要执行的操作：')
if choice == '1':
    tax = calculate_tax(base_salary,bonus)
    print(" 您本月预计缴纳个税：", tax, " 元 ")
elif choice == '2':
    salary = calculate_aftertax(base_salary,bonus)
    print(" 您本月预计工资为：", salary, " 元 ")
elif choice == '0':
    print(" 感谢您的使用，再见！ ")
    break
else:
    print(' 非法输入，程序强制退出！ ')
    break
```

运行 process.py 程序，部分结果如下：

```
***** 欢迎使用工资结算器 *****
您好，请先输入以下基本信息！
请输入员工每月基本工资：5000
请输入员工本月奖金：4000
本程序提供如下功能：
1. 计算个税
2. 税后工资结算
0. 退出程序
请选择您需要执行的操作：1
您本月预计缴纳个税： 200.0 元
```

项目总结

函数的意义在于把某些功能代码封装起来，在需要时直接调用而不必重复书写原有代码，提高代码利用率，同时便于后期维护。模块、包则进一步提升了封装性、逻辑性，有利于编制大型的软件系统。本项目采用函数封装了个税计算、工资结算相关代码，在需要时通过函数名调用，减少了代码冗余；引入了模块机制，完成了一个简易的工资计算器，程序逻辑层次更加清晰。

本模块的学习重点包括：

（1）函数的概念与使用优势；

（2）函数的定义与调用方法；

（3）print() 函数的用法；

（4）变量的作用域：局部变量与全局变量；

（5）模块的导入方式（import、from、as 关键字用法）。

本模块的学习难点包括：

（1）函数的关键字参数、默认值参数；

（2）global 关键字的应用；

（3）递归函数的概念与用法。

能力检验

1. 选择题

（1）以下选项中不是函数作用的是（   ）。

    A．增强代码可读性   B．降低编程复杂度

    C．提高代码执行速度   D．复用代码

（2）在 Python 中，下列关于函数的说法错误的是（   ）。

    A．用户可以根据需要自定义函数

    B．函数可以没有返回值

    C．函数默认值参数可以在位置参数前面

    D．函数可以没有参数

（3）以下代码输出结果为（   ）。

```
def fun(num1,num2=10):
    if num1>num2:
        return num1+num2
    else:
        return num2
print( fun(15,5) )
```

    A．10   B．15   C．20   D．25

（4）假设模块 test 中有函数 fun()，下列导入方法错误的是（   ）。

    A．import test   B．from test import fun

    C．import test as t   D．import fun from test

（5）以下代码的输出结果为（   ）。

```
num=10
def fun():
    num=20
    num=num+1
fun()
```

笔记

```
print(num)
```
       A. 10   B. 20   C. 21   D. 11

2. 填空题

（1）定义一个函数的关键字是_____。

（2）根据作用域的不同，变量分为_____和_____。

（3）在 random 模块中，_____方法的作用是将列表中的元素随机乱序。

（4）已知 x 为非空列表，那么表达式 random.choice(x) in x 的值为_____。

（5）如果函数中没有 return 语句或者 return 语句不包含任何返回值，那么该函数的返回值为_____。

3. 编程题

（1）编写一个函数，可以求出 3 个数中的最大值。

（2）编写一个函数，判断一个年份是否为闰年，闰年指年份为 4 的倍数（但不能为 100 的倍数）。

（3）在一个模块（Python 文件）中编写函数，判断用户输入的三个数字是否可以构成三角形的三个边；在另一个模块中导入该函数，并验证。

（4）编写一个函数，使用双重循环打印一个九九乘法表。

（5）编写一个返回某景区门票价格的函数，该函数接收两个参数：年龄、职业（职业默认值为"无"）；该景区门票规定如下：

① 14 岁以下儿童：50 元；

② 14 岁到 60 岁的青少年、成人：350 元；如果是医务工作者，免票；

③ 60 岁以上的老人：200 元。

💡 **思辨与拓展**

直播带货是近年来流行的电商新业态，各电商平台纷纷推出各类营销直播活动，产生了一批直播网红。我国税务部门在税收大数据分析中发现，个别主播在获取巨额收入的同时，存在严重偷税漏税行为，触碰国家法律红线；税务部门采取果断行动，以"零容忍"的态度，对典型的涉税违法行为予以严厉打击。"共同富裕"是中国梦的坚实基础和强大动力，而个人所得税是实现财富公平分配的主要手段；作为新时代的大学生，你如何看待明星网红的逃税行为？你认为应该如何宣传、维护依法纳税？

请尝试模拟构建一个更加完整的个税与工资计算器，要求具有计算税前工资、所得税、税后工资等功能，如图 4-11 所示，相关说明如下。

（1）税前工资 = 基本工资 + 奖金 − 要缴纳的五险一金费用；

（2）假定个人所得税根据税前工资进行阶梯式计算：

◆ 税前工资 0 ~ 5000 元部分，征收 0%；

笔记

◆ 税前工资 5000 ~ 8000 元部分，征收 3%；

◆ 税前工资 8000 ~ 17000 元部分，征收 10%；

◆ 税前工资 17000 ~ 30000 元部分，征收 20%；

◆ 税前工资 30000 元以上部分；征收 30%；

（3）税后工资 = 税前工资 − 个人所得税；

（4）工资发放功能使用 print() 函数输出“发邮件告知员工，本月预计发放的工资为：* 元。”；

（5）要求编写不同的函数实现特定的功能，将相关函数定义在 model 模块中，在另一个 Python 文件中调用。

```
*********欢迎使用工资结算发放器**********
您好，请先输入以下基本信息！
请输入员工每月基本工资：5000
请输入员工本月奖金：3000
请输入员工要缴纳的五险一金费用：1000
本程序提供如下功能：
1.计算税前工资
2.计算个税
3.计算税后工资
4.工资发放
0.退出程序
**************************************
```

图 4-11　个税与工资计算器示意图

模块 5

微课：单元开篇

字符串的处理——璀璨文明，字符间领略古诗恢宏篇章

 情景导入

中华民族拥有五千年的灿烂文明，中国传统文化博大精深、源远流长，唐诗宋词更是其中绚丽辉煌的一笔。无数名流大家，通过对人生、哲理与家国情怀的深度思考，创作了无数名篇佳句，这些诗篇激励后世、生生不息，成为中华儿女的文化基因。

本模块以古诗词、诗词作者等信息为主要处理对象，将其存放在字符串中，并进行一些简单的处理，任务内容包括截取诗句中的词语、判断某个词语是否在句子中出现、统计古诗的字数等。接下来，让我们在字符间领略中国古诗词恢弘篇章，感受璀璨的中华文明吧！

【PPT：模块 5 字符串的处理】

项目分解

根据实际项目中常见的字符串处理需求，本模块共分为 3 个任务，任务分解说明如表 5-1 所示。

表 5-1　任务分解说明

序号	任务	任务说明
1	字符串的基本操作	借助字符串的切片、拼接等操作，完成"人生自古谁无死，留取丹心照汗青"等诗句的处理
2	字符串的格式化输出	利用字符串的格式化输出方式，打印《过零丁洋》作者信息
3	字符串的常用方法（函数）	使用字符串提供的各种方法（函数），完成《过零丁洋》全文的处理

 **学习目标**

（1）能够在编程中合理应用字符串。

（2）利用索引和切片从字符串中提取子串。

（3）灵活运用字符串的加法、乘法、in、not in 运算符。

（4）学会使用 f-string、format() 函数完成字符串的格式化输出。

（5）能够根据程序需要，选用合适的字符串方法处理字符串。

任务 5.1　字符串的基本操作

任务分析

字符串是编程过程中经常使用的数据类型，可以存储一定的文本信息。本项任务以字符串的形式存储诗句"人生自古谁无死，留取丹心照汗青。"，并对其进行简单的处理；具体任务内容及相关知识点如表 5-2 所示。

表 5-2　具体任务内容及相关知识点

序号	具体任务内容	相关知识点
1	判断词语"丹心"是否出现在诗句中	in、not in 运算
2	从诗句中截取首尾两个词语："人生"和"汗青"	字符串索引、切片
3	打印一条"人生"开头的诗句	字符串的拼接

完成上述任务，程序运行的效果如图 5-1 所示。

```
***********处理古诗句***********
原句：人生自古谁无死，留取丹心照汗青。
-----------------------------------
判断词语丹心是否在原句中：【是】
提取诗句中第一个词语　：人生
提取诗句中最后一个词语　：汗青
【人生】开头的诗句：人生天壤间，少壮须努力。
-----------------------------------
```

图 5-1　字符串处理古诗句

知识储备

5.1.1　字符串的标识方式

Python 字符串的标识方式较为灵活，可以使用单引号、双引号、三个单引号或三个双

微课：任务 5.1 字符串的基本操作

笔记

笔记

引号：

```
>>> str1 = '青海长云暗雪山，孤城遥望玉门关。'          # 单引号包裹字符串
>>> str2 = "黄沙百战穿金甲，不破楼兰终不还。"          # 双引号包裹字符串
>>> str3= '''葡萄美酒夜光杯，欲饮琵琶马上催。
        醉卧沙场君莫笑，古来征战几人回？'''          # 三引号包裹字符串
```

需要注意的是：当字符串本身含有单（双）引号时，使用相同的单（双）引号包裹则可能会使程序报错，例如：

```
>>> str1='Let's go to school .'
SyntaxError: invalid syntax
>>> str2="Tom said, "I lost my book." "
SyntaxError: invalid syntax
```

为此，我们可以尝试使用不同的引号包裹字符串，即单、双引号嵌套使用：

```
>>> str1=" Let's go to school. "                    # 使用双引号包裹单引号
>>> str2=' Tom said, "I lost my book." '            # 使用单引号包裹双引号
>>> str3=''' Tom said, "Jerry's dog is ten years old." '''  # 使用三引号包裹单、双引号
```

若字符串中存在反斜杠 "\"，则在打印输出等操作时可能出现意外情况；例如，现有某个等待读取的文件 "D:\newfile.txt"，打印相关提示信息：

```
>>> file="D:\newfile.txt"
>>> print('即将读取文件: ',file)
即将读取文件:   D:
ewfile.txt
```

我们期望的输出为 "即将读取文件：D:\newfile.txt"，但是上述代码执行的结果与期望不一致。这是因为在很多程序设计语言中，反斜杠 "\" 后面加特定字符，代表特定含义（表示一些无法直接显示的字符），这种现象称为字符转义。Python 中常见的转义字符如表 5-3 所示。

表 5-3　Python 中常用的转义字符

转义字符	含义	转义字符	含义
\（在行尾时）	续行符	\n	换行（LF）
\\	反斜杠符号（\）	\r	回车符（CR）
\'	单引号（'）	\t	水平制表符（TAB）
\"	双引号（"）		

由表 5-3 可知，因为 "D:\newfile.txt" 字符串中包含 "\n" 转义字符（\n 表示需要换行），所以 print('即将读取文件：',file_name) 输出了两行异常信息。字符转义的常见用法演示如下：

```
>>> str1='Hi,I am Petter. Welcome to \      # 反斜杠 \ 表示本行代码没有结束，下一行继续
my home. '
```

```
>>> print(str1)
Hi,I am Petter. Welcome to my home.
>>> str2='D:\\newfile.txt'                      # 两个反斜杠 \\ 表示输出一个普通的反斜杠
>>> print(str2)
D:\newfile.txt
>>> str3='Let\'s go to school. '                # \' 表示单引号
>>> print(str3)
Let's go to school.
>>> str4=" Tom said, \"I lost my book.\""        # \" 表示双引号
>>> print(str4)
Tom said, "I lost my book."
>>> str5='Tom \t Jerry \t Petter'               # \t 表示制表符
>>> print(str5)
Tom     Jerry     Petter
```

笔记

如果字符串中恰巧包含转义字符，但我们并不想表达转义时，应该如何解决？ Python
引入了"原始字符串"的概念，即在字符串前面添加 r 或 R 字符保留字符串的原始意义，字
符串中的所有内容都不会被转义，示例代码如下：

```
>>> file_location=r"D:\newfile.txt"             # 字符串前加 r，表示不转义
>>> print(' 即将读取文件: ', file_location)
即将读取文件:  D:newfile.txt
```

5.1.2　字符串的索引

字符串可以看作一组按顺序排列的字符序列，通过"字符串名 [位置编号]"的方式可
以提取该位置的字符元素。位置编号在 Python 中称为"索引"，字符串、列表、元组等数
据类型都支持索引；索引就像一本书的目录，读者可以通过目录快速查找想要阅读的文本信
息。Python 中有两种索引：正向递增索引和反向递减索引，如图 5-2 所示为字符串"Python"
的索引示意图。

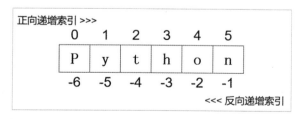

图 5-2　字符串的索引

正向递增索引又称作正索引，索引值从 0 开始，自左向右依次递增；使用正索引可以
提取字符串中的字符（元素），示例如下：

```
>>> str1 = "Python"
>>> print(str1[0])                              # 取出索引值为 0 的字符，即第 1 个字符
P
>>> print(str1[1])                              # 取出索引值为 1 的字符，即第 2 个字符
```

笔记

```
y
>>> print(str1[2])                    # 取出索引值为 2 的字符,即第 3 个字符
t
>>> print(str1[6])                    # 取出索引值为 6 的字符;不存在,报错!
Traceback (most recent call last):
  File "<pyshell# 2>", line 1, in <module>
    str1[6]
IndexError: string index out of range
```

小贴士:

　　字符串的正索引值是从 0 开始的,使用索引获取字符串中的某个字符时,要注意索引值的有效范围,否则会报出错误"字符串的索引超出范围"。Python3 中,字符串中的每个空格、标点符号、汉字、英文字符等都算作一个字符元素。

　　反向递减索引又称负索引,负索引值从 -1 开始,自右向左依次递减,示例如下:

```
>>> str2=" 千磨万击还坚劲,任尔东南西北风 "
>>> print(str2[-1])                   # 取出索引值为 -1 的元素,即倒数第 1 个元素
风
>>> print(str2[-2])                   # 取出索引值为 -2 的元素,即倒数第 2 个元素
北
```

5.1.3 字符串的切片

　　通过索引,我们可以提取字符串中某个位置的字符元素。为了一次性提取多个字符元素,Python 提供了"切片操作",可以从字符串中截取部分字符元素。切片操作的书写格式如下:

```
字符串名 [start 开始索引 :end 结束索引 :step 步长 ]
```

　　其含义是按照步长 step,截取字符串中从 start 开始索引到 end 结束索引(不包括结束索引)对应的若干个字符,其中步长 step 是指每 step 个字符提取 1 个,示例如下:

```
>>> str1=" 我自横刀向天笑,去留肝胆两昆仑。"
>>> print(str1[0:8:1])                # 向右截取索引值 0~7 的字符,步长为 1
我自横刀向天笑,
>>> print(str1[2:10:2])               # 向右截取索引值 2~9 的字符,步长为 2
横向笑去
```

　　也可以使用负索引进行字符串切片,示例如下:

```
>>> print(str1[-6:-1:1])              # 向右截取索引值 -6 到 -2 的字符
肝胆两昆仑
```

　　在切片操作中,开始索引可以省略,表示从字符串头开始截取;结束索引可以省略,表示一直截取到字符串末尾元素(包含末尾元素);步长默认值为 1,可以省略,示例如下:

```
str2=" 大鹏一日同风起,扶摇直上九万里! "
```

```
>>> print(str2[3:8])          # 截取索引值 3~7 的字符
日同风起，
>>> print(str2[:8])           # 截取从字符串头到索引值 7 的字符
大鹏一日同风起，
>>> print(str2[8:])           # 截取从索引值 8 的字符到字符串末尾
扶摇直上九万里！
```

当步长为负数时，表示从右向左提取字符串，示例如下：

```
>>> str2="大鹏一日同风起，扶摇直上九万里！"
>>> print(str2[14:8:-1])      # 从右边开始，截取索引值 14~7 的字符
里万九上直摇
```

5.1.4　字符串的拼接与复写

编程过程中，有时需要将多个字符串拼接成一个字符串，这时可以使用加号"+"完成该操作，示例如下：

```
>>> company='huawei'
>>> domain1='www.'
>>> domain2='.com'
>>> domain_name=domain1+company+domain2
>>> print(domain_name)
www.huawei.com
```

字符串能否与其他数据类型做"+"拼接运算？比如尝试将字符串"圆周率 PI 的值为"与浮点数 3.14 连接成一个字符串：

```
>>> str1="圆周率 PI 的值为 "
>>> pi=3.14
>>> sentence=str1+pi
Traceback (most recent call last):
  File "<pyshell# 10>", line 1, in <module>
    sentence=str1+pi
TypeError: can only concatenate str (not "float") to str
```

Python 给出错误提示"只能将字符串（而不是浮点型）拼接到字符串"，说明字符串不能与数值型数据直接拼接。为了解决这个问题，可以利用 str 函数将数值型数据转化为字符串，然后再进行拼接：

```
>>> sentence=str1+str(pi)
>>> print(sentence)
圆周率 PI 的值为 3.14
```

除支持"+"运算外，字符串还支持"*"运算，观察以下示例：

```
>>> company='huawei '
>>> print(company*3)
```

```
huawei huawei huawei
```

可以发现字符串的"*"运算表示字符串的"复写"；例如表达式'huawei'* 3 表示将三个重复的 huawei 连接在一起，运算结果为"huawei huawei huawei"。

5.1.5　in 与 not in 运算

在模块 2 中，我们已经了解到字符串支持 in 和 not in 运算。运算符 in 可以用来判断某个字符串是否存在于另一个字符串中，存在则返回 True，否则返回 False；而 not in 与之相反。示例如下：

```
>>> st1='先天下之忧而忧，后天下之乐而乐。'
>>> st2='忧'
>>> st2 in st1
True
>>> '乐' not in st1
False
```

【源代码：5_1_字符串的 in 运算 .py】

字符串的 in 与 not in 运算，也常应用于 if 判断条件或循环条件中，根据判断结果执行不同操作，示例如下：

```
language = '主流的程序设计语言有：Python、Java、C++、Scala、Go、C、PHP、JavaScript'
my_favorite='Python'
if my_favorite in language:
    print('我最喜爱的 Python 是主流程序设计语言！')
else:
    print('我最喜爱的 Python 是一门小众程序设计语言')
```

【文档：实训指导书 5.1】

📺 任务实施

本任务实施的思路与过程如下：

以字符串的形式将古诗句存放在变量中，然后使用成员运算符 in 判断"丹心"是否包含在古诗句中。

【源代码：ancient_poetry1.py】

```
print("*********** 处理古诗句 ***********")
sentence = "人生自古谁无死，留取丹心照汗青。"
print("原句 :",sentence)
print("-"*35)
if "丹心" in sentence:
    print("判断词语丹心是否在原句中：【是】")
else:
    print("判读词语丹心是否在原句中：【否】")
```

通过字符串切片截取诗句中的词语"人生"、"汗青"。

```
word1 = sentence[0:2]
print("提取诗句中第一个词语: ",word1)
```

```
word2 = sentence[-3:-1]
print(" 提取诗句中最后一个词语：",word2)
```

使用字符串拼接的方式连接"人生"与其他字符串，完成造句。

```
sentence1 = word1 + " 天壤间，少壮须努力。"
print("【",word1,"】开头的诗句：",sentence1,sep="")
print("-"*35)
```

运行上述程序，结果如下：

```
*********** 处理古诗句 ***********
原句：人生自古谁无死，留取丹心照汗青。
-----------------------------------
判断词语丹心是否在原句中：【是】
提取诗句中第一个词语： 人生
提取诗句中最后一个词语： 汗青
【人生】开头的诗句：人生天壤间，少壮须努力。
-----------------------------------
```

任务 5.2　字符串格式化输出

任务分析

在实际应用过程中，我们希望字符串具有较强的灵活性，能够根据不同情形呈现不同的内容；比如字符串"今天的最高气温为 xx 度"，需要根据当天的情况填写气温度数；字符串"您的账户余额为 xxx 元"，需要根据账户实际情况填写余额数据。这时我们需要一种便捷的字符串格式化方式，以便进行打印输出等操作。

在本项任务中，我们将利用字符串格式化输出的方法，打印《过零丁洋》作者文天祥（著名的爱国英雄、政治家）的基本信息，具体任务内容及相关知识点如表 5-4 所示。

表 5-4　具体任务内容及相关知识点

序号	具体任务内容	相关知识点
1	接收用户从键盘输入的《过零丁洋》作者姓名、出生年份、所处时代、出生地址等信息	input() 函数
2	采用格式化字符串方式，按照规定格式输出《过零丁洋》作者的基本信息	字符串的格式化输出

完成上述工作后，程序运行效果如图 5-3 所示。

微课：任务 5.2 字符串格式化输出

笔记

```
----------作者基本信息----------
作者姓名：文天祥
出生年份：1236
所处时代：宋末元初
出生地址：江西吉州庐陵县
----------------------------
```

图 5-3　格式化输出作者信息

知识储备

5.2.1　使用 % 格式符格式化字符串

与 C 语言类似，Python 也可以使用 % 格式符格式化字符串，以 "...% 格式符 ..."%() 的形式，将括号内的数据填充到 "% 格式符" 位置。常用的 Python% 格式符如表 5-5 所示。

表 5-5　常用的 Python% 格式符

符号	描述
%s	格式化字符串
%d	格式化整数
%.nf	格式化浮点数字，小数点后保留 n 位

使用 % 格式化字符串的示例如下：

```
>>> str1='今天是星期 %s，祝您生活愉快！'
>>> str1 % ('一')
'今天是星期一，祝您生活愉快！'
>>> str1 % '日'                          # 也可以省略 % 后面的括号
'今天是星期日，祝您生活愉快！'
>>> str2='根据中央气象台预报，今天本市最高气温 %d 度'
>>> str2 % 25
'根据中央气象台预报，今天本市最高气温 25 度'
>>> pi=3.1415926
>>> str3='圆周率为 %.2f'               # 格式化浮点数，保留 2 位小数
>>> str3 % pi
'圆周率为 3.14'
>>>week = "一"
>>>temperature = 25
>>> sentence = "今天是星期 %s，本市最高气温 %d 度。"%(week, temperature)
>>> print(sentence)
今天是星期一，本市最高气温 25 度。
```

小贴士：

　　% 格式符方式从 Python 诞生之初就已经存在，但该方式需要记忆 "% 格式符"，不方便使用。

5.2.2　使用 format() 函数格式化字符串

　　Python2.6 以上版本提供了 format() 函数来格式化字符串，它不仅简化了字符串格式化的书写方式，而且增强了字符串格式化的功能。在字符串中，使用大括号 {} 代替之前的 "% 格式符"，通过调用 format() 函数填充字符串数据。基本用法示例如下：

```
>>> str1='Hi,{}. Welcome to China.'
>>> print(str1.format('Jerry'))
Hi,Jerry. Welcome to China.
>>> str2='热烈庆祝中国共产党成立 {} 周年'
>>> print(str2.format(100))
热烈庆祝中国共产党成立 100 周年
>>> name,hometown,age = ' 彭伟 ',' 广东珠海 ',20
>>> str3=' 我叫 {}，籍贯 {}，今年 {} 岁 '
>>> print(str3.format(name,hometown,age))    # 多个数据需要格式化时按照位置顺序填充 {}
我叫彭伟，籍贯广东珠海，今年 20 岁
```

5.2.3　使用 f-string 格式化字符串

　　Python3.6 以上版本则提供了一种更加简洁的 f-string 格式化方式，也称为 f 格式化，它对 format() 函数进行了简化，相关示例如下：

```
>>> name=' 彭伟 '
>>> home=' 广东珠海 '
>>> age=20
>>> str1=f' 我叫 {name}，籍贯 {home}，今年 {age} 岁 '
>>> print(str1)
我叫彭伟，籍贯广东珠海，今年 20 岁
```

小贴士：

　　f-string 书写较为简便，性能更强大，推荐用户使用该方式。如果使用的是 Python3.6 之前的版本，则只能使用 % 格式化或者 format() 函数格式化。

■■ 任务实施

【文档：实训指导书 5.2】

　　本任务实施的思路与过程如下：

　　（1）通过 input() 函数接收用户输入的《过零丁洋》作者姓名、出生年份、所处时代、出生地址等基本信息。

【源代码：ancient_
poetry2.py 】

```
print("****** 请输入古诗《过零丁洋》的作者信息 ******")
name = input("请输入作者姓名：")
birth_year =int( input("请输入出生年份："))
dynasty= input("请输入所处时代：")
address = input("请输入出生地址：")
```

（2）根据输出要求，使用 f-string 进行格式化输出。

```
content = f"""
---------- 作者基本信息 ----------
作者姓名：{name}
出生年份：{birth_year}
所处时代：{dynasty}
出生地址：{address}
----------------------------
"""
print(content)
```

运行上述程序，结果如下：

```
****** 请输入古诗《过零丁洋》的作者信息 ******
请输入作者姓名：文天祥
请输入出生年份：1236
请输入所处时代：宋末元初
请输入出生地址：江西吉州庐陵县

---------- 作者基本信息 ----------
作者姓名：文天祥
出生年份：1236
所处时代：宋末元初
出生地址：江西吉州庐陵县
----------------------------
```

任务 5.3 　字符串的常用方法

微课：任务 5.3 字符
串的常用方法

🔍 任务分析

某同学在电脑中录入了一首古诗《过零丁洋》，如图 5-4 所示，其中有若干格式问题：
古诗首尾有多余的空格、使用了英文句号、排列不够整齐。

> "　　　　辛苦遭逢起一经，干戈寥落四周星．
> 山河破碎风飘絮，身世浮沉雨打萍．
> 惶恐滩头说惶恐，零丁洋里叹零丁．
> 人生自古谁无死？留取丹心照汗青．　　　"

图 5-4　古诗原文

　　Python 提供了非常丰富的方法用来处理字符串，因此在本任务中我们将借助这些方法，对图 5-4 中的文字进行规范化处理，并统计包含的汉字数量。具体任务内容及相关知识点如表 5-6 所示。

表 5-6　具体任务内容及相关知识点

序号	具体任务内容	相关知识点
1	将整篇古诗存储在字符串中	字符串
2	删除句首和句尾无用的空格	strip() 方法
3	统计英文标点 "." 在古诗中出现的次数，并将其替换为中文句号 "。"	count() 方法、replace() 方法
4	将古诗规范化输出，遇到空格则换行	split() 方法、for 循环
5	统计古诗中共有多少个汉字，不包括标点符号、空格等	isalpha() 方法、for 循环

　　完成上述任务后，程序运行效果如图 5-5 所示。

```
***古诗处理***
------------------------------
辛苦遭逢起一经，干戈寥落四周星。
山河破碎风飘絮，身世浮沉雨打萍。
惶恐滩头说惶恐，零丁洋里叹零丁。
人生自古谁无死？留取丹心照汗青。
------------------------------

本首古诗字数为：【56个】
------------------------------
```

图 5-5　古诗的规范化处理

 知识储备

5.3.1　统计字符串中某子串出现的次数

　　count() 方法用于统计字符串中某子串出现的次数，该方法的语法格式如下：

```
str.count(sub, start, end)
```

◆　sub 参数：需要统计的子串 sub。

◆　start 参数：统计范围的起始索引位置，默认参数为 0。

◆　end 参数：统计范围的结束索引位置，默认参数为字符串长度。

count(sub,start,end) 表示从 start 到 end 范围内，字符串中 sub 子串出现的次数，该方法的应用示例如下：

```
>>> str1="春江潮水连海平，海上明月共潮生。"
>>> str1.count("海")                    # 统计字符串 str1 中 " 海 " 出现的次数
2
>>> str1="春江潮水连海平，海上明月共潮生。"
>>> str1.count("海",8,14)              # str1 中，从索引 8 到 14 范围内，" 海 " 出现的次数
1
```

5.3.2　字符串的查找与替换

find() 方法可以查找字符串中是否包含某子串；若包含该子串，则返回子串首次出现的索引位置；若不包含，则返回 -1。find() 方法的语法格式如下：

```
str.find(sub, start, end)
```

◆　sub 参数：需要查找的子串 sub。

◆　start 参数：查找的起始索引位置，默认参数为 0。

◆　end 参数：查找的结束索引位置，默认参数为字符串长度。

find(sub,start,end) 表示从 start 到 end 范围内，查找 sub 子串首次出现的索引位置，该方法的应用示例如下：

```
>>> str2="鱼戏莲叶东，鱼戏莲叶西，鱼戏莲叶南，鱼戏莲叶北。"
>>> str2.find("莲叶")                   # str2 中 " 莲叶 " 首次出现的索引位置
2
>>> str2.find("莲叶",6,13)             # str2 索引范围 6~13 内，" 莲叶 " 首次出现的索引位置
8
>>> str2.find("荷叶")                   # str2 中不存在子串 " 荷叶 "，返回 -1
-1
```

小贴士：

　　Python 还提供了 rfind() 方法，该方法从右向左查找某子串首次出现的位置，其用法与 find() 相同。

此外，Python 还提供了用于字符串替换的 replace() 方法，该方法可以将字符串中的某子串替换为新的子串，并返回替换后的新字符串，replace() 方法的语法格式如下：

```
str.replace(old, new, count)
```

◆　old 参数：被替换的旧子串。

◆　new 参数：新子串。

◆　count 参数：表示替换的次数，默认为全部替换。

replace(old,new,count) 表示将字符串中的 old 子串替换为 new 子串，最多替换 count 次；

字符串替换的示例如下：

```
>>> str3='python is powerful. I like python.'
>>> str3.replace('python','Python')        # 用 Python 替换 python 子串，全部替换
'Python is powerful. I like Python.'
>>> str3.replace('python','Python',1)      # 用 Python 替换 python 子串，仅替换一次
'Python is powerful. I like python.'
```

5.3.3 删除字符串的指定字符

字符串的头部或尾部可能会包含一些无用的字符，比如空格等。strip() 方法可以用于删除字符串头尾的指定字符（默认为空格、换行符），并返回新的字符串，示例如下：

```
>>> str4 = "   天生我才必有用，千金散尽还复来。          "
>>> str4.strip()                            # 删除字符串头部和尾部的若干空格
'天生我才必有用，千金散尽还复来。'
```

strip() 函数还可以附带一个参数 chars（字符串），strip(chars) 表示只要字符串元素是 chars 中的任意字符，都将被删除：

```
>>> str5 = '**I like python.******'
>>>print(str5.strip('*'))
I like python.
>>> str6 = 'www.huawei.com'
>>>print(str6.strip('wmco.'))
huawei
```

> **小贴士：**
>
> Python 还提供了两个删除字符串中指定字符的方法：lstrip() 表示删除字符串左侧的指定字符，rstrip() 表示删除字符串右侧的指定字符；两者用法与 strip() 方法相同。

5.3.4 字符串的切分

split() 方法可以按照指定的分隔符对字符串进行切分，并返回切分后的字符串组成的列表，其语法格式为：

```
str.split(sep, maxsplit)
```

- ◆ sep 参数：用于切分字符串的分隔符。
- ◆ maxsplit 参数：最大切分次数，默认为全部切分。

split(sep，maxsplit) 表示按照 sep 分隔符对字符串进行切分，最多切分 maxsplit 次，应用示例如下：

```
>>> str7='I like python'
>>> str7.split()                            # 按照空格进行切分
['I', 'like', 'python']
```

```
>>> str8='Tom;Jerry;Petter'                    # 按照分号进行切分
>>> str8.split(';')
['Tom', 'Jerry', 'Petter']
>>> str9='Tom,Jerry,Petter,Ken,Robbort'        # 按照逗号进行切分，且仅切分3次
>>> str9.split(',',3)
['Tom', 'Jerry', 'Petter', 'Ken,Robbort']
```

5.3.5 字符串是否满足特定条件

Python 中提供了用于判断字符串是否满足特定条件的函数，这些函数及其功能如表 5-7 所示。

表 5-7 判断字符串是否满足特定条件的函数

序号	函数	功能说明
1	startswith()	判断字符串是否以某字符串开头
2	endswith()	判断字符串是否以某字符串结尾
3	isdigit()	判断字符串是否只由数字组成
4	isalpha()	判断字符串是否只由字母组成
5	isalnum()	判断字符串是否只由数字和字母组成

上述函数的基本用法演示如下：

```
>>> str10="风萧萧兮易水寒,壮士一去兮不复返"
>>> str10.startswith("风")          # 判断 str10 是否以 "风" 开头
True
>>> str10.endswith("复返")          # 判断 str10 是否以 "复返" 结尾
True
>>> str11 = "123456789"
>>> print(str11.isdigit())          # 判断 str11 是否由纯数字组成
True
>>> str12 = "abc 你好 "
>>> print(str12.isalpha())          # 判断 str12 是否只由字母组成，中文、汉语、日语等都是字母
True
>>> str13 = "123abc 你好 "
>>> print(str13 .isalnum())         # 判断 str13 是否只由数字和字母组成
True
>>> str14  = " 123abc 你好 ***"
>>> print(str14 .isalnum())         # 判断 str14 是否只由数字和字母组成，* 不是字母
False
```

小贴士：

　　在 Python 中，除英文字母外，中文、韩语、日语等都属于字母；而数字、空格、*、# 等不是字母。

🖥 **任务实施**

【文档：实训指导书 5.3 】

【源代码：ancient_poetry3.py 】

本任务实施的思路与过程如下：

（1）将古诗以字符串的形式存储，并赋值给变量 poetry。

```
poetry= '''     辛苦遭逢起一经，干戈寥落四周星 . 山河破碎风飘絮，身世浮沉雨打萍 . 惶恐滩头
说惶恐，零丁洋里叹零丁 . 人生自古谁无死？留取丹心照汗青 .     '''
```

（2）调用 strip() 方法，删除字符串头部或尾部的若干空格。

```
print("*** 古诗处理 ***".center(20))
print("-" * 30)
poetry=poetry.strip()     # 删除古诗首尾的空格
```

使用 count() 方法统计字符串 poetry 中的英文句号"."出现的次数；借助 replace() 方法，将字符串 poetry 中的英文句号替换为中文句号。

```
count_dot=poetry.count(".")          # 统计英文句号的个数
poetry=poetry.replace('.','。')       # 将英文句号替换为中文句号
```

使用 split() 方法，将字符串 poetry 按照空格切分，返回列表；通过 for 循环遍历该列表中的每个元素，并打印输出。

```
for sentence in poetry.split(" "):
    print(sentence)
print("-" * 30)
```

在 for 循环中，使用 isalpha() 函数判断字符是否是字母；如果是字母，则古诗总字数加 1；最后打印总字数。

```
words_count=0
for word in poetry:
    if word.isalpha():
        words_count+=1
print(f" 本首古诗字数为：【{words_count} 个】")
print("-" * 30)
```

运行上述程序，结果如下：

```
             *** 古诗规范化 ***
------------------------------------------------------------
辛苦遭逢起一经，干戈寥落四周星。
山河破碎风飘絮，身世浮沉雨打萍。
惶恐滩头说惶恐，零丁洋里叹零丁。
人生自古谁无死？留取丹心照汗青。
------------------------------------------------------------
本首古诗字数为：【56 个】
------------------------------------------------------------
```

笔记

项目总结

字符串是最常用的数据类型之一，Python 为字符串提供了丰富的操作（方法），掌握这些操作是进行项目开发的基础。在本模块中，我们以古诗词为处理对象，使用字符串存储中文古诗、作者等信息，借助字符串相关方法（函数）完成了既定的处理任务，采用字符串格式化方式输出了作者信息。通过上述内容的学习与实践，读者可以掌握字符串的切片、拼接、转义等相关操作，使用 f-string、format() 方法等完成格式化输出，熟悉 find()、split()、strip() 等多个字符串常用操作。

本模块的学习重点包括：

（1）字符串的索引与切片操作；

（2）字符串的拼接与复写操作；

（3）字符串格式化方式：format 函数格式化、f-string 格式化；

（4）统计字符串中某子串出现的次数；

（5）字符串的查找与替换；

（6）字符串的切割。

本模块的学习难点包括：

（1）字符串的索引（正负索引）；

（2）字符串的切片操作中三个参数的含义；

（3）% 格式化字符串的用法；

（4）strip(chars) 方法的含义与用法。

能力检验

1. 选择题

（1）下列关于字符串的说法错误的是（　　　）。

    A．单个字符应该视为长度为 1 的字符串

    B．字符串支持"+"运算，表示两个字符串连接

    C．既可以用单引号，也可以用双引号创建字符串

    D．字符串不支持"*"运算

（2）下列关于 count()、find()、rfind() 方法的描述正确的是（　　　）。

    A．count() 方法可以统计字符串中某个字符出现的次数

    B．find() 方法可以检测字符串中是否包含子字符串 str，如果包含，则返回首次出现的位置，否则会报一个异常

    C．rfind() 方法可以检测字符串中是否包含子字符串 str，如果包含，则返回首次出现的位置，否则会报一个异常

D．以上都错误

（3）执行 print('*# python# **# '.strip('*# ')) 的结果为（　　　）。

　　A．python# **#　　B．python　　　　C．python# *　　　　　　D．*# python# *

（4）在 Python 中，字符串 s = 'abc'，那么执行表达式 s+'d' 之后，s 的打印结果是（　　　）。

　　A．'abc'　　　　　B．'abcd'　　　　　C．'abc+d'　　　　　　D．报错

（5）Python 解释器执行 '1234'.find('5') 的结果为（　　　）。

　　A．-1　　　　　　B．None　　　　　C．空　　　　　　　　D．报错

2．填空题

（1）执行语句 print('python'[2]) 的结果为_____。

（2）执行语句 'abcdd'.endswith('cd') 的结果为_____。

（3）已知 x ='Hello Python'，那么执行语句 x.replace('hello', 'hi') 之后，x 的值为_____。

（4）语句 print(' 珠海 2022'.isalnum()) 的结果为_____。

（5）语句 print('python'[1:4]) 的结果为_____。

3．编程题

（1）对于字符串 "阳春布德泽，万物生光辉"，截取首尾 2 个字，判断 "阳光" 是否包含在该字符串中。

（2）对于字符串 "** 百川东到海，何日复西归？"，删除首尾的空格及星号，用 "何时" 替换字符串中的 "何日"，统计字符串包含的字符数量。

（3）打印字符串 "青青园中葵，朝露待日晞。" 中的所有字符，跳过标点符号。

（4）统计字符串 "Thinking is necessary if you want to be successful in life." 中的字符个数。

（5）判断字符串 "I like python." 中是否包含字符串 "python"；若包含，则替换为 "Python" 后输出新字符串；若不包含，则输出源字符串。

思辨与拓展

作为我国传统文化的代表，光彩夺目的唐诗宋词佳篇迭出、影响久远，是我国传统文化的典范，西方诗歌也难以望其项背。《中国诗词大会》等一批弘扬古诗词栏目的火热推出，激发了人们了解传统文化、学习传统文化的热情，为弘扬中华传统文化、坚定文化自信做出了有益探索。中华文化延续着我们国家和民族的精神血脉，需要薪火相传、代代守护。回顾你喜欢的诗歌、诗人，你对哪些传统文化感兴趣？你认为应当如何保护、传承我们的精神血脉？

为激励新时代的青年学习古诗词，某社团开发了一个 "古诗词趣味 PK 平台"，开展古体诗词的宣传推广、趣味竞猜、有奖 PK 等活动，该平台用户注册界面如图 5-6 所示：

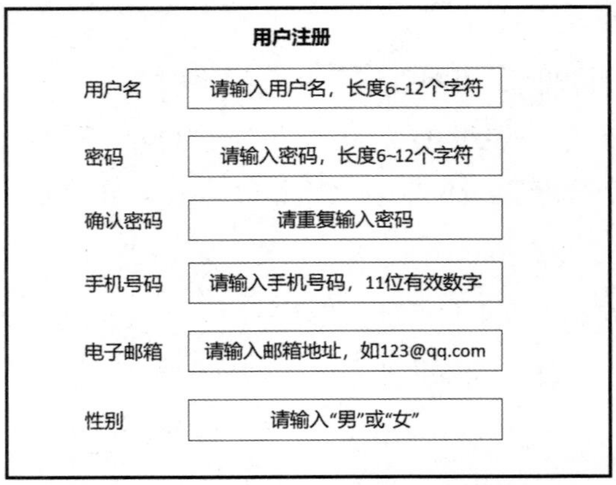

图 5-6　用户注册界面

　　现要求编写 Python 程序，模拟用户注册过程，用户通过键盘输入各项信息后，使用字符串常用方法进行以下逻辑判断。

　　（1）用户名：用户输入，长度为 6 ~ 12 个字符；

　　（2）密码：用户输入，长度为 6 ~ 12 个字符，只能包含数字和字母；

　　（3）确认密码：用户输入，判断与首次输入密码是否相同；

　　（4）手机号码：用户输入，必须为 11 位数字；

　　（5）电子邮箱：用户输入，必须包含 @ 字符；

　　（6）性别：用户无意识的输入，只能为男或女。

　　如果用户输入的信息符合上述逻辑，则提示注册成功，否则给出相应的错误提示。

技能进阶篇

模块 6

列表与元组——公平公正，编制校园歌手大赛评分系统

微课：单元开篇

情景导入

校园生活多彩缤纷，各类社团也会定期举办各种活动；近期某校团委组织了一次校园歌手大奖赛，评选年度校园歌王。

公平公正是社会主义核心价值观的重要组成部分，也是校园歌手大奖赛评分的基本要求，赛事组委会特地邀请了 10 名评委进行现场打分。为防止舞弊、保证比赛的公平，组委会决定去掉一个最高分和一个最低分后，计算出平均得分作为选手的最终得分，并根据成绩确定前 3 名。本项目中，我们将编写程序模拟从选手报名，评委现场打分，到汇总、排序，进而产生前 3 名的过程。

【PPT：模块 6 列表与元组】

项目分解

按照校园歌手大赛业务处理的先后顺序，将该项目分解为 3 个任务，任务分解说明如表 6-1 所示。

表 6-1　任务分解说明

序号	任务	任务说明
1	处理选手报名	选择合适的数据类型保存选手名单，并根据实际报名情况及时调整名单
2	计算选手最终得分	选择合适的数据类型保存评委打分，根据规则计算出选手的最终得分
3	确定选手最终排名	将最终得分按照由高到低的顺序排列，确定并公布最终成绩（前 3 名）

学习目标

（1）根据需求创建列表，并通过索引访问列表的元素；

（2）利用合适的方法，完成列表元素的增、删、改、查、切片等操作；

（3）能够调用合适的方法完成列表的升序排列、降序排列；

（4）应用列表的推导式，由一个列表创建新的列表；

（5）认识元组与列表的区别，根据需要创建并访问元组；

（6）应用内置函数完成列表（元组、字符串等）的相关操作；

（7）掌握使用列表、元组等嵌套形式存储数据的方法。

任务 6.1　利用列表 list 处理选手名单

微课：任务 6.1 利用
列表 list 处理选手
名单

任务分析

根据经验，我们可以使用若干变量保存歌手大赛的选手姓名，但这种方式显然不够简洁（假设有 50 名选手参加比赛，将需要 50 个变量保存选手姓名），因此可以使用新的数据类型——列表 list；同时根据实际报名情况及时调整选手名单，并在开赛前公布名单。具体任务内容及相关知识点如表 6-2 所示。

表 6-2　具体任务内容及相关知识点

序号	具体任务内容	相关知识点
1	选择合适的数据类型存储首批选手姓名：【吴林杰、程小妍、刘钰、苏名豪、蒋欣瑞、谢雨婷】	创建列表
2	根据报名情况，向参赛名单中添加两名参赛选手：【孔庆伟、郑晓阳】	为列表添加新元素
3	后期信息复核中，发现选手【刘钰】名字错误，应修改为【刘钰玉】	访问列表的元素、列表的索引、修改列表的元素
4	开赛前选手【蒋欣瑞】退出比赛，需要从参赛名单中删除	删除列表元素
5	打印最终选手名单	print() 函数

完成上述任务内容后，程序最终运行效果如图 6-1 所示。

```
当前歌手名单[1]：['吴林杰', '程小妍', '刘钰', '苏名豪', '蒋欣瑞', '谢雨婷']
添加2名新歌手：孔庆伟、郑晓阳
当前歌手名单[2]：['吴林杰', '程小妍', '刘钰', '苏名豪', '蒋欣瑞', '郑晓阳', '谢雨婷', '孔庆伟']
修改歌手名字：刘钰玉
当前歌手名单[3]：['吴林杰', '程小妍', '刘钰玉', '苏名豪', '蒋欣瑞', '郑晓阳', '谢雨婷', '孔庆伟']
歌手蒋欣瑞退出比赛！
当前歌手名单[4]：['吴林杰', '程小妍', '刘钰玉', '苏名豪', '郑晓阳', '谢雨婷', '孔庆伟']
```

图 6-1　处理参赛选手名单

知识储备

在编写程序的过程中，我们经常需要保存一组逻辑相关的数据，比如某班级 Python 课程期末成绩、一组学生的姓名、多个评委的打分等，这时可以使用列表 list、元组 tuple 等组合数据类型。

6.1.1　初识列表 list

列表 list 是最常用的组合数据类型，它可以存储一组数据，这些数据称为列表的元素；我们可以把任何类型、任意数量的数据（元素）加入列表中。Python 使用方括号 [] 表示列表，列表元素之间用逗号隔开。列表的简单示例如下：

```
>>> names=['施耐庵','吴承恩','曹雪芹','罗贯中']        # 定义一个列表，用于存储一系列的
名字
>>> print(names)        # 使用 print 函数打印列表
['施耐庵','吴承恩','曹雪芹','罗贯中']
>>> fruits=['apple','banana','orange']
>>> numbers=[83,65,90,45]
```

小贴士：

列表中通常包含多个元素，使用复数名词（如 names、cars、fruits）为列表命名可以方便用户理解。虽然列表的元素之间可以没有任何关系，但实际应用中列表的元素通常为同一种类型、表示同一类事物。

除手动生成列表外，还可以使用 Python 内置的 list() 函数，将一个可迭代对象（如字符串、range 区间等）转换为列表。

```
>>> numbers=list(range(1,11))            # 将一个 range 区间转换为列表
>>> numbers
[1, 2, 3, 4, 5, 6, 7, 8, 9, 10]
>>> st=list("python")                    # 将一个字符串转换为列表
>>> st
['p', 'y', 't', 'h', 'o', 'n']
```

6.1.2　访问列表元素

与字符串类似，列表也是有序集合（即其元素按照某个顺序排列），用户可以通过访问元素的位置（索引 index）获取相应的元素。使用索引访问列表中的元素示例如下：

```
>>> names=['施耐庵','吴承恩','曹雪芹','罗贯中']
>>> print(names[0])            # 打印列表 names 中索引值为 0 的元素（第 1 个元素）
施耐庵
>>> print(names[2])            # 打印列表 names 中索引值为 2 的元素（第 3 个元素）
曹雪芹
```

```
>>> print(names[4])          # 报错！对于 names 而言，有效索引范围为 0~3
Traceback (most recent call last):
  File "<pyshell# 1>", line 1, in <module>
    print(names[4])
IndexError: list index out of range
```

小贴士:

　　与大多数程序设计语言相同，Python 列表中元素的索引是从 0 开始的；使用索引访问列表元素时，要防止超出索引的有效范围。

　　Python 列表也支持负向递减索引，例如 –1 表示最后一个元素、–2 表示倒数第 2 个元素，以此类推，相关示例如下:

```
>>> values=['red','green','blue','yellow','white','black']
>>> values[-1]        # 获取 values 的倒数第 1 个元素
'black'
>>> values[-2]        # 获取 values 的倒数第 2 个元素
'white'
```

6.1.3　修改列表元素

　　Python 列表非常灵活，用户可以根据需要修改、增加、删除元素。如果要修改列表某元素的值，只需为该元素重新赋值，示例如下:

```
>>> cars=[' 比亚迪 ',' 广汽 ',' 吉利 ',' 长城 ']
>>> cars[2]=' 奇瑞 '            # 通过等号赋值，将索引值为 2 的元素修改为 ' 奇瑞 '
>>> print(cars)
[' 比亚迪 ', ' 广汽 ', ' 奇瑞 ', ' 长城 ']
```

　　上述代码中，首先通过 cars[2] 表达式获取了索引值为 2 的元素，然后将其修改为 ' 奇瑞 ';列表中的其他元素并未发生改变。

6.1.4　添加新元素

　　Python 提供了多种方法为列表添加新元素，其中 append() 是最常用的方法，它可以在列表的尾部添加新元素:

```
>>> cars=[' 比亚迪 ',' 广汽 ',' 吉利 ',' 长城 ']
>>> cars.append(' 奇瑞 ')            # 在列表 cars 的尾部添加新元素"奇瑞"
>>> print(cars)
[' 比亚迪 ', ' 广汽 ', ' 吉利 ', ' 长城 ', ' 奇瑞 ']
```

　　上述代码中，cars.append(' 奇瑞 ') 语句表示在列表 cars 的尾部添加新元素 ' 奇瑞 '，列表中的元素数量达到 5 个。

　　此外，使用 append() 方法还可以动态构建所需列表，例如下面的代码先构建了一个空列表，然后调用 append() 方法不断添加新元素：

```
>>> names=[]                        # 创建一个空列表
>>> names.append('施耐庵')          # 不断添加新元素
>>> names.append('吴承恩')
>>> names.append('曹雪芹')
>>> names.append('罗贯中')
>>> print(names)
['施耐庵', '吴承恩', '曹雪芹', '罗贯中']
```

除借助 append() 方法在尾部添加新元素外，还可以使用 insert() 方法在列表的任何位置插入新元素，示例如下：

```
>>> names=['施耐庵', '曹雪芹', '罗贯中']
>>> names.insert(1, '吴承恩')        # 在位置（索引值）1 处添加新元素
>>> print(names)
['施耐庵', '吴承恩', '曹雪芹', '罗贯中']
```

代码 names.insert(1,'吴承恩') 表示：在列表 names 索引值 1 处插入新元素 '吴承恩'，同时列表元素 '曹雪芹'、'罗贯中' 向右移动一位，因此得到的结果为 ['施耐庵','吴承恩','曹雪芹','罗贯中']。

此外，Python 还提供了 extend() 方法一次性向列表中添加多个元素，例如下面的示例中，将 list2 的元素追加到 list1 的尾部：

```
>>> list1=[10,20,30,40]
>>> list2=[50,60,70]
>>> list1.extend(list2)             # 将 list2 的元素添加到 list1 的尾部
>>> list1
[10, 20, 30, 40, 50, 60, 70]
```

6.1.5　删除列表元素

Python 有多个删除列表元素的方式，其中 pop() 方法可以删除列表某个元素，并返回该元素。

```
>>> fruits=['apple','orange','banana','grape']
>>> poped_fruit=fruits.pop()            # 删除列表的最后一个元素
>>> print(f'被删除的水果是：{poped_fruit}')
被删除的水果是：grape
>>> print(fruits)                       # 打印列表 fruits，发现其元素减少一个
['apple', 'orange', 'banana']
```

pop() 方法默认删除最后一个元素，实际上该方法可以删除任意位置的元素，只需在括号内指定删除元素的索引值即可：

```
>>> fruits=['apple','orange','banana','grape']
>>> poped_fruit=fruits.pop(2)           # 删除索引值为 2 的元素
```

笔记

109

```
>>> print(fruits)
['apple', 'orange', 'grape']
>>> print(f' 被删除的水果是: {poped_fruit}')
被删除的水果是: banana
```

除使用 pop() 方法删除列表元素外，还可以借助 del 语句删除列表某个元素或者删除整个列表变量，具体示例如下：

```
>>> fruits=['apple','orange','banana','grape']
>>> del fruits[2]              # 使用 del 语句删除列表的元素
>>> print(fruits)
['apple', 'orange', 'grape']
>>> del fruits                 # 删除 fruits
```

代码 del fruits[2] 删除了列表中索引值为 2 的元素，操作完成后 fruits 列表中 'banana' 元素消失；del fruits 语句的作用则是删除变量 fruits。

小贴士:

如何确定使用 del 语句还是 pop() 方法？通常情况下，如果要删除某个元素，且不再以任何形式使用该元素，则可以使用 del 语句；如果删除元素后，需要继续使用该元素，则使用 pop() 方法（该方法会返回被删除的元素）。

有时我们并不确定所要删除元素的索引位置，但是可以确定所要删除元素的值，这时可以使用 remove() 方法。例如，删除 fruits 列表中的'banana'元素可以使用如下代码：

```
>>> fruits=['apple','orange','banana','grape']
>>> fruits.remove('banana')           # 将列表中的 "banana" 删除
>>> print(fruits)
['apple', 'orange', 'grape']
```

Python 还提供了 clear() 方法，用于清空列表中的所有元素，下面的示例将展示其用法及其与 del 语句的区别：

```
>>> fruits=['apple','orange','banana','grape']
>>> fruits.clear()                    # 清空列表的所有元素
>>> fruits                            # 列表变为空列表
[]
>>> fruits=['apple','orange','banana','grape']
>>> del fruits                        # 删除变量（列表）fruits
>>> fruits                            # 变量 fruits 已被删除，再次调用则报错！
Traceback (most recent call last):
  File "<pyshell# 25>", line 1, in <module>
    fruits
NameError: name 'fruits' is not defined
```

分析上述代码及运行结果可知，clear() 方法用于清空列表中的所有元素，使列表成为空列表；而 del 语句则可以完全删除列表变量，不能再使用该列表。

💻 任务实施

【文档：实训指导书 6.1】

本任务实施的思路与过程如下：

（1）根据任务需要，使用列表 singers 存储选手姓名。

```
singers = ["吴林杰 ", "程小妍 ", "刘钰 ", "苏名豪 ", "蒋欣瑞 ", "谢雨婷 "]    # 列表存
储选手名单
print(" 当前选手名单 [1]: ", singers)
```

【源代码：sign_up.py】

（2）根据比赛实际报名情况，使用 append() 方法在选手名单尾部追加新名字，使用 insert() 方法在选手名单中插入新名字。

```
print(" 添加 2 名新选手：孔庆伟、郑晓阳 ")
singers.append(" 孔庆伟 ")                    # 使用 append 方法向选手名单中追加新选手
singers.insert(5, " 郑晓阳 ")                 # 使用 insert 方法在选手名单中插入新选手
print(" 当前选手名单 [2]: ", singers)
```

（3）发现某选手名字错误，修改该选手名字。

```
singers[2] = " 刘钰玉 "                       # 修改某选手的名字
print(" 当前选手名单 [3]: ", singers)
```

（4）使用 remove() 方法删除退赛选手名字，打印最终名单。

```
singer = " 蒋欣瑞 "
singers.remove(singer)                      # 某选手退赛，使用 remove 方法将其从列表中删除
print(f" 选手 {singer} 退出比赛！")
print(" 参赛选手最终名单：", singers)
```

运行上述程序，结果如下：

```
当前选手名单 [1]:  [' 吴林杰 ', ' 程小妍 ', ' 刘钰 ', ' 苏名豪 ', ' 蒋欣瑞 ', ' 谢雨婷 ']
添加 2 名新选手：孔庆伟、郑晓阳
当前选手名单 [2]:  [' 吴林杰 ', ' 程小妍 ', ' 刘钰 ', ' 苏名豪 ', ' 蒋欣瑞 ', ' 郑晓阳 ', ' 谢
雨婷 ', ' 孔庆伟 ']
修改选手名字：刘钰玉
当前选手名单 [3]:  [' 吴林杰 ', ' 程小妍 ', ' 刘钰玉 ', ' 苏名豪 ', ' 蒋欣瑞 ', ' 郑晓阳 ',
' 谢雨婷 ', ' 孔庆伟 ']
选手蒋欣瑞退出比赛！
参赛选手最终名单：  [' 吴林杰 ', ' 程小妍 ', ' 刘钰玉 ', ' 苏名豪 ', ' 郑晓阳 ', ' 谢雨婷 ',
' 孔庆伟 ']
```

微课：任务 6.2 计算
参赛选手最终得分

任务 6.2   计算参赛选手最终得分

任务分析

根据校园歌手大赛规则，评委需要为每一位选手打分；评委打分完毕后，去掉一个最高分和一个最低分，计算出平均分作为选手最终得分。本任务要求针对某参赛选手，计算其最终得分，具体任务内容及相关知识点如表 6-3 所示。

表 6-3   具体任务内容及相关知识点

序号	具体任务内容	相关知识点
1	选择合适的数据类型存储评委打分	创建列表
2	键盘输入 10 位评委的打分	添加新元素、循环控制语句
3	去掉一个最高分和一个最低分	列表的排序、列表的切片
4	计算选手平均分（最终得分）	遍历列表的元素
5	打印输出	print() 函数

完成上述任务内容后，程序最终运行效果如图 6-2 所示。

```
请输入第1位评委的打分(1～10分)：9.2
请输入第2位评委的打分(1～10分)：8.8
请输入第3位评委的打分(1～10分)：9.0
请输入第4位评委的打分(1～10分)：9.3
请输入第5位评委的打分(1～10分)：9.5
请输入第6位评委的打分(1～10分)：8.9
请输入第7位评委的打分(1～10分)：8.7
请输入第8位评委的打分(1～10分)：9.3
请输入第9位评委的打分(1～10分)：9.4
请输入第10位评委的打分(1～10分)：9.1
去掉一个最高分9.5
去掉一个最低分8.7
选手最终得分：9.12分
```

图 6-2   评委打分并计算最终得分

 知识储备

6.2.1   查找元素位置

Python 列表提供了 index() 方法用于查找某个元素首次出现的位置，列表中不包含该元素时程序将报错，该方法的应用示例如下：

```
>>> list1=[10,20,50,20,30,40]
```

```
>>> list1.index(20)          # 在列表中查找值为 20 的元素，返回首次出现的位置
1
>>> list1.index(60)          # list1 中找不到 60，报错！
Traceback (most recent call last):
  File "<pyshell# 3>", line 1, in <module>
    list1.index(60)
ValueError: 60 is not in list
```

6.2.2　列表切片操作

与字符串类似，列表也支持切片操作；通过切片可以截取列表中的部分元素，返回一个新的列表。列表切片与字符串切片操作方法类似，具体示例如下：

```
>>> mountain=['东岳泰山','西岳华山','北岳恒山','南岳衡山','中岳嵩山']
>>> mountain[0:2]            # 截取索引值 0~1 的元素
['东岳泰山', '西岳华山']
>>> mountain[:2]             # 截取索引值 0~1 的元素
['东岳泰山', '西岳华山']
>>> mountain[2:]             # 截取索引值 2 到列表末尾的元素
['北岳恒山', '南岳衡山', '中岳嵩山']
```

6.2.3　sort() 排序

借助 sort() 方法，可以完成列表元素的排序，具体示例如下：

```
>>> numbers=[95,34,67,88,75,60,82]
>>> numbers.sort()                # 按照 numbers 列表的元素值进行排序（升序）
>>> numbers
[34, 60, 67, 75, 82, 88, 95]
>>> fruits=['banana','apple','lemon','orange','grape']
>>> fruits.sort()                 # 根据 fruits 列表的元素（字符串）进行排序
>>> fruits
['apple', 'banana', 'grape', 'lemon', 'orange']
```

列表的 sort() 方法默认为升序排列（从小到大排列），当需要降序排列（从大到小排列）时，可以为 sort() 方法添加参数 reverse=True：

```
>>> numbers=[95,34,67,88,75,60,82]
>>> numbers.sort(reverse=True)    # 按照 numbers 列表的元素值进行排序（降序）
>>> numbers
[95, 88, 82, 75, 67, 60, 34]
```

6.2.4　reverse() 反转方法

reverse() 方法用于列表元素的反转排列（逆序），示例如下：

```
>>> numbers=[34, 60, 67, 75, 82, 88, 95]
```

笔记

```
>>> numbers.reverse()
>>> numbers
[95, 88, 82, 75, 67, 60, 34]
```

小贴士：

借助切片操作也可以完成列表元素的逆序，例如 numbers=[34, 60, 67, 75, 82, 88, 95]，其逆序为 numbers[::-1]。

6.2.5　遍历列表元素

列表是一个典型的可迭代对象，因此借助 for 循环可以遍历列表中的所有元素并加以处理。例如，遍历列表 singers_list 的所有元素并打印输出：

```
>>> singers_list=['吴林杰', '程小妍', '刘钰']
>>> for singer in singers_list:    # 按顺序从 singers_list 中读取元素，赋值给 singer
        print(singer)

吴林杰
程小妍
刘钰
```

上述代码中使用 for 循环逐个读取列表中的元素，并将其赋值给变量 singer，执行 print(singer) 语句。

列表与 for 循环结合，可以完成许多有意义的操作，例如下列代码可以求出列表 nums 中的偶数、奇数元素之和：

```
>>> nums=[10,21,30,41,50,61]
>>> total_even,total_odd=0,0
>>> for num in nums:
        if num % 2 == 0:
            total_even=total_even+num
        else:
            total_odd=total_odd+num

>>> print(f'nums 中偶数之和为 {total_even},奇数之和为 {total_odd}')
nums 中偶数之和为 90,奇数之和为 123
```

6.2.6　列表推导式

列表的推导式是一种复合表达式，它能根据已有的列表构建出满足特定需求的新列表。其基本语法格式为：

```
[ exp for x in list ]
```

列表推导式使用中括号 [] 产生新的列表；for x in list 表示遍历已有列表 list，对列表 list

中的每一个元素 x 进行 exp(某表达式) 运算后，将产生的结果添加到新列表中，示例如下：

```
>>> list1=[1,2,3,4,5,6,7,8,9,10]
>>> list2=[x*2 for x in list1]          # 由 list1 的元素乘以 2，组建一个新列表
>>> list2
[2, 4, 6, 8, 10, 12, 14, 16, 18, 20]
```

上述代码中，[x*2 for x in list1] 表示遍历列表 list1，将 list1 的每个元素乘以 2 后，组建一个新的列表。借助 for 循环也可完成同样的任务（而且推导式更加简洁）：

```
>>> list1=[1,2,3,4,5,6,7,8,9,10]
>>> list2=[]
>>> for x in list1:                     # 遍历 list1
        list2.append(x*2)               # 将 list1 的元素乘以 2，添加到 list2 的尾部
>>> list2
[2, 4, 6, 8, 10, 12, 14, 16, 18, 20]
```

除上述基本用法外，推导式还可以加入 if 语句，其语法格式为：

```
[ exp  for  x  in  list  if  condition ]
```

其含义为：遍历已有列表 list，对于该列表中的每一个元素 x，若 x 符合 condition 条件，则按照 exp 对其进行处理，将产生的结果添加到新列表中。例如将 list1 中的偶数元素乘以 2，组建新的列表 list2：

```
>>> list1=[1,2,3,4,5,6,7,8,9,10]
>>> list2=[x*2 for x in list1 if x%2==0]
>>> list2
[4, 8, 12, 16, 20]
```

小贴士：

列表推导式还可以嵌套 for 循环等比较复杂的形式，但过于复杂的列表推导式会增加代码的阅读难度，因此建议不要滥用推导式，有些情况使用传统的 for 循环更利于提升程序的可读性。

6.2.7　其他常见列表操作

与字符串类似，列表也支持 +、*、in、not in 等运算。

```
>>> list1=[1,2,3]
>>> list2=[4,5,6]
>>> list1+list2                  # 连接两个列表得到所有元素
[1, 2, 3, 4, 5, 6]
>>> list3=['apple','orange']
>>> list3 * 3                    # 复写列表中的元素
['apple', 'orange', 'apple', 'orange', 'apple', 'orange']
>>> permanent=['China','America','Russia','France','Britain']
```

```
>>> 'China' in permanent
True
```

【文档：实训指导书 6.2】

【源代码：calculate_score.py】

任务实施

本任务的实施思路与过程如下：

（1）创建一个空列表 scores，用于存储 10 位评委的打分（原始分）；使用 for 循环，依次通过键盘输入 10 位评委的打分，并将分数添加到 scores 列表中。

```python
scores=[]
for i in range(1,11):
    score_str=input(f"请输入第 {i} 位评委的打分 (1~10 分): ")
    score=float(score_str)      # 键盘输入的分数为字符串类型，需要转换为浮点型
    scores.append(score)        # 将浮点型分数添加到列表 scores 中
```

（2）对评委打分列表 scores 进行排序，然后通过切片方式获取除头尾之外的元素，即去掉一个最高分和一个最低分。

```python
scores.sort(reverse=True)      # 按照打分高低进行排序（降序）
print(f"去掉一个最高分 {scores[0]}")
print(f"去掉一个最低分 {scores[-1]}")
"""
采用切片方式，截取除头尾之外的元素；相当于去掉最高、最低分
也可以采用 pop()、remove() 方法，删除头尾元素
"""
scores=scores[1:-1]
```

（3）采用 for 循环，计算选手总分 total 和评委数量 nums，并求出平均分；由于计算得出的平均分小数位比较多，因此使用 round() 函数保留两位小数。

```python
total=0
nums=0
for score in scores:           # 采用循环方式计算总分及评委的数量
    total=total+score
    nums=nums+1
avg=round(total/nums,2)        # 求平均分；使用 round() 函数，保留两位小数
print(f"选手最终得分: {avg} 分 ")
```

运行上述程序，结果如下：

```
请输入第 1 位评委的打分 (1~10 分): 9.2
请输入第 2 位评委的打分 (1~10 分): 8.8
请输入第 3 位评委的打分 (1~10 分): 9.0
请输入第 4 位评委的打分 (1~10 分): 9.3
请输入第 5 位评委的打分 (1~10 分): 9.5
请输入第 6 位评委的打分 (1~10 分): 8.9
请输入第 7 位评委的打分 (1~10 分): 8.7
```

请输入第 8 位评委的打分 (1~10 分)：9.3
请输入第 9 位评委的打分 (1~10 分)：9.4
请输入第 10 位评委的打分 (1~10 分)：9.1
去掉一个最高分 9.5
去掉一个最低分 8.7
选手最终得分：9.12 分

任务 6.3　结合元组 Tuple 确定选手排名

🔍 任务分析

经过激烈的现场角逐与评委打分后，我们根据计分规则计算出所有参赛选手的最终得分；通过排序确定所有选手的最终排名，并产生前 3 名（Top3），具体任务内容及相关知识点如表 6-4 所示。

微课：任务 6.3 结合元组 Tuple 确定选手排名

表 6-4　具体任务内容及相关知识点

序号	具体任务内容	相关知识点
1	选择合适的数据类型同时存储选手姓名及其成绩	列表与元组的嵌套、内置函数 zip
2	根据选手成绩进行排序	内置函数 sorted()、列表的 sort() 方法
3	打印输出前 3 名选手姓名及成绩	列表的切片、for 循环、print()

完成上述任务后，程序最终运行效果如图 6-3 所示。

```
****** 歌王争霸赛 ******
第1名    程小妍    9.33分
第2名    苏名豪    9.31分
第3名    刘钰玉    9.27分
```

图 6-3　最终排名 Top3

 知识储备

6.3.1　创建并访问元组

元组与列表相似，可以存储任何类型、任意数量的数据；但是元组一旦创建就无法修改，因此元组可以被看作一个"简化版"的只读列表。元组使用小括号表示，示例如下：

```
>>> tuple1=(1,2,3,4,5)              # 使用元组存储一组数字
>>> tuple1
(1, 2, 3, 4, 5)
>>> tuple2=('tom','jerry','ken')    # 使用元组存储一组字符串
```

笔记

```
>>> tuple2
('tom', 'jerry', 'ken')
```

除通过上述方式手工创建元组外，还可以使用 **tuple()** 函数将列表、**range** 序列、字符串等可迭代对象强制转换为元组：

```
>>> tuple3=tuple([1,2,3,4,5])        # 使用 tuple() 函数，将列表 [1,2,3,4,5] 转换为元组
>>> tuple3
(1, 2, 3, 4, 5)
>>> tuple4=tuple(range(1,6))         # 使用 tuple() 函数，将 range 区间转换为元组
>>> tuple4
(1, 2, 3, 4, 5)
```

小贴士：

既然列表功能更强，为什么还要使用"功能简陋"的元组呢？这是因为相对于列表，元组的处理速度更快（尤其是在生成、遍历等环节），这一优点在大量数据处理过程中尤为重要。另外，元组实质上对其元素提供了"保护"，防止程序随意修改。

元组是有序数据类型，因此可以通过索引访问其元素：

```
>>> tuple5=('Python','C','C++','PHP','Java','JavaScript')
>>> tuple5[0]            # 获取元组索引值为 0 的元素
'Python'
>>> tuple5[3]
'PHP'
```

与字符串、列表类似，元组也支持切片、**in**、**not in**、**>**、**<**、**+**、***** 等操作，也可以使用 **del** 语句删除整个元组，这里不再复述。

6.3.2　元组与小括号

如何定义一个只包含一个元素的元组，只用一个小括号是否可以实现？进行如下尝试：

```
>>> tuple1=(100)
>>> type(tuple1)           # 查看某个变量的数据类型
<class 'int'>
```

上述代码中，我们使用 **type()** 函数查看变量 tuple1 的数据类型，发现其类型为 **int** 整型，这是因为小括号有丰富的含义，默认情况下小括号表示操作符。因此，如果要创建仅含有一个元素的元组，需要在元素后面增加逗号：

```
>>> tuple1=(100, )
>>> type(tuple1)
<class 'tuple'>
```

实际上，我们删除元组的小括号，只保留逗号，示例如下：

```
>>> tuple1=100,              # tuple1 是一个元组
>>> type(tuple1)
```

```
<class 'tuple'>
>>> tuple2=1,2,3,4,5          # tuple2 是一个元组
>>> type(tuple2)
<class 'tuple'>
```

由此可见，元组中的小括号仅起到补充说明作用，以方便阅读；继续观察是否使用括号的差别：

```
>>> 5*(100)                   # 两个整数相乘
500
>>> 5*(100,)                  # 复写元组元素
(100, 100, 100, 100, 100)
>>> (10)+(20)                 # 两个整数相加
30
>>> (10,)+(20,)              # 用加号连接两个元组
(10, 20)
```

6.3.3　列表、元组的嵌套

列表元素可以是任何数据类型，甚至一个列表中可以嵌套另一个列表；同样，元组也可以嵌套其他元组。示例如下：

```
>>> books=[" 水浒传 "," 三国演义 ",[" 西游记 "," 吴承恩 "," 明代 "]," 红楼梦 "]          # 列表
中内嵌列表
>>> books[2]                  # 读取 books 列表中第 3 个元素，返回一个列表
[ ' 西游记 '，' 吴承恩 '，' 明代 ' ]
>>> books[2][0]              # 读取 books 列表的第 3 个元素中的 " 书名 "
' 西游记 '
>>> books[2][1]
' 吴承恩 '
>>> writers=(" 吴承恩 "," 施耐庵 ",(" 曹雪芹 "," 清代 ")," 罗贯中 ")          # 元组 writers
中内嵌元组
>>> writers[2][0]
' 曹雪芹 '
```

此外，列表、元组等也可以相互嵌套，比如下面示例中列表的元素为元组，这是一种常见的用法：

```
>>> famous_books=[(" 三国演义 "," 罗贯中 "),(" 水浒传 "," 施耐庵 "),(" 西游记 "," 吴承恩
"),(" 红楼梦 "," 曹雪芹 ")]
>>> famous_books[1]# 获取列表 famous_books 的第 2 个元素，返回元组 ( ' 水浒传 '，' 施耐庵 ')
(' 水浒传 '，' 施耐庵 ')
>>> famous_books[1][0]
' 水浒传 '
>>> for book in famous_books:     # 遍历列表 famous_books，打印书名、作者信息
        print(f"《{book[0]}》的作者是 {book[1]}")
```

《三国演义》的作者是罗贯中
《水浒传》的作者是施耐庵
《西游记》的作者是吴承恩
《红楼梦》的作者是曹雪芹

6.3.4　关于序列的内置函数

通过前面的学习可以发现，Python 中的列表 list、元组 tuple 及字符串 str 具有许多相似之处：

◆ 其元素都是有先后顺序的，因此可以通过索引获取每一个元素；

◆ 默认索引都是从 0 开始；

◆ 均支持切片操作，从而得到一定范围内的元素集合；

◆ 支持许多相同的操作，如重复操作符 *、拼接操作 +、in、>、< 等。

上述组合数据类型可以统称为序列，序列可以看作一个存放多个值的连续内存空间；这些值按一定顺序排列，可通过每个值所在位置（索引）访问。Python 提供了若干内置函数，用于操作序列。

1. len() 函数

len(s) 函数返回 s 对象（字符串、列表、元组等）的长度，即元素个数。

```
>>> len('Python')          # 返回字符串的长度，即字符的个数
6
>>> len( [1,2,3] )          # 返回列表的元素个数
3
```

2. max() 函数

max() 函数返回序列所有元素的最大值。

```
>>> max([2,9,3,6])          # 返回列表元素的最大值
9
>>> max((10,20,15,5))       # 返回元组元素的最大值
20
```

3. min() 函数

min() 函数返回序列中所有元素的最小值。

```
>>> min([20,10,5,30])       # 返回列表元素的最小值
5
>>> min((3,9,2,10,7))       # 返回元组元素的最小值
2
>>> min( 'Python' )         # 返回字符串中字符的最小值（根据各字符的 Unicode 进行比较）
'P'
```

4. sum() 函数

sum() 函数对序列的所有元素进行求和计算。

```
>>> sum([20,10,5,30])            # 返回列表元素的和
65
>>> sum((3,9,2,10,7))            # 返回元组元素的和
31
```

5. sorted() 函数

列表 list 提供了 sort() 方法用于元素的排序操作，而内置函数 sorted() 函数也可以完成序列（列表、元组等）的排序操作，两者用法类似：

```
>>> list1=[5,2,9,10,7,3]
>>> list2=sorted(list1)          # 使用 sorted 函数得到一个新列表，赋值给 list2
>>> list2
[2, 3, 5, 7, 9, 10]
>>> list1                        # list1 的元素顺序并没有改变
[5, 2, 9, 10, 7, 3]
>>> list1=[5,2,9,10,7,3]
>>> list1.sort()                 # 使用列表的 sort 函数，原地排序
>>> list1                        # 列表元素顺序发生改变
[2, 3, 5, 7, 9, 10]
```

小贴士：

列表的 sort() 方法是原地排序，原列表元素顺序发生变化；而内置函数 sorted() 返回的是一个新的列表，原列表元素顺序不变。

实际上，sorted() 函数可以完成更加复杂的排序操作，其完整语法格式为：

```
sorted(iterable, key=None, reverse=False)
```

sorted 函数的参数中，iterable 为需要排序的序列；reverse=False 表示升序排列，reverse=True 表示降序排列；key 参数用于设置排序的规则，它可以接收一个函数，该函数作用于 iterable 的每一个元素上，函数返回值（计算结果）将作为排序的依据。比如，对于列表 fruits=['apple','banana','grape','lemon']，按照元素（字符串）的长度进行排序：

```
>>> fruits=['apple','banana','grape','lemon']
>>> def fun(string):                    # 定义 fun 函数，返回 string 的长度
      return len(string)

>>> fruits1=sorted(fruits,key=fun)# 将 fruits 的元素交给 fun 函数处理，根据返回值的大
小排序
>>> fruits1
['apple', 'grape', 'lemon', 'banana']
>>> fruits2=sorted(fruits,key=len) # 将 fruits 的元素交给 len 函数处理，也可以实现同样
的功能
>>> fruits2
['apple', 'grape', 'lemon', 'banana']
```

6. zip() 函数

zip() 函数也称为拉链操作,其参数为若干可迭代对象,该函数将参数的元素打包成元组,然后将这些元组组成一个 zip 对象并返回。

```
>>> fruits=["apple","orange","banana"]
>>> prices=[5.6,4.5,3.0]
>>> zip(fruits,prices)                    # 使用 zip() 函数,将列表 fruits、prices 打包成一个
zip 对象
<zip object at 0x0000020DB154C588>
>>> list(zip(fruits,prices))              # 将打包得到的 zip 对象强制转换为列表
[('apple', 5.6), ('orange', 4.5), ('banana', 3.0)]
```

上述代码使用 zip() 函数将列表 fruits、prices 的元素打包,返回 zip 对象;最后使用 list() 函数将 zip 对象强制转换为列表,从而方便后续使用。

【文档:实训指导书 6.3】

🖥 任务实施

本任务的实施思路与过程如下。

(1)定义 singers、scores 列表分别记录参赛选手姓名及选手得分。

【源代码:reorder.py】

```
singers=[' 吴林杰 ',' 程小妍 ',' 刘钰玉 ',' 孔庆伟 ',' 苏名豪 ',' 郑晓阳 ',' 谢雨婷 ']
scores=[9.12,9.33,9.27,9.05,9.31,9.24,9.19]
```

(2)使用 zip() 函数将 singers、scores 列表打包,最终得到同时记录歌手姓名、得分的列表 singers_scores,其样式为 [(' 吴林杰 ',9.12),(' 程小妍 ',9.33)...]。

```
"""
(1)使用 zip() 函数将歌手列表 singers、得分列表 scores 打包为 zip 对象
(2)使用 list() 函数将 zip 对象转换为列表,singers_scores 列表样式为 [(' 吴林杰 ',9.12),('
程小妍 ',9.33)...]
"""
singers_scores=list(zip(singers,scores))
```

(3)针对 singers_scores 列表,使用 sort() 方法或者内置函数 sorted(),根据成绩进行排序(降序);通过切片获取前三名。

```
def func(x):          # 定义一个函数 func,接收一个元组作为参数,返回元组第 2 个元素
    return x[1]
singers_scores=sorted(singers_scores,key=func,reverse=True)    # 根据成绩降序排序
```

(4)通过切片操作,获取前三名。

```
top3=singers_scores[0:3]          # 切片获取前三名
```

(5)使用 for 语句,遍历列表 singers_scores,打印歌手名次、得分等信息。

```
print("*"*6," 歌王争霸赛 ","*"*6)
i=1
for singer_score in top3:          # 遍历 singers_scores,打印前 3 名信息
```

```
print(f" 第 {i} 名 \t{singer_score[0]}\t{singer_score[1]} 分 ")
i=i+1
```

运行上述程序，输出结果如下：

```
****** 歌王争霸赛 ******
第 1 名　程小妍　9.33 分
第 2 名　苏名豪　9.31 分
第 3 名　刘钰玉　9.27 分
```

项目总结

列表和元组是常用的组合数据类型，它们可以存储一组数据；Python 提供了丰富的操作方法。在本项目中，我们使用列表存储校园歌手大赛参赛选手名单及评委打分，借助列表的相关操作完成了最终名单的打印及确定每个选手的成绩；将列表与元组结合使用，完成了选手的排名，产生歌手大赛前三名。掌握列表、元组等组合数据类型的操作方法，将使编程工作事半功倍。

本模块的学习重点包括：

（1）列表创建与元素访问；

（2）列表元素的增加、修改、删除、查找相关方法；

（3）列表的索引与切片操作；

（4）列表的简单排序；

（5）元组的访问；

（6）关于序列的常用内置函数。

本模块的学习难点包括：

（1）列表切片操作中的参数含义；

（2）列表的推导式；

（3）元组与列表的嵌套使用。

能力检验

1. 填空题

（1）已知 list1=[10,20,30,40,50]，则 list1[2] 的值为_____。

（2）已知 list2=[10,20,30,40,50]，list2.append(60)，则 list2[5]_____。

（3）已知 list3=[1,2,3,4,5]，则 list3[1:4] 的值为_____。

（4）表达式 len(range(1，10)) 的值为_____。

（5）已知 tuple1=('you','need','python')，则 'python' in list1 的返回结果为_____。

2. 判断题

（1）可以使用索引方式访问列表的元素，列表的索引是从 1 开始的。　　　（　　）

（2）列表对象的 pop() 方法默认删除并返回最后一个元素，如果列表已空则抛出异常。

（　　）

（3）append() 方法可以在列表的任何位置插入新元素。　　　　　　　　（　　）

（4）对于列表而言，sorted() 内置函数与 sort() 方法均可实现排序，两者均返回排序后的新列表。　　　　　　　　　　　　　　　　　　　　　　　　　　　　（　　）

（5）已知列表 x=[1,2,3,4]，那么表达式 x.find(5) 的值应为 -1。　　　　（　　）

3. 编程题

（1）对于列表 [68,74,82,52,90,85,61,77,38]，完成以下操作：①查找列表第 5 个元素；②元素由大到小排列，获取前 3 名；③循环打印列表的所有元素；④添加元素 80；⑤删除元素 82；⑥修改倒数第 2 个元素值为 76。

（2）使用列表 scores 存储 Python 课程考试成绩，完成以下操作：①创建空列表 scores；②通过键盘输入 5 个学生成绩，存储到 scores 中；③求 5 名学生的平均成绩。

（3）对于列表 [23, 31, 28, 16, 17, 42, 90, 15]，过滤出其中的偶数后，组成新列表。

（4）对于元组 (10, 30, 20, 50, 60, 10, 20)，完成以下操作：①元素由大到小排列；②统计 10 出现的次数；③判断 40 是否在该元组中。

（5）列表 [('tom',60),('jerry',70),('ken',65),('robbort',79)]，记录了学生的 Python 课程成绩；完成以下操作：①按照 Python 成绩进行降序排列；②求学生平均成绩。

思辨与拓展

尊师重道是中华民族的传统美德，荀子认为"国将兴，必贵师而重傅；贵师而重傅，则法度存"，强调"国家将要兴盛，一定尊敬老师并看重有技能的人；如此，规矩和制度就能保持并得以推行。"；苏轼说："斯文有传，学者有师"，认为教师对于发展文化、培养人才具有重要的作用。作为青年学子，理应继承尊师重道精神，你是如何理解"尊师重道"的？站在学生（徒弟）的角度，你认为"贵师而重傅"应落实为哪些具体举措？

教师节来临之际，某校教务处组织了"我最喜爱的教师"评选活动；本次活动以弘扬新时代尊师风尚为宗旨，激励一线教师不忘初心、牢记使命，努力培养高素质、高技能的社会栋梁。本次评选活动采用网络投票方式进行，根据各参选老师的得票情况，确定"我最喜爱的教师"Top5 名单；编写程序完成评选的具体要求如下：

（1）通过键盘输入参选教师及其得票数量；

（2）将相关数据存储在列表或元组中；

（3）根据得票数量进行排序；

（4）打印输出"我最喜爱的教师"Top5 名单。

模块 7

字典与集合——学以致用，编写"自动售货机"程序

微课：单元开篇

📋 情景导入

目前，传统超市、便利店等零售渠道面临人力成本持续上升、便捷性不足、租金高昂等问题，已难以适应新的营销环境。与此同时，在新一代通信技术、移动支付等手段支持下，自动售货机销售模式则蓬勃发展；商场、车站、大厦、学校、休闲公园等各种场所纷纷引入自动售货机，消费者可自由选择需要的商品，通过投币或扫码等方式支付，支付成功后从出货口取出商品。

著名爱国诗人陆游在《冬夜读书示子聿》中写道："纸上得来终觉浅，绝知此事要躬行"，强调了实践的重要性。本模块将尝试综合利用所学的知识，开发一个简易的自动售货机程序；该程序包括前台购物结算（展示在售商品，顾客选择商品后完成结算）、后台商品管理（如新品上架、商品下架、价格调整等）两部分。

【PPT：模块 7 字典与集合】

🧩 项目分解

根据自动售货机程序的功能需求，将项目分解为 3 个任务，任务分解说明如表 7-1 所示。

表 7-1 任务分解说明

序号	任务	任务说明
1	自动结算（前台）	顾客选择所购商品，输入拟购数量，完成结算
2	商品的管理（后台）	管理人员查看在售商品信息、下架商品信息；完成新品上架、商品下架等处理
3	价格的处理（后台）	管理人员调整在售商品价格、查询商品售价等

学习目标

（1）创建字典，并掌握字典元素的增加、修改、删除、查找等操作方式；

（2）完成字典键值对、键 key、值 value 的遍历；

（3）创建集合，掌握集合元素的增加、删除等操作方式；

（4）根据需要，编制可变参数函数、关键字参数函数及匿名函数；

（5）能够使用高阶函数，完成简单的组合数据类型的过滤、转换等操作。

微课：任务 7.1 借助
dict 实现前台结算

任务 7.1　借助 dict 实现前台结算

任务分析

从顾客角度来看，自动售货机程序主要实现自动结算功能：用户选择所购的商品及其数量，根据商品的价格，自动计算出应付金额。现实生活中，自动售货机还需提供投币支付、银行卡支付或者扫码支付等多种服务，本任务忽略支付过程。具体任务内容及相关知识点如表 7-2 所示。

表 7-2　具体任务内容及相关知识点

序号	具体任务内容	相关知识点
1	选择合适的数据类型存储商品及其价格信息；显示在售商品及其单价	print 函数、字典 dict
2	用户输入所购商品名称及数量，加入购物清单中；选择合适的数据类型存储购物清单	input 函数、int 函数、字典 dict
3	用户不断添加所购商品，直到选择"退出"为止	while 循环、break 语句
4	根据顾客购物清单及商品价格，计算应付金额	字典 dict

完成上述任务后，程序最终运行效果如图 7-1 所示。

```
******在售商品：******      请选择所需的商品，按q/Q键结束。
可口可乐 ： 4.0 元           请输入所需的商品名称：农夫山泉
百事可乐 ： 4.0 元           请输入购买的数量：2
农夫山泉 ： 3.0 元           请输入所需的商品名称：东鹏特饮
脉动功能饮料 ： 5.5 元       请输入购买的数量：3
红牛（罐装）： 7.0 元        请输入所需的商品名称：怡宝纯净水
东鹏特饮 ： 6.5 元           请输入购买的数量：2
怡宝纯净水 ： 3.0 元         请输入所需的商品名称：Q
冰红茶 ： 3.5 元            ********************
********************       您所需要支付的总金额为31.5元
```

图 7-1　商品结算

📖 **知识储备**

日常生活中，我们可以使用字典查找不熟悉的汉字或者英文单词；Python 也提供了一种类似的数据结构——字典 dict；字典是一种可变容器模型，可以存储任意类型对象。

7.1.1 创建字典

Python 提供的 dict 数据类型（其他程序设计语言称为 Map 映射），使用键 - 值（key-value）形式存储数据；相对于列表，字典具有极快的查找速度。比如某个学生的考试成绩情况为：数学 76 分，英语 83 分，语文 68 分，如果使用列表存储上述信息，则可能需要两个列表：

```
>>>subjects=[' 数学 ',' 英语 ',' 语文 ']
>>>scores=[76,83,68]
```

上述两个列表虽然能够存储两组数据，但是难以反映两组数据之间的关系，比如语文科目的成绩、68 分对应的科目等。为此，我们可以建立一个“科目—成绩”对照表，根据对照表快速获取所需数据；在 Python 中，该对照表称为字典，即 dict 数据类型。

字典保存了两组相关联的数据；其中一组数据称为“键”（key），另一组数据称为“值”（values）。字典使用大括号 {} 表示，字典的键和值用冒号 ":" 分隔，每个键值对之间用逗号分隔；对于考试成绩数据，可以使用如下字典表示：

```
>>> exam={' 数学 ':76, ' 英语 ':83, ' 语文 ':68}    # 构建一个 dict，保存考试科目与成绩
>>> exam
{' 数学 ': 76, ' 英语 ': 83, ' 语文 ': 68}
```

上述代码中，字典 exam 包含 3 个键值对元素，以【' 数学 ':76】为例，' 数学 ' 为“键 key”，76 为“值 value”；通过这样的形式，字典 exam 既保存了考试科目与成绩信息，又反映了两者的对应关系。

需要注意的是，字典中 key 是唯一的，不能重复；观察以下示例，字典 exam 的 key 存在重复（有两个‘数学’），Python 只保存最后一个：

```
>>> exam={' 数学 ':76, ' 英语 ':83, ' 语文 ':68, ' 数学 ':92}
>>> exam
{' 数学 ': 92, ' 英语 ': 83, ' 语文 ': 68}
```

用户还可以使用 dict() 函数将键值对序列或者存储键值对的列表转换为字典，示例如下：

```
>>> exam=dict( 数学 =76, 英语 =83, 语文 =68)        # 使用 dict 函数创建字典
>>> exam
{' 数学 ': 76, ' 英语 ': 83, ' 语文 ': 68}
>>> exam=dict( [(' 数学 ', 92), (' 英语 ', 83), (' 语文 ', 68)] )        # 将键值对列表转
换为字典
>>> exam
{' 数学 ': 92, ' 英语 ': 83, ' 语文 ': 68}
```

7.1.2 访问字典

列表、元组是通过索引号访问元素，而字典则是通过"键 key"访问其对应的"值 value"，示例如下：

```
>>> exam={' 数学 ': 92, ' 英语 ': 83, ' 语文 ': 68}
>>> exam[' 数学 ']              # 通过 key 获取 value，查找数学成绩
92
>>> print(f" 英语成绩为：{exam[' 英语 ']}")
英语成绩为：83
```

需要注意的是：采用上述方式访问字典元素时，如果没有找到对应的"键 key"，则程序会报错。

```
>>> exam={' 数学 ': 92, ' 英语 ': 83, ' 语文 ': 68}
>>> exam['Python']            # 找不到键 'Python，程序报错
Traceback (most recent call last):
  File "<pyshell# 12>", line 1, in <module>
    exam['Python']
KeyError: 'Python'
```

为了防止出现上述错误，可以考虑通过关键字 in 判断字典中是否包含某个键 key；如果包含，则获取相应的 value：

```
>>> exam={' 数学 ': 92, ' 英语 ': 83, ' 语文 ': 68}
>>> ' 英语 ' in exam
True
>>> if ' 英语 ' in exam:
        print(f" 英语成绩为 { exam[' 英语 '] }")

英语成绩为 83
```

Python 提供了一个更合理的替代方案：使用方法 get(key) 来获取键值 value，即使键名 key 不存在，程序也不会报错。

```
>>> exam={' 数学 ': 92, ' 英语 ': 83, ' 语文 ': 68}
>>> exam.get('Python')               # 使用函数 get() 获取 value，程序不报错
>>> exam.get('Python',-99)           # 当 key 不存在的时候，返回默认值 -99
-99
```

7.1.3 字典元素的增加与修改

用户还可以动态创建字典，即根据需要不断向字典中添加元素（键值对）：

```
>>> a_student={}                     # 创建一个空字典
>>> a_student['name']='Tom'          # 向字典中添加新元素（键值对）
>>> a_student['age']=20
>>> a_student['gender']='male'
```

```
>>> print(a_student)
{'name': 'Tom', 'age': 20, 'gender': 'male'}
```

修改键值 value 也可以采用上面的方式：

```
>>> a_student['age']=18                    # 修改 age 对应的值
>>> print(a_student)
{'name': 'Tom', 'age': 18, 'gender': 'male'}
```

Python 提供了 update(D) 函数用来将 D 中的键值对添加到字典中，其中 D 可以是一个字典，也可以是存储键值对的列表，用法如下：

```
>>> favorite_fruit_1={'Tom':'apple','Jerry':'banana'}
>>> favorite_fruit_2={'Petter':'grape','Mark':'orange'}
>>> favorite_fruit_1.update(favorite_fruit_2)        # 将字典 favorite_fruit_2 元素
追加到 favorite_fruit_1 中
>>> favorite_fruit_1
{'Tom': 'apple', 'Jerry': 'banana', 'Petter': 'grape', 'Mark': 'orange'}
>>> favorite_fruit_3={'Tom':'apple','Jerry':'banna'}
>>> favorite_fruit_4=[('Petter','grape'),('Mark','orange')]
>>> favorite_fruit_3.update(favorite_fruit_4)        # 将列表 favorite_fruit_4 元素
追加到 favorite_fruit_3 中
>>> favorite_fruit_3
{'Tom': 'apple', 'Jerry': 'banana', 'Petter': 'grape', 'Mark': 'orange'}
```

7.1.4　字典元素的删除

pop()、popitem() 方法均可以用来删除字典中的元素，其中 pop(key) 方法用于删除指定 key 的键值对，并返回对应的值 value；popitem() 方法用于删除字典末尾的键值对，并返回需要删除的键值对。

```
>>> a_student={'name':'Ken','age':21,'gender':'male','python_score':85}
>>> a_student.pop('python_score')          # 删除 key 为 'python_score' 的键值对
85
>>> print(a_student)
{'name': 'Ken', 'age': 21, 'gender': 'male'}
>>> a_student.popitem()                     # 删除（并返回）字典的最后一个元素
('gender', 'male')
>>> print(a_student)
{'name': 'Ken', 'age': 21}
```

与列表、元组类似，用户也可以使用 del 语句删除字典的某个元素或者删除整个字典：

```
>>> a_student={'name':'Ken','age':21,'gender':'male','python_score':85}
>>> del a_student['python_score']   # 删除字典中 key 为 'python_score 的元素（键值对）
>>> print(a_student)
{'name': 'Ken', 'age': 21, 'gender': 'male'}
>>> del a_student                    # 删除变量 a_student
```

笔记

此外，还可以使用 clear() 方法删除字典内所有元素，返回一个空字典：

```
>>> a_student={'name':'Ken','age':21,'gender':'male','python_score':85}
>>> a_student.clear()              # 清空字典的元素
>>> print(a_student)
{}
```

7.1.5　遍历字典

Python 字典中包含 3 个函数：items()、keys()、values()，分别用于获取键值对、键 keys、值 values 组成的视图，示例如下：

```
>>> a_student={'name':'Ken','age':21,'gender':'male','python_score':85}
>>> a_student.keys()              # 获取字典键 key 组成的视图
dict_keys(['name', 'age', 'gender', 'python_score'])
>>> a_student.values()           # 获取字典值 value 组成的视图
dict_values(['Ken', 21, 'male', 85])
>>> a_student.items()            # 获取字典键值对组成的视图
dict_items([('name', 'Ken'), ('age', 21), ('gender', 'male'), ('python_
score', 85)])
>>> list(a_student.keys())       # 可以将上述视图转换为列表，方便后续处理
['name', 'age', 'gender', 'python_score']
```

【源代码：7_1_成绩处理 .py】

使用上述视图，可以完成对字典键值对、键 key、值 value 的遍历；例如集合 students_scores 中记录了部分学生的考试成绩，我们可以通过如下代码输出学生名单、成绩及平均分：

```
students_scores={'Tom':86,'Petter':88,'Jerry':92,'Ken':95,'Mark':73,'Jone':82}
nums_student=len(students_scores)
total=0
# 循环输出参加考试的学生名单
for student in students_scores.keys():
    print(student)
# 循环输出各学生成绩
for (key,value) in students_scores.items():
    print(f'{key} 成绩: {value}')
# 求平均分——方法 1
for score in students_scores.values():
    total=total+score
avg=total/nums_student
print(f'{nums_student} 名学生的平均分为 {avg}')
# 求平均分——方法 2
total=sum( students_scores.values() )
avg=total/nums_student
print(f'{nums_student} 名学生的平均分为 {avg}')
```

任务实施

【文档：实训指导书 7.1】

本任务的实施思路与过程如下。

（1）使用字典存储在售商品、客户拟购商品（购物车）。

```
goods = {"可口可乐": 4.0, "百事可乐": 4.0, "农夫山泉": 3.0, "脉动功能饮料": 5.5,
         "红牛(罐装)": 7.0, "东鹏特饮": 6.5, "怡宝纯净水": 3.0, "冰红茶": 3.5}
goods_buy={}            # 拟购商品（购物车）
```

【源代码：checkout.py】

（2）定义函数 show_goods()，用于显示所有在售商品。

```
# 展示商品信息函数
def show_goods():
    print("****** 在售商品: ******")
    for name,price in goods.items():
        print(name,":",price," 元 ")
    print("*"*20)
```

（3）定义 caculate(goods_buy)，计算拟购买商品的总金额。

```
# 计算应付金额
def caculate(goods_buy):
total=0
# 遍历购物车 goods_buy, 计算每项商品的金额, 并累加到总金额 total 中
    for name,num in goods_buy.items():
        total=total+goods[name]*num
    return total
```

（4）程序主体部分：首先调用 show_goods() 函数，显示所有在售商品信息；然后在 while 循环中，提示用户输入拟购买的商品及数量，并添加到购物车 goods_buy 中；最后调用 caculate() 函数，计算应付金额并打印输出购买信息。

```
show_goods()    # 调用函数, 显示所有在售商品信息
print("请选择所需的商品, 按 q/Q 键结束。")
# 通过while 循环, 用户输入拟购买商品及数量, 加入购物车中
while True:
    name=input("请输入所需的商品名称: ")
    if name=="q" or name=="Q":
        break
    elif name in goods:              # 输入的商品名在 "在售商品名单" 中
        num=input("请输入购买的数量: ")
        if num.isdigit():
            goods_buy[name]=int(num)
        else:
            print(" 输入的数量不合法! ")
    else:
        print(" 输入的商品名称错误! ")
```

笔记

```
# 调用函数，计算应付总金额
total=caculate(goods_buy)
print("*"*20)
print(f" 您所需要支付的总金额为 {total} 元 ")
```

运行上述代码，得到如下结果：

```
****** 在售商品：******
可口可乐 ： 4.0 元
百事可乐 ： 4.0 元
农夫山泉 ： 3.0 元
脉动功能饮料 ： 5.5 元
红牛（罐装） ： 7.0 元
东鹏特饮 ： 6.5 元
怡宝纯净水 ： 3.0 元
冰红茶 ： 3.5 元
```

```
*********************
请选择所需的商品，按 q/Q 键结束。
请输入所需的商品名称：冰红茶
请输入购买的数量：2
请输入所需的商品名称：q
*********************
您所需要支付的总金额为 7.0 元
```

任务 7.2 结合 set 完成商品管理

微课：任务 7.2 结合
set 完成商品管理

任务分析

除供顾客使用的前台结算功能外，自动售货机还需要提供后台管理程序，用于实现商品上架（开始销售）、商品下架（停止销售）、商品信息查看等功能；本项任务将实现商品管理功能，具体任务内容及相关知识点如表 7-3 所示。

表 7-3 具体任务内容及相关知识点

序号	具体任务内容	相关知识点
1	使用合适的数据类型存储 "在售商品信息表" "下架（停售）商品名单"	字典、集合
2	显示功能菜单：【1】查看在售商品信息、【2】查看停售商品信息、【3】商品的下架（停售）、【4】商品的上架（销售）、【5】退出后台程序	print 函数
3	程序运行后，用户选择功能编号，执行相应的功能；直到用户选择【5】，退出程序	while 循环
4	功能【1】：读取在售商品信息，按规定格式打印输出	for 循环、字典、print 函数
5	功能【2】：读取下架（停售）商品信息，按规定格式打印输出	集合、print 函数
6	功能【3】：将需要停售的商品从 "在售商品信息表" 中删除，将其添加到 "下架（停售）商品名单" 中	字典、集合、if 分支语句
7	功能【4】： "在售商品信息表" 中添加新商品，若该商品同时在 "下架商品名单" 中，则将其从该名单中删除，表示重新上架	集合元素的添加与删除

完成上述任务后，程序最终运行效果如图 7-2 所示。

```
*****自动售货机后台*****          *****自动售货机后台*****
【1】查看所有在售商品            【1】查看所有在售商品
【2】查看所有停售商品            【2】查看所有停售商品
【3】下架（停售）商品            【3】下架（停售）商品
【4】上架（销售）商品            【4】上架（销售）商品
【5】退出后台管理系统            【5】退出后台管理系统
请输入所需功能：3               请输入所需功能：4
请输入下架（停售）商品名称：百事可乐    请输入上架（销售）商品名称：百事可乐
                            请输入百事可乐的售价：3
```

图 7-2　后台管理程序

知识储备

7.2.1　创建集合

数学中存在集合的概念，**Python** 也提供了集合 set 数据类型；与字典 **dict** 类似，集合 set 也使用大括号 {} 表示；集合 set 的元素可以是整型、浮点型、字符串、元组等不可变数据类型，但不能是列表、字典等可变数据类型，且元素不允许重复。创建列表的示例如下：

```
>>> set1={1,2,3}                      # 创建集合 set1
>>> set1
{1, 2, 3}
>>> set2={'apple','orange','banana'}  # 创建集合 set2
>>> set2
{'apple', 'banana', 'orange'}
```

如何创建一个空集合？是否可以使用一对空的大括号实现？

```
>>> s1={}
>>> type(s1)                          # 查看 s1 的数据类型，结果为字典
<class 'dict'>
```

上面的代码表明，使用 {} 创建的并不是集合，而是字典；我们需要使用函数 set() 创建一个空集合：

```
>>> s2=set()                          # 使用 set() 函数创建空字典
>>> type(s2)                          # 查看 s2 的数据类型
<class 'set'>
```

如前所述，集合中的元素不允许重复，向集合内添加重复元素会被自动删除：

```
>>> set3={1,2,3,3,4,5,4}    # 存在重复的元素"4"
>>> set3                    # 自动删除重复元素
{1, 2, 3, 4, 5}
```

set 和 dict 的原理相同,唯一的区别在于 set 没有存储对应的 value,仅仅存储了 key 部分;dict 的 key 要求是唯一的,set 的元素也要求是唯一的。

【源代码:7_2_ 列表元素的去重 .py 】

利用集合元素的唯一性,可以便捷地实现列表元素的去重,这也是实际项目中集合的常见用途。下面的示例展示了两种不同的列表元素去重方式,可以发现利用集合去重的方式更加便捷:

```python
# 去重方式 1
old_list=[1,2,3,3,4,5,4]      # 列表有重复元素 3 和 4
new_list=[]
for i in old_list:
    if i not in new_list:  # 如果元素 i 不在 new_list 中,则将其添加进 new_list 中
        new_list.append(i)
print(new_list)
# 去重方式 2
old_list=[1,2,3,3,4,5,4]
temp_set=set(old_list)        # 将 list 转换为 set,自动实现去重功能
new_list=list(temp_set)       # 再将 set 转换回 list
print(new_list)
```

7.2.2　访问集合元素

集合中的元素没有顺序,因此无法通过索引访问其元素;但是可以使用 for 循环获取其元素并加以处理:

```python
>>> set1={'monkey','dog','cat','tiger'}
>>> for elem in set1:
        print(elem)


dog
tiger
monkey
cat
```

7.2.3　添加集合元素

作为可变数据类型,集合 set 支持增加与删除操作;如果需要向集合中添加新元素,可以使用 add() 方法,示例如下:

```python
>>> set1={'monkey','dog','cat','tiger'}
>>> set1.add('lion')
>>> set1
{'monkey', 'cat', 'dog', 'tiger', 'lion'}
```

add() 方法每次仅能添加一个新元素,如果需要一次性添加多个元素则可以使用 update(s)

函数，其中 s 可以是列表、元组、集合、字典等，示例如下：

```
>>> set1={'monkey','dog','cat'}
>>> set2={'tiger', 'lion'}
>>> set1.update(set2)              # 将 set2 的元素添加到 set1 中
>>> set1
{'monkey', 'cat', 'lion', 'tiger', 'dog'}
>>> list1=[10,20]                  # 将 list1 的元素添加到 set1 中
>>> set1.update(list1)
>>> set1
{'monkey', 'cat', 20, 'lion', 'tiger', 10, 'dog'}
```

7.2.4　删除集合元素

删除集合元素可以使用 discard()、remove() 和 pop() 方法，示例如下：

```
>>> set1={'monkey','dog','cat','tiger'}
>>> set1.remove('tiger')           # 使用 remove() 方法删除元素
>>> set1
{'dog', 'monkey', 'cat'}
>>> set1.remove('lion')            # 使用 remove() 方法删除不存在的元素，则程序会报错
Traceback (most recent call last):
  File "<pyshell# 82>", line 1, in <module>
    set1.remove('lion')
KeyError: 'lion'
>>> set1.discard('dog')            # 使用 discard() 方法删除元素 'dog'
>>> set1
{'monkey', 'cat'}
>>> set1.discard('lion')           # 使用 discard() 方法删除不存在的元素，程序不会报错
>>> set1
{'monkey', 'cat'}
>>> set1.pop()                     # 使用 pop() 方法随机删除一个元素
'monkey'
>>> set1
{'cat'}
```

小贴士：

使用 remove() 方法删除集合元素时，若集合中不存在该元素，则程序会报错；使用 discard() 方法删除集合元素时，若集合中不存在该元素，程序并不会报错。pop() 方法则用于随机删除一个元素。

集合支持 del 语句及 clear() 方法：

```
>>> set1={1,2,3}
>>> set1.clear()            # 清空集合
```

```
>>> set1
set()
>>> del set1                    # 删除变量 set1
```

7.2.5 集合的其他操作

Python 的集合与数学中的集合类似，支持交集、并集、补集、差集等运算，示例如下：

```
>>> set1={1,2,3,4,5}
>>> set2={4,5,6,7,8}
>>> set1 & set2                 # 两个集合的交集，既属于 set1 又属于 set2 的元素组成的集合
{4, 5}
>>> set1 | set2                 # 两个集合的并集，属于 set1 或 set2 的元素组成的集合
{1, 2, 3, 4, 5, 6, 7, 8}
>>> set1 - set2                 # 两个集合的补集，属于 set1、但不属于 set2 的元素组成的集合
{1, 2, 3}
>>> set1 ^ set2                 # 两个集合的差集，不同时属于 set1、set2 的元素组成的集合
{1, 2, 3, 6, 7, 8}
```

📺 任务实施

【文档：实训指导书 7.2】

【源代码：goods_management.py】

本任务的实施思路与过程如下：

（1）定义字典 goods 用于记录所有在售商品名称及价格，集合 goods_off 记录所有下架商品名称。

```
# 字典 goods 保存 " 在售商品名录 "
goods = {" 可口可乐 ": 4.0, " 百事可乐 ": 4.0, " 农夫山泉 ": 3.0, " 脉动功能饮料 ": 5.5,
         " 红牛( 罐装 )": 7.0, " 东鹏特饮 ": 6.5, " 怡宝纯净水 ": 3.0, " 冰红茶 ": 3.5}
# 集合 goods_off 保存 " 下架商品名录 "
goods_off=set()
```

（2）定义函数 show_menu()，显示功能菜单。

```
def show_menu():    # 显示功能菜单
    print("***** 自动售货机后台 *****")
    print("【1】查看所有在售商品 ")
    print("【2】查看所有停售商品 ")
    print("【3】下架（停售）商品 ")
    print("【4】上架（销售）商品 ")
    print("【5】退出后台管理系统 ")
```

（3）定义函数 show_goods()，展示所有在售商品信息。

```
def show_goods():    # 展示所有在售商品信息
    print("****** 在售商品: ******")
    for name,price in goods.items():
        print(name,":",price," 元 ")
```

```
print("*"*20)
```

（4）定义函数 show_goods_off()，展示所有停售（下架）商品信息。

```
def show_goods_off():    # 展示所有停售商品信息
    print("****** 停售商品: ******")
    print(goods_off)
```

（5）定义函数 stop_selling()，停售（下架）某商品；用户输入下架商品的名称，将其从在售商品名录 goods 中删除，并添加到下架商品名录 goods_off 中。

```
def stop_selling():    # 商品下架（停售）
    name=input("请输入下架（停售）商品名称:")
    if name in goods.keys():
        # 从在售商品名录 goods 中删除
        goods.pop(name)
        # 添加到下架商品名录中
        goods_off.add(name)
    else:
        print(f"商品名称错误: {name}")
```

（6）定义函数 start_selling()，上架（开始销售）某商品；用户输入商品名称、商品价格，将其添加到在售商品名录中；如商品名称在下架商品名录 goods_off 中，表示重新上架销售，则将其从下架商品名录 goods_off 中删除。

```
def start_selling():     # 商品上架（销售）
    name=input("请输入上架（开始销售）商品名称:")
    price=input(f"请输入 {name} 的售价:")
    if price.isdigit():
        # 将商品添加到在售商品名录 goods 中
        goods[name]=round(float(price),1)
    # 如果该商品在下架商品名录 goods_off 中, 则从中删除
    if name in goods_off:
        goods_off.remove(name)
```

（7）通过 while 循环，用户选择所需的功能。

```
while True:
    show_menu()
    choice=input("请输入所需功能: ")
    if choice=="1":
        show_goods()
    elif choice=="2":
        show_goods_off()
    elif choice=="3":
        stop_selling()
    elif choice=="4":
```

```
        start_selling()
else:
        print("退出后台管理系统")
        break
```

运行上述程序，部分结果如下：

```
***** 自动售货机后台 *****                    ****** 在售商品：******
【1】查看所有在售商品                          可口可乐 ： 4.0 元
【2】查看所有停售商品                          百事可乐 ： 4.0 元
【3】下架（停售）商品                          农夫山泉 ： 3.0 元
【4】上架（销售）商品                          脉动功能饮料 ： 5.5 元
【5】退出后台管理系统                          红牛（罐装） ： 7.0 元
请输入所需功能：1                            *********************
```

任务 7.3   高阶函数处理商品售价

微课：任务 7.3 高阶
函数处理商品售价

任务分析

在自动售货机的后台管理程序中，管理人员还需要根据市场波动进行商品价格的调整。本任务中，我们将模拟商品涨价、商品查询等功能，具体任务内容及相关知识点如表 7-4 所示。

表 7-4   具体任务内容及相关知识点

序号	具体任务内容	相关知识点
1	编写函数完成价格的调整：用户输入涨价幅度，更新商品信息表中的价格，打印最新价格	函数、map 函数
2	编写函数查找高价商品：查找超过某价位的商品，并打印输出	函数、filter 函数
3	调用上述函数，打印相关信息	函数的调用

完成上述任务后，程序最终运行效果如图 7-3 所示：

```
原始价格： {'可口可乐': 4.0, '农夫山泉': 3.0, '脉动饮料': 5.5, '红牛（罐装）': 7.0, '冰红茶': 3.5}
请输入涨价幅度：0.5
最新价格： {'可口可乐': 4.5, '农夫山泉': 3.5, '脉动饮料': 6.0, '红牛（罐装）': 7.5, '冰红茶': 4.0}

调价后，单价超过5元的饮料： {'脉动饮料': 6.0, '红牛（罐装）': 7.5}
```

图 7-3   价格处理

知识储备

目前为止，我们学习了 Python 内置函数、自定义函数；除这些常规函数外，Python 还提供了可变参数函数、匿名函数（lambda 表达式）以及高阶函数等多种函数形态。

7.3.1 可变参数与关键字参数

对于一组给定数字 a、b、c……，如何设计一个函数求这组数的平方和（即计算 $a^2 + b^2 + c^2 + \cdots\cdots$）？按照以往的思路，我们可以把 a、b、c……封装到一个 list 或 tuple 中，然后把这个 list 或 tuple 作为函数的参数，代码如下：

【 源 代 码：7_3_ 求 一 组 数 的 平 方 和 .py 】

```
def squ(numbers):
    total=0
    for number in numbers:
        total=total+number**2          # number**2 表示 number 的平方
    return total

print(f'1、2、3的平方和为：{squ([1,2,3])}') # 将 1/2/3 封装为列表，作为 squ 函数的参数
```

除上述处理方式外，还可以使用可变参数函数，可变参数函数是指在调用函数时传入的参数个数是可变的（数量不固定，零个以上）。对上述代码稍作修改，在 squ() 的参数前面加 * 号，即成为可变参数函数：

【 源 代 码：7_4_ 可 变参数函数 .py 】

```
def squ(*args):       # squ() 函数可以接收任意数量的参数
    total=0
    for number in args:
        total=total+number**2
    return total

print(f'1、2、3这组数的平方和为：{squ(1,2,3)}')       # 传入 3 个参数
print(f'4、5、6、7这组数的平方和为：{squ(4,5,6,7)}')     # 传入 4 个参数
```

在参数 args 前面加 * 号，表示该函数可以接受任意数量的参数，使函数具有更强的适应性。调用函数时，传入的多个参数在函数内部被组装成一个元组（即 args 是一个元组），这个过程称为"打包"。

如果已经有一个列表 [10,20,30]，如何调用 squ() 函数求列表元素的平方和？可以用以下代码实现：

```
list1=[10,20,30]
sum=squ(list1[0],list1[1],list1[2])
print(f'10、20、30这组数的平方和为：{sum}')
```

上述代码可以完成既定任务，但是比较烦琐（设想如果 list1 有 100 个元素，这种方式是不可取的）；Python 允许在 list、tuple 等可迭代对象前面加一个 * 号，把它们的元素取出来，这一过程称为"解包"；结合"解包"操作，可以将可迭代对象作为 squ() 函数的参数；示例如下：

```
list1=[1,2,3,4,5,6,7,8,9,10]
sum=squ(*list1)                # 把 list1 的元素解包（提取出来），传递给 squ 函数
print(f' 1 到 10 这组数的平方和为：{sum}' )
```

除了上述带有一个 * 号的参数外，还有一种带有两个 * 号的参数，称为关键字参数，

它允许传入任意一个包含参数名的参数，这些参数在函数内部自动组装为一个 dict 字典，相关示例如下：

【源代码：7_5_关键字参数 .py】

```
def fun2(**kwargs):                 # kwargs 是一个字典
    for k,v in kwargs.items():
        print(f'key:{k},value:{v}')
dict1={'x':1, 'y':2, 'z':3}
fun2(**dict1)                       # 将字典的 key、value 取出，传递给 fun2 函数
fun2(x=1, y=2, z=3)                 # 为函数 fun2 传递关键字参数，效果与上一行等价
```

7.3.2 匿名函数

匿名函数是指没有名称的函数，可以像普通函数一样在程序的任何位置使用，Python 使用 lambda 关键字来定义一个匿名函数，因此匿名函数又称为 lambda 表达式，其语法格式为：

```
lambda  < 参数列表 > ： < 表达式 >
```

根据其语法格式，定义两个匿名函数：

```
>>> lambda x: x+10
<function <lambda> at 0x0000026A6B2CF048>
>>> lambda x,y: x+y
<function <lambda> at 0x0000026A6B2CF0D0>
```

上述代码中，"lambda x: x+10" 表示定义一个匿名函数，该函数接收一个参数 x，返回值为 x+10；"lambda x,y: x+y" 表示定义一个匿名函数，该函数接收两个参数 x、y，返回值为 x+y。

由于匿名函数没有名称，因此无法通过函数名进行调用；但可以将匿名函数赋值为一个变量，通过这个变量来使用匿名函数，示例如下：

```
>>> mysum=lambda x,y:x+y            # 定义求两数之和的匿名函数，并将其赋值给 mysum
>>> mysum(10,20)                    # 通过变量 mysum 调用匿名函数
30
```

> **小贴士：**
>
> 根据匿名函数的语法格式及示例可知，匿名函数与普通函数的主要区别如下：
>
> （1）匿名函数没有名称，而普通函数有名称；
>
> （2）匿名函数的函数体只有一个表达式（单行），而普通函数可以包含多行语句；
>
> （3）匿名函数主要实现较为简单的功能，而普通函数可以实现相对复杂的功能；
>
> （4）匿名函数不能直接调用，而普通函数可以通过函数名直接调用。

7.3.3 map 函数

有些函数可以将其他函数作为自己的参数，这种函数称为高阶函数。高阶函数是函数式编程的重要特征，随着大数据、人工智能等技术的飞速发展，函数式编程被广泛应用。在

Python 中，map()、filter()、sorted() 等都是典型的高阶函数。

map() 函数参数有两个部分：函数 function、一个或多个序列 iterable（列表、元组等可迭代对象），其语法格式如下：

```
map(function, iterable, ...)
```

map() 函数的作用是：将函数 function 依次作用于序列 iterable 的每个元素上，返回值组成一个新的序列。例如对于列表 list1= [1, 2, 3, 4, 5, 6, 7, 8, 9, 10]，将 list1 每个元素求平方后，组成一个新的列表，示例如下：

```
>>> def f(x):                    # 定义函数 f 求平方
        return x**2

>>> list1=[1,2,3,4,5,6,7,8,9,10]
>>> iterable=map(f,list1)        # 使用 map 函数，将函数 f 作用于 list1 的每个元素上
>>> list(iterable)     # map 函数返回的是迭代器，使用 list() 函数将迭代器强制转换为列表
[1, 4, 9, 16, 25, 36, 49, 64, 81, 100]
>>> list1                        # 原来的 list1 不会发生任何改变
[1, 2, 3, 4, 5, 6, 7, 8, 9, 10]
```

上述代码中，我们首先定义了一个函数 f，用于求某个数的平方。map(f,list1) 则是将函数 f 作用于 list1 的每个元素上（也可以理解为读取 list1 的每一个元素并交给函数 f 处理），返回的结果组成一个序列 iterable。list(iterable) 则是将 iterable 强制转换为列表，以便展示结果，而原来的 list1 不会发生任何改变。

不使用 map 函数能否实现上述功能？答案是肯定的。

```
>>> list1=[1,2,3,4,5,6,7,8,9,10]
>>> list2=[]
>>> for elem in list1:
        list2.append(elem**2)

>>> list2
[1, 4, 9, 16, 25, 36, 49, 64, 81, 100]
```

上面的代码表明使用 for 循环也能实现类似功能，但是其"可读性"较差。把匿名函数与 map() 函数结合起来使用，可以便捷地实现相同功能：

```
>>> list1=[1,2,3,4,5,6,7,8,9,10]
>>> iterable=map(lambda x:x**2,list1)        # 使用匿名函数代替函数 f，可以实现相同功能
>>> list(iterable)
[1, 4, 9, 16, 25, 36, 49, 64, 81, 100]
```

上述代码中，我们没有预先定义函数 f，而是使用匿名函数"lambda x:x**2"代替，这样既可以省略定义函数的过程（函数 f 可能不会在其他地方重用，仅在这里使用一次），又可以避免为函数命名的麻烦（函数名要避免重复，又要有一定实际含义），可谓一举多得。

笔记

7.3.4　filter 函数

Python 的内置函数 filter() 用于过滤序列，其语法格式为：

```
filter(function, iterable)
```

与 map() 函数相同，filter() 也接收一个函数 function 和一个序列 iterable 作为参数，将 function 依次作用于 iterable 中的每个元素，然后根据返回值（True 或者 False）决定是否保留该元素；保留下来的元素将组成一个新的序列。

下面的代码演示了过滤出列表 nums 中所有的偶数元素：

```
>>> nums=[1,2,3,4,5,6,7,8,9,10]
>>> temp=filter(lambda x: x%2 ==0, nums)  # 过滤出 nums 中的偶数，返回可迭代对象 temp
>>> list(temp)                            # 将 temp 强制转换为列表
[2, 4, 6, 8, 10]
```

在上述代码中，filter(lambda x: x%2 ==0, nums) 是读取 nums 的每个元素后，交给匿名函数 lambda x: x%2 ==0 处理，判断这个元素是否为偶数（返回值为 True 或 False），将返回值为 True 的元素（偶数）组成一个新的序列 temp；list(temp) 则是将 temp 强制转换为 list，以便展示结果。

在下面的代码中，列表 python_scores 记录了 Python 课程的考试成绩，使用 filter 函数过滤出成绩为 90 分以上的优秀成绩：

```
>>> python_scores=[73,86,92,68,84,88,94,90,65,77]
>>> temp=filter(lambda x:x>=90,python_scores)
>>> over_90=list(temp)
>>> over_90
[92, 94, 90]
```

7.3.5　sorted 函数

在本教材模块 6 中，我们使用了 sorted() 函数对列表进行排序，结合匿名函数可以更方便地完成复杂排序。在下面的示例中，scores 列表保存了若干学生两门课程的成绩，应用 sorted 函数可以完成比较复杂的排序：

```
>>> scores=[('Tom',88,75),('Jerry',90,78),('Ken',67,82),('Petter',80,83),('Bob',54,68)]
>>> sorted(scores,key=lambda x:x[0])            # 按照学生姓名排序
[('Bob', 54, 68), ('Jerry', 90, 78), ('Ken', 67, 82), ('Petter', 80, 83), ('Tom', 88, 75)]
>>> sorted(scores,key=lambda x:x[1]+x[2])       # 根据两门课程成绩排序
[('Bob', 54, 68), ('Ken', 67, 82), ('Tom', 88, 75), ('Petter', 80, 83), ('Jerry', 90, 78)]
```

上述代码中，sorted 函数的 key 参数是排序的依据，通过改变 key 参数，可以完成不同排序。列表的 sort() 方法中也包含 key 参数，它也可以接收一个匿名函数作为排序的依据，

用法与 sorted 函数类似。

📊 任务实施

【文档：实训指导书 7.3】

【源代码：price_processing.py】

本任务的实施思路与过程如下：

（1）将在售商品信息存放在字典 goods 中。

```
goods = {"可口可乐": 4.0, "农夫山泉": 3.0, "脉动饮料": 5.5,
                "红牛（罐装）": 7.0,  "冰红茶": 3.5}
```

（2）定义一个包含关键字参数的函数 increase_price(**kwargs)，通过调用 map() 函数，实现价格上涨功能。

```
def increase_price(**kwargs):
increase = float(input("请输入涨价幅度: "))
# 调用 map 函数，实现涨价；返回一个 map 对象
    goods_map = map(lambda item: (item[0], item[1] + increase), kwargs.items())
    goods = dict(goods_map)          # 将 map 对象转换为字典
    return goods
```

（3）定义一个包含关键字参数的函数 filter_goods(level,**kwargs)，通过调用 filter() 函数，过滤出价格大于 level 的商品。

```
def filter_goods(level,**kwargs):
    goods_filter=filter(lambda item:item[1]>level,kwargs.items())   # 实现过滤，返回 filter 对象
    goods_level=dict(goods_filter)          # 将 filter 对象转换为字典
    print(f"\n 调价后，单价超过 {level} 元的饮料:",goods_level)
```

（4）最后，调用 increase_price(**goods) 函数，完成商品的涨价处理；调用 filter_goods(5,**goods) 函数，打印输出价格超过 5 元的商品信息。

```
print("原始价格: ",goods)
goods=increase_price(**goods)
print("最新价格: ",goods)
filter_goods(5,**goods)
```

运行上述程序，输出结果如下：

```
原始价格:  {'可口可乐': 4.0, '农夫山泉': 3.0, '脉动饮料': 5.5, '红牛（罐装）': 7.0, '冰红茶': 3.5}
请输入涨价幅度: 0.5
最新价格:  {'可口可乐': 4.5, '农夫山泉': 3.5, '脉动饮料': 6.0, '红牛（罐装）': 7.5, '冰红茶': 4.0}

调价后，单价超过 5 元的饮料:  {'脉动饮料': 6.0, '红牛（罐装）': 7.5}
```

项目小结

字典和集合具有许多共同点，字典以键值对（key:value）的形式存储了两组数据，通过 key 可以迅速找到对应的 value，执行效率较高；集合则相当于仅存储了 key，其数据不允许重复。在自动售货机程序中，我们使用字典存储商品信息，实现消费者所购商品的核算、售货机后台管理（商品查询、上架、下架、价格调整）等功能；此外，Python 还具有函数式编程的特点，借助 lambda 表达式、高阶函数可以轻松应对比较复杂的任务。

本模块的学习重点包括：

（1）字典元素的增加、修改、删除、查找等操作；

（2）字典键值对、键 key、值 value 的遍历；

（3）集合元素的访问、增加、删除操作；

（4）集合的交集、并集、差集、补集运算；

（5）匿名函数的用法。

本模块的学习难点包括：

（1）掌握字典遍历的方法及 keys()、values()、items() 的区别；

（2）可变参数函数与关键字参数函数的用法；

（3）map、filter、sorted 函数的意义与用法。

能力检验

1. 选择题

（1）关于字典，下列说法错误的是（　　　）

    A．字典的元素可以通过下标访问

    B．字典的元素为键值对形式

    C．根据 key 可以得到字典中对应的 value

    D．update() 方法可以为字典添加元素

（2）下列哪一项不可以删除字典中的元素（　　　）

    A．pop()　　　　　　B．popitem()　　　　　　C．remove()　　　　　　D．del 语句

（3）表达式 {1,2,3}&{2,3,4} 的值是（　　　）

    A．{2, 3}　　　　　　B．{1, 4}　　　　　　C．{1,2,3,4}　　　　　　D．{2,3,4}

（4）下列哪个方法不能删除集合的元素（　　　）

    A．pop()　　　　　　B．popitem()　　　　　　C．discard()　　　　　　D．remove()

（5）关于 lambda 表达式，下列说法错误的是（　　　）

    A．它是一种特殊的匿名函数　　　　　　B．它可以有多行（多个表达式）

    C．它一般用于实现比较简单的功能　　　D．它不能直接被调用

2. 填空题

（1）已知 x={1:10, 2:5}，那么执行语句 x[3]= 0 之后，表达式 sorted(x.values()) 的值为_____。

（2）已知 f = lambda x: x+10，那么表达式 f(5) 的值为_____。

（3）表达式 list(filter(lambda x:x>3, [1,2,4,5])) 的结果为_____。

（4）已知 set1={1,3,5}，set2={3,5,7}，则 set1-set2 的值为_____。

（5）已知 dict1={'a':10,'b':20,'c':30}，则 dict1.get('d',0) 的值为_____。

3. 编程题

（1）有两个集合，集合 A：{10,20,30,40}，集合 B：{30,50,70,90}，计算两个集合的交集、并集和差集。从键盘输入一个整数，判断该整数是否为集合 A 的元素。

（2）对于字典 dict1：{'k1':10,'k2'=20,'k3'=30}，完成操作：①遍历所有的键 key，并打印输出；②遍历所有的值 value，并打印输出；③遍历所有的键 key 和值 value，并打印输出。

（3）对于字典 dict2：{'k1':10,'k2':20,'k3':30}，完成操作：①添加一个键值对 'k4':40；②将键 'k2' 对应的值修改为 200；③删除键名为 'k1' 的键值对；④将键名 'k3' 修改为 'k30'。

（4）对于字符串 "banana"，使用集合删除该字符串中的重复字母。

（5）字典 {'Tom':88,'Jerry':86,'Petter':70,'Ken':90} 记录了几位同学的 Python 课程成绩，求它们的总分、平均分。

💡 思辨与拓展

"道虽迩，不行不至；事虽小，不为不成"，中国历史上有许多空谈误国的教训，比如战国时期"纸上谈兵"的赵括，葬送赵国 40 万将士，导致赵国从此一蹶不振直至灭亡。做人做事，最怕的就是只说不做、只看不做，Python 编程更是如此；"空谈误国，实干兴邦"，作为 Python 的实践者，你将如何规划自己后续的学习？

本项目编写的自动售货机程序十分简陋，各部分没有形成一个整体；现在继续优化自动售货机程序，具体要求如下：

（1）提供功能菜单，提示用户选择所需的各项功能；

（2）自动售货机程序包括前台（用户购买）及后台管理两个部分，用户默认进入前端；后端验证需要用户名和密码；

（3）用户输入购买的商品数量后，检查库存量，如库存量满足，则允许购买，购买完成后减少库存量；

（4）管理员输入用户名和密码，并验证通过后，进入自动售货机后台；后台功能包括：查询商品库存量、调整价格、上架新品、下架商品、查看下架商品等。

笔记

模块 8

文件的操作——精益求精，不断完善"菜鸟记单词"程序

情景导入

"咬定青山不放松，立根原在破岩中"，无论是学习 Python 编程还是背诵英语单词都要坚持不懈。在智能手机、平板等电子设备普及的今天，为了提升单词记忆的效果，许多公司开发了形式多样的记单词 App；这些 App 可以帮助人们利用碎片化的时间进行单词记忆，同时提升记忆单词的趣味性、增强记忆效果，深受年轻人的喜爱。

本模块将综合运用文件操作、异常处理等技能，开发一个协助用户记单词的"菜鸟记单词"程序。该程序能够读取本地单词文件，显示需要记忆的单词、词性、中文翻译信息等；还可以随机测试单词以检验学习效果；用户也可以根据自己的学习情况，从词库中删除已经熟记的单词，并添加新的单词。

项目分解

根据"菜鸟记单词"业务需求，按照"不断迭代、螺旋上升"的原则，将项目分解为 3 个任务，任务分解说明如表 8-1 所示。

表 8-1　任务分解说明

序号	任务	任务说明
1	读写文件，编写"菜鸟记单词 V1.0"	英语单词信息保存在文本文件中；程序可以读取文件，显示需要背诵的单词，也可以根据用户需要添加新单词到词库
2	加入异常机制，优化"菜鸟记单词 V2.0"	在 V1.0 版的基础上，考虑到文件读写过程中可能发生的意外情况，增加异常处理机制

序号	任务	任务说明
3	借助 pickle 模块，完成"菜鸟记单词 V3.0"	借助 pickle 模块，存储更加详细的单词信息；更新"添加新单词"功能，增加"抽背单词"功能；将功能封装到函数中，提高程序的模块化程度

学习目标

（1）理解文件操作的基本流程，选择合适的模式，打开需要读写的文件；

（2）使用文件对象的方法，读取文本文件的内容；

（3）选择合适的方法，完成文本文件的写入操作；

（4）具备使用 try-except-else-finally 语句处理异常的能力；

（5）使用 pickle 模块的 dump() 函数、load() 函数完成对象的序列化、反序列化。

任务 8.1　读写文件，编写"菜鸟记单词 V1.0"

微课：任务 8.1 读写文件，编写"菜鸟记单词 V1.0"

任务分析

本任务将开发"菜鸟记单词"V1.0 版，该版本功能相对简单，仅包括显示存储在文件中所有英语单词和添加新单词两项主要功能，具体任务内容及相关知识点如表 8-2 所示。

表 8-2　具体任务内容及相关知识点

序号	具体任务内容	相关知识点
1	英语单词、中文翻译、词性等存储在 words.txt 文本文件中，文件的每一行为一个单词的相关信息	
2	程序启动时，读取文件的内容到单词信息列表中	打开文件、读文件、关闭文件
3	显示功能菜单：【1】显示所有的单词、【2】添加新单词、【0】退出程序	print()、自定义函数
4	编写一个循环，不断执行用户选择的功能，直到用户选择"退出程序"为止	while 循环、break 退出循环
5	当用户选择功能【1】时，遍历单词信息列表，显示所有单词信息	for 循环
6	当用户选择功能【2】时，要求用户键盘输入单词（含词性、中文翻译）信息，并将其添加到单词信息列表中	input 函数、列表的 append 方法
7	当用户选择功能【0】时，将单词信息列表中的元素写入 words.txt 文本文件中，然后退出程序	打开文件、写文件、关闭文件、break 退出循环

完成上述任务后，程序运行效果如图 8-1 所示。

```
---欢迎使用【菜鸟记单词】v1.0---
【1】显示所有英语生词
【2】添加新的英语生词
【0】退出"菜鸟记单词"
请输入您所需的功能：1
********** 单词列表 **********
adapt vi. 适应，适合；改编，改写
available a. 可得到的；可用的
appoint vt. 任命，委派
```

图 8-1　菜鸟记单词 V1.0 效果

知识储备

多数应用程序遵循"输入→处理→输出"模式，例如我们可以使用 input() 函数接收键盘数据输入，程序主体完成数据处理后，使用 print() 函数完成输出。但很多情况下，需要读取本地文件、服务器日志、电子表格等；处理后的数据要长时间保存，因此需要将其写入文件中；这些均涉及文件的读写操作。

8.1.1　打开文件

Python 程序在读取或写入文件之前，首先要打开目标文件。Python 通过内置函数 open() 打开文件，该函数语法格式为：

```
open(file, mode='r', buffering=-1, encoding=None, errors=None, newline=None,
closefd=True, opener=None)
```

open() 函数的参数比较多，初学者可先熟悉前两个参数：第 1 个参数 file 为要打开的文件路径（必选项）；第 2 个参数 mode 为打开模式（可选项，默认为 'r'），常用的打开模式 mode 如下：

- ◆ r：以只读方式打开文件，参数 mode 的默认值。
- ◆ w：以只写方式打开文件，如果该文件已存在则打开文件，并从开头开始编辑，即原有内容会被删除；如果该文件不存在，则创建新文件。
- ◆ a：以追加模式打开文件，如果该文件已存在，新的内容将会被写入已有内容之后；如果该文件不存在，则创建新文件进行写入。
- ◆ +：以更新模式打开文件，可读可写。
- ◆ rb：以二进制格式打开一个文件，用于只读；文件指针将会放在文件的开头，一般用于非文本文件（如图片等）。
- ◆ wb：以二进制格式打开一个文件，用于写入，一般用于非文本文件（如图片等）。

为了演示文件的打开等操作，在 Windows 系统 D 盘根目录下创建一个名为 python.txt 的文本文件，其内容如图 8-2 所示。

图 8-2　python.txt 文件中内容

在 IDLE 中，使用只读模式打开 python.txt 文件，代码如下：

```
>>> file=open(r'D:\python.txt','r')
```

上述代码执行完毕后，程序似乎没有任何反馈，这说明文件已经成功被打开，并返回一个文件对象。如果产生了类似下面的提示，说明文件路径或文件名称拼写错误（文件不存在），需要重新核对：

```
Traceback (most recent call last):
  File "<pyshell# 19>", line 1, in <module>
    file=open(r'D:\python.txt')
FileNotFoundError: [Errno 2] No such file or directory: 'D:\\python.txt'
```

小贴士：

　　使用 open() 函数打开一个文件后，不会像 Windows 系统一样弹出文件的编辑窗口，而是得到一个文件对象，用户可对这个文件对象进行相关操作。

8.1.2　文件对象的常用方法

通过 open() 函数打开文件并得到文件对象后，可以利用文件对象的方法完成文件读写等操作，表 8-3 列出了文件对象的常用方法。

表 8-3　文件对象的常用方法

序号	方法	方法的功能描述
1	close()	关闭文件，关闭后不能再对文件进行读写操作
2	read([size])	从文件读取指定的字节数，如果未给定或为负则读取文件全部内容
3	readline([size])	读取整行，包括"\n"字符
4	readlines([sizeint])	默认读取所有行，并返回列表；若给定 sizeint>0，返回总量大约为 sizeint 字节的行
5	seek(offset[, whence])	文件指针移动到指定位置
6	tell()	返回文件当前位置
7	write(str)	将字符串写入文件，返回的是写入的字符长度
8	writelines(sequence)	向文件写入一个字符串或元素为字符串的列表，如果需要换行则需要手动增加换行符

8.1.3　使用 read() 方法读取文件

读取文件内容是最常见的文件操作，Python 提供了许多读取文件的方式，包括 read()、readline()、readlines() 等。

默认情况下，read() 方法将读取文件的所有内容，并以字符串形式返回，应用示例如下：

```
>>> file=open(r'D:\python.txt','r')
>>> file.read()
'Life is short, you need Python.\nPython is powerful.\nI like Python.'
```

上述代码中，file.read() 方法将文件的所有内容一次性读入内存。当读取超大文件时，程序有可能崩溃（大数据时代，超大规格的文件比较常见），为防止这种情况发生，可以指定读取的字符数量，示例如下：

```
>>> file=open(r'D:\python.txt','r')
>>> file.read(20)            # 从文件头开始读取 20 个字符
'Life is short, you n'
>>> file.read(10)            # 继续读取 10 个字符
'eed Python'
>>> file.read()              # 读取剩余的所有字符
'.\nPython is powerful.\nI like Python.'
```

为什么 read() 函数可以连续读取文件中的内容？这是因为文件对象有一个指针（游标），它指向了文件的某个位置。当使用 open() 函数打开文件时，文件指针的起始位置为 0，表示位于文件的开头处（指向第 1 个字符）。在上述代码中，file.read(20) 读取 20 个字符后，指针的位置变为 20（即指向第 21 个字符）；file.read(10) 则继续读取 10 个字符，指针的位置变为 30（即指向第 31 个字符）；file.read() 则继续读取剩余的所有字符。

如何获取文件指针当前位置？Python 提供了 tell() 方法用于获取指针的当前位置，示例如下：

```
>>> file = open(r'D:\python.txt')
>>> file.tell()              # 获取文件指针的当前位置
0
>>> file.read(20)
'Life is short, you n'
>>> file.tell()
20
```

由上述代码可知，read() 方法读取文件内容的过程中，文件指针从头向尾移动，直到读取完所有内容。

有时我们希望再次读取已经读取过的内容，或者直接跳转到所需的信息处读取，这时可以使用 seek() 方法自由设置指针的位置；seek() 方法的语法格式如下：

```
seek(offset, whence)
```

◆　offset：偏移量，代表需要偏移的字节数，如果是负数表示从倒数第几位开始。

◆ whence：表示从哪个位置开始偏移：0 代表从文件开头开始，1 代表从当前位置开始，2 代表从文件末尾开始。

seek(offset,whence) 表示将指针从 whence 处偏移 offset 个字节，相关用法示例如下：

```
>>> file=open(r'D:\python.txt','rb')          # 采用 rb 模式打开文件
>>> file.read(20)                             # 读取 20 个字节
b'Life is short, you n'
>>> file.tell()                               # 查找指针位置
20
>>> file.seek(10,0)                           # 从文件头开始，偏移 10 个字节
10
>>> file.read(10)
b'ort, you n'
>>> file.seek(-10,2)                          # 从文件尾开始，偏移 10 个字节
58
>>> file.read()
b'ke Python.'
```

小贴士：

只有当访问模式需要设置为 rb 或 rb+ 等二进制模式时，whence 才可以为 1 或者 2；否则 whence 只能为 0，即只能从文件头开始偏移。

8.1.4　使用 readline() 方法读取文件

除 read() 方法外，Python 还提供了相对便捷的 readline() 方法，它可以读取文件的一行，示例如下：

```
>>> file=open(r'D:\python.txt')
>>> print(file.readline())                    # 读取第 1 行，并打印输出
Life is short, you need Python.

>>> print(file.readline())                    # 读取第 2 行，并打印输出
Python is powerful.
```

上述代码两次调用 readline() 方法，读取了文件 python.txt 中的第 1 行内容和第 2 行内容。由于文件的每行末尾都有换行符 "\n"，因此 print(file.readline()) 打印输出时会多输出一个空行。

8.1.5　使用 readlines() 方法读取文件

readline() 方法每次仅能读取一行，Python 还提供了可一次性读取文件所有行的 readlines() 方法。readlines() 方法返回一个列表，文件中的每行文本都是该列表的一个元素，具体示例如下：

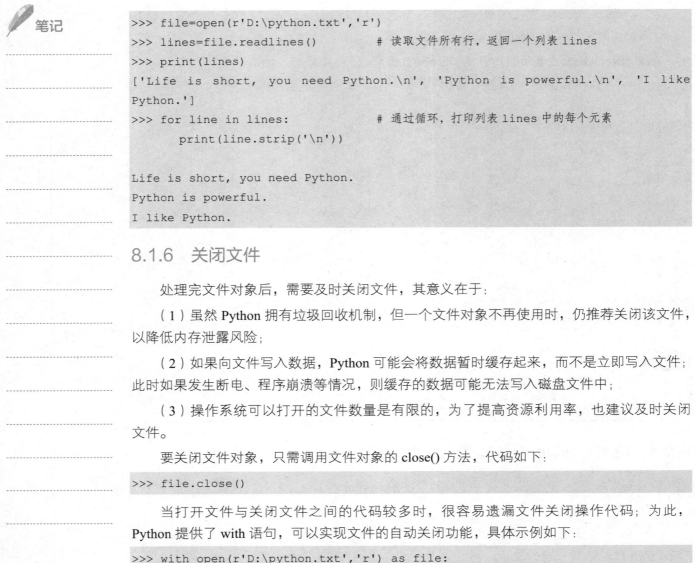

```
>>> file=open(r'D:\python.txt','r')
>>> lines=file.readlines()          # 读取文件所有行，返回一个列表 lines
>>> print(lines)
['Life is short, you need Python.\n', 'Python is powerful.\n', 'I like
Python.']
>>> for line in lines:              # 通过循环，打印列表 lines 中的每个元素
        print(line.strip('\n'))

Life is short, you need Python.
Python is powerful.
I like Python.
```

笔记

8.1.6 关闭文件

处理完文件对象后，需要及时关闭文件，其意义在于：

（1）虽然 Python 拥有垃圾回收机制，但一个文件对象不再使用时，仍推荐关闭该文件，以降低内存泄露风险；

（2）如果向文件写入数据，Python 可能会将数据暂时缓存起来，而不是立即写入文件；此时如果发生断电、程序崩溃等情况，则缓存的数据可能无法写入磁盘文件中；

（3）操作系统可以打开的文件数量是有限的，为了提高资源利用率，也建议及时关闭文件。

要关闭文件对象，只需调用文件对象的 close() 方法，代码如下：

```
>>> file.close()
```

当打开文件与关闭文件之间的代码较多时，很容易遗漏文件关闭操作代码；为此，Python 提供了 with 语句，可以实现文件的自动关闭功能，具体示例如下：

```
>>> with open(r'D:\python.txt','r') as file:
        txt=file.read()
        print(txt)

Life is short, you need Python.
Python is powerful.
I like Python.
```

在上述例子中，关键字 as 后面的变量 file 用于接收打开的文件对象；由于引入了 with 语句，因此无须调用 close() 方法关闭文件（文件对象使用完毕后，with 语句会自动将其关闭）。

8.1.7 使用 write() 方法写入文件

使用 write() 方法可以将一个字符串写入文件中，文件写入有多种模式，常见应用是覆盖写入和追加写入两种模式。覆盖写入模式需要将 open() 函数的 mode 参数设置为'w'（以只写模式打开文件），在该模式下，如果文件存在，则擦除文件原有的内容；如果文件不存在，则先创建文件后写入；具体示例如下：

笔记

```
>>> file=open(r'D:\test.txt','w')          # 以覆盖模式（w模式）打开文件
>>> file.write('I like Python.\n')         # 向文件写入内容，返回写入的字符数量
15
>>> file.write('Python is powerful.')      # 向文件写入内容，返回写入的字符数量
19
>>> file.close()                           # 关闭文件
```

运行上述程序，发现 D 盘根目录下生成了一个 test.txt 文件，用记事本打开该文件，其内容如图 8-3 所示。

图 8-3　记事本打开 text.txt

小贴士：

使用"w"模式打开文件后，即使不执行任何其他操作，文件的内容也会被清空！

当希望在文件原有内容的基础上添加新内容时，可以使用"追加写"模式打开文件（open 函数的 mode 参数设置为"a"）。该模式下，如果文件存在，将在文件的尾部添加新内容；如果文件不存在，则先创建文件后写入。具体用法示例如下：

```
>>> file=open(r'D:\test2.txt','a')         # 使用追加模式打开文件
>>> file.write('I like Python.\n')         # 写入一行数据
15
>>> file.write('Python is powerful.')      # 再写入一行数据
19
>>> file.close()
```

运行上述程序，发现 D 盘根目录下生成了一个 test2.txt 文件；用记事本打开该文件，其内容如图 8-4 所示。

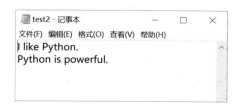

图 8-4　记事本查看 test2.txt

再次使用追加模式打开 test2.txt 文件，写入新内容后，关闭文件：

```
>>> file=open(r'D:\test2.txt','a')              # 使用追加模式打开文件
>>> file.write('Life is short, you need Python.\n')# 在原有内容基础上，写入一行数据
32
>>> file.write('Yes, we need Python.')           # 在原有内容基础上，写入一行数据
20
>>> file.close()
```

再次使用记事本查看 test2.txt 文件，发现在原来基础上追加了新内容，如图 8-5 所示。

图 8-5　记事本再次查看 test2.txt

8.1.8　使用 writelines() 方法写入文件

将数据写入文件还可以使用 writelines() 方法，该方法除了可以向文件写入字符串外，还可以写入字符串序列。如果写入过程中需要换行，则序列的每个元素末尾需要有 "\n" 换行符。具体应用示例如下：

```
>>> file=open(r' D:\test3.txt' ,' w' )
>>> str_list=[ "Life is short.\n" ," You need Python.\n" ," I like Python.\n" ]
>>> file.writelines(str_list)
>>> file.close()
```

运行上述代码后，使用记事本查看 D 盘根目录下的 test3.txt 文件，其结果如图 8-6 所示：

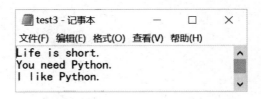

图 8-6　使用记事本查看 test3.txt

💻 **任务实施**

本任务的实施思路与过程如下：

（1）程序中，所有英语单词存储于文本文件 words.txt 中（如图 8-7 所示），文件的每一行为一个单词的相关信息（包括英语单词、词性和中文翻译，用空格隔开）。

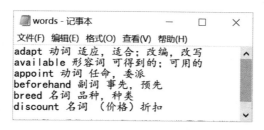

图 8-7　words.txt 中的单词

在 PyCharm 中创建一个 Python 文件，命名为"recite01.py"；在该文件中，首先定义一个 show_menu() 函数，用于显示系统功能菜单。

【源代码：recite01.py】

```python
def show_menu():
    print("--- 欢迎使用【菜鸟记单词】v1.0---")
    print("【1】显示所有英语生词")
    print("【2】添加新的英语生词")
    print("【0】退出"菜鸟记单词"")
```

（2）使用 open() 函数打开文件；然后采用 readlines() 方法，一次性读取文件 words.txt 中所有的行，并返回列表 lines。

```python
file=open(r"D:\words.txt",'r')
lines=file.readlines()
file.close()
```

（3）设置一个 while 循环；在循环体内，首先调用 show_menu() 函数显示功能菜单；然后提示用户选择所需的功能，并执行该功能。

```python
while True:
    show_menu()
    choice=input("请输入您所需的功能：")
    if choice=="1":                          # 用户选择"显示所有英语生词"
        print("*"*10," 单词列表 ","*"*10)
        for line in lines:                   # 通过循环打印列表 lines 的每个元素
            print(line.strip('\n'))
        print("*"*28,"\n")

    elif choice=="2":                        # 用户选择"添加新的英语生词"
        line=input("请输入新单词、词性、中文翻译（三者空格隔开）：")
        lines.append(line+"\n")              # 将新单词追加到单词列表中

    else:
        file=open(r"D:\words.txt",'w')
        file.writelines(lines)               # 将单词列表写入文件中
        file.close()
        break
```

当用户选择功能【1】时，通过 for 循环，显示 lines 列表的每一个元素（即一个单词、

笔记

词性、中文翻译）。当用户选择功能【2】时，要求用户输入新单词、词性及中文翻译，并将其追加到列表 lines 尾部。当用户选择功能【0】或其他"非法"输入时，通过 writelines() 方法，将列表 lines 的所有元素写入文本文件中；关闭 file 对象后，退出循环、程序结束运行。

运行上述程序，部分输出结果如下：

```
--- 欢迎使用【菜鸟记单词】v1.0---
【1】显示所有英语生词
【2】添加新的英语生词
【0】退出"菜鸟记单词"
----------------------------
请输入您所需的功能：2
请输入新单词、词性、中文翻译（三者空格隔开）：alert 动词 改变
```

任务 8.2 加入异常处理，优化"菜鸟记单词 V2.0"

微课：任务 8.2 加入异常处理，优化"菜鸟记单词 V2.0"

任务分析

程序执行过程中，难免会发生意外终止的情况，比如读取的文件不存在、数据类型转换错误、列表的下标越界等；为了提升程序的稳健性、降低程序运行时崩溃的概率，需要适当引入异常处理机制。

本任务中，我们将尝试引入异常处理机制，优化"菜鸟记单词"程序，当发生意外情况时给出相对友好的提示、保证程序继续运行，具体任务内容及相关知识点如表 8-4 所示。

表 8-4 具体任务内容及相关知识点

序号	具体任务内容	相关知识点
1	读取单词文件 words.txt 过程中，引入异常处理机制	异常、try、except 等关键字
2	写入单词文件 words.txt 过程中，引入异常处理机制	异常、try、except 等用法

完成上述任务后，程序运行效果如图 8-8 所示。

```
无法加载单词文件的内容：
错误[Errno 2] No such file or directory: 'D:\\words.txt'
---欢迎使用【菜鸟记单词】v2.0---
【1】显示所有英语生词
【2】添加新的英语生词
【0】退出"菜鸟记单词"
----------------------------
```

图 8-8 发生异常时给出提示信息

 知识储备

8.2.1　错误与异常

Python 程序中的错误分为语法错误和逻辑错误；语法错误是指编写的程序不符合语法规则，这类错误在代码执行前会被错误处理器发现并标识（在 PyCharm 中，会使用红色波浪线标记语法错误的代码），因此也称为解析错误。

逻辑错误是指程序能够运行（非语法错误），但执行结果与预期不一致。下面的代码中定义了一个 fun() 函数用于求两个数的最大值，然后调用 fun 函数求 5、10 两个数的最大值；程序可以运行，但是没有打印输出我们期望的结果，原因在于程序存在逻辑错误：

```
>>> def fun(num1,num2):
        if num1>num2:
                return num1
        else:
                return num1

>>> print(f'5 和 10 两个数的最大值为 :{fun(5,10)}')
5 和 10 两个数的最大值为 :5
```

小贴士：

程序员在设计、编写程序的过程中要尽量避免语法错误和逻辑错误；初学者需要多书写、多分析代码，从而增强处理这两种错误的能力。

此外，程序在执行过程中可能遇到错误而意外退出，这种运行时产生的错误称为异常，例如除法中除数为零、列表的下标越界、试图打开不存在的文件等情况都属于异常。如果程序没有处理异常的能力，将终止执行，示例如下：

```
>>> def fun(num1,num2):
        return num1/num2

>>> fun(10,0)      # 调用函数 fun()，因为除数为零，程序发生异常
Traceback (most recent call last):
  File "<pyshell# 7>", line 1, in <module>
    fun(10,0)
  File "<pyshell# 5>", line 2, in fun
    return num1/num2
ZeroDivisionError: division by zero
```

上述代码中定义了一个函数 fun() 用于计算两个数的商；当调用函数 fun(10,0) 时，程序遇到了异常，将终止运行并给出错误提示信息。

异常的提示形式与语法错误相似，但是异常比语法错误更加难以处理，因为程序运行

后异常才有机会被发现。如何防止这种错误发生？可以使用 if 语句加以控制，防止除数为零的情况发生，将程序修改如下：

```
>>> def fun(num1,num2):
        if num2 !=0:
                return num1/num2
        else:
                print("注意：除数不能为零！")
                return "发生异常，并已处理。"

>>> fun(10,0)
注意：除数不能为零！
'发生异常，并已处理。'
```

诚然，使用 if 语句可以解决除数为零的问题；但实际项目中，程序可能发生的异常、存在的隐患非常多，如果加入过多的 if 语句用于排查异常情况，将使程序难以理解，给程序开发人员造成巨大压力。因此，Python 内置了一套异常处理机制，帮助程序员轻松应对异常情况。

8.2.2　try-except 语句

Python 异常处理的主要思路是将可能发生异常的代码（代码块）放入 try-except 语句中，其基本语法格式为：

```
try:
    <可能存在异常隐患的代码>
except   <异常的名字>:
    <处理异常的代码>
```

首先，执行 try 子句，即可能存在异常隐患的代码。如果没有异常发生，则忽略 except 子句。如果程序在执行 try 子句的过程中发生了异常，并且异常的类型与 except 关键字之后的异常名称相符，那么对应的 except 子句将被执行。比如应对除数为零的情况，可以使用如下代码：

【源代码：8_1_异常的处理 1.py】

```
num1=10
num2=0
try:
    result=num1/num2
    print(f'两个数的商为 {result}')
except ZeroDivisionError:
    print('发生并捕捉异常：除数不能为零！')
```

上述代码尝试求两个数的商，因为除数 num2=0，所以语句 "result=num1/num2" 发生异常，该异常被 except 子句捕获，并执行 "print（'发生并捕捉异常：除数不能为零！'）"。运行结果如下：

```
发生并捕捉异常：除数不能为零！
```

再比如程序在读取文件时可能发生找不到目标文件的情况，为了保证程序的稳健性，可以在打开文件时进行异常处理。

【源代码：8_2_ 异常的处理 2.py】

```
try:
    file=open(r'D:\abcd.txt')
    print(file.read())
except FileNotFoundError:
    print('文件没有找到！')
```

当找不到文件 'D:\abcd.txt' 时，运行结果如下：

```
文件没有找到！
```

8.2.3 常见的异常

Python 内置了许多异常，下面来介绍几种常见的异常。

（1）IndexError：超出下标（索引）范围，比如对于三个元素的列表 list1，下面的写法会超出下标范围，报出 IndexError 异常。

```
>>> list1=[1,2,3]
>>> list1[3]      # 列表的索引从 0 开始；对于 list1 而言，索引的有效范围为 0~2；
Traceback (most recent call last):
  File "<pyshell# 6>", line 1, in <module>
    list1[3]
IndexError: list index out of range
```

（2）NameError：试图访问一个不存在的变量，例如下面的例子中，result 没有被定义或者已经被删除，因此程序报出 NameError 异常。

```
>>> result
Traceback (most recent call last):
  File "<pyshell# 7>", line 1, in <module>
    result
NameError: name 'result' is not defined
```

（3）OSError：操作系统异常，前面接触的 FileNotFoundError 为 OSError 的子类。

（4）TypeError：不同数据类型间的操作错误；比如不同数据类型间进行计算，则可能会抛出 TypeError 异常。下面的示例将字符串与浮点数相连，程序报出异常。

```
>>> "圆周率 PI 的值为: "+ 3.14
Traceback (most recent call last):
  File "<pyshell# 3>", line 1, in <module>
    "圆周率 PI 的值为: "+ 3.14
TypeError: can only concatenate str (not "float") to str
```

（5）ValueError：向函数传递的参数不正确，例如下面的代码试图将 '60kg' 转换为数值，程序报出 ValueError 异常。

```
>>> weight=input('请输入您的体重 kg:')
```

```
请输入您的体重 kg: 60kg
>>> weight_float=float(weight)        #  尝试将字符串"60kg"转换为浮点数，发生异常
Traceback (most recent call last):
  File "<pyshell# 27>", line 1, in <module>
    weight_float=float(weight)
ValueError: could not convert string to float: '60kg'
```

（6）ZeroDivisionError：除数为零异常，除数不能为零是数学常识，在下面的代码中，用户可能在无意的情况下输入 0，程序会报出 ZeroBivisionError 异常。

```
>>> num1=10
>>> num2=float(input('请输入除数: '))
请输入除数: 0
>>> result=num1 / num2
Traceback (most recent call last):
  File "<pyshell# 7>", line 1, in <module>
    result=num1 / num2
ZeroDivisionError: float division by zero
```

以上提到的各种异常，均可使用 try-except 语句进行处理，避免程序崩溃。为了便于排查异常，通常需要打印异常的详细信息，代码示例如下：

【源代码：8_3_异常的处理 3.py】

```
try:
    file=open(r'D:\abcd.txt')
    print(file.read())
except OSError as error:        #  将捕获的异常赋值给 error
    print('发生并捕捉了异常! ')
    print(f'异常的具体原因是: {error}')
```

上述代码使用 as 关键字将捕获的异常赋值给变量 error，进而输出具体错误信息，帮助用户了解异常发生的原因、采取应对措施，上述代码运行结果如下：

```
发生并捕捉了异常!
异常的具体原因是: [Errno 2] No such file or directory: 'D:\\abcd.txt'
```

8.2.4 捕获多种异常

【源代码：8_4_捕捉多种异常 1.py】

当代码块可能发生多种异常时，可以针对不同异常设置多个 except，从而进行个性化处理：

```
try:
    num1=int(input("请输入被除数: "))
    num2=int(input("请输入除数: "))
    result=num1/num2
    print(f"两个数的商为 {result}")
except ValueError as error:
    print("参数出错了, 原因: ",error)
```

```
except ZeroDivisionError as error:
    print("除数出错了，原因：",error)
```

上述程序中，try 子句的代码存在两种隐患（异常），我们可以通过两个 except 语句分别加以捕捉，也可以把各种异常名称放到一个元组中，使用一个 except 函数进行统一处理：

【源代码：8_5_捕捉多种异常 2.py】

```
try:
    num1=int(input("请输入被除数："))
    num2=int(input("请输入除数："))
    result=num1/num2
    print(f"两个数的商为 {result}")
except (ValueError,ZeroDivisionError) as error:    # 将各种异常名称放到一个元组中
    print("参数出错了，原因：",error)
```

对于初学者，如果无法确定要处理哪一种异常，也可以直接使用 Exception 代替异常名称：

```
try:
    num1=int(input("请输入被除数："))
    num2=int(input("请输入除数："))
    result=num1/num2
    print(f"两个数的商为 {result}")
except Exception as error:
    print("发生了异常，原因：",error)
```

8.2.5 else 子句

try-except 语句可以捕获异常发生的情况，对于没有发生异常的情况则可以加入 else 子句，具体用法如下：

【源代码：8_6_else 子句的异常处理.py】

```
try:
    num1=int(input("请输入被除数："))
    num2=int(input("请输入除数："))
    result=num1/num2
    print(f"两个数的商为：{result}")
except (ValueError,ZeroDivisionError ) as error: # 发生异常时，执行下面的打印语句
    print("发生了异常，原因：",error)
else:                                            # 没有发生异常时，执行下面的打印语句
    print("计算完毕，没有发生任何异常！")
```

运行上述代码，输入"合法"数据：

```
请输入被除数：10
请输入除数：2
两个数的商为：5.0
计算完毕，没有发生任何异常！
```

执行过程中，用户输入的数据"合法"且除数不为零，因此不会发生异常，最终执行

else 代码块中的打印语句。

8.2.6　finally 子句

异常机制中还可以加入 finally 子句，表示无论异常是否发生都要执行的功能。在实际应用开发中，finally 子句常用于释放文件、网络连接、数据库连接等资源，而无须关心程序执行过程中是否出现异常。

```
file=None
try:
    file=open(r'D:\python.txt')
    print(file.read())
except OSError as error:
    print(f'有异常发生，原因：{error}')
finally:
    if file:                    # 如果文件成功打开
        file.close()
```

上述代码中，无论是否发生 OSError 异常，finally 子句都将执行。判断 file 文件是否已经打开，如果已打开则将其关闭。

总结以上内容，可以发现完整的异常处理结构包括 try 子句、except 子句、else 子句和 finally 子句，如图 8-9 所示。

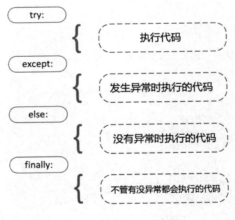

图 8-9　异常处理结构

小贴士：
　　异常处理结构中，else、finally 子句为可选项，程序员可根据需求决定是否启用。

💻 **任务实施**

在"菜鸟记单词 V1.0"版中，我们没有考虑文件读写过程中的异常情况。这里使用 try-except 语句捕获并处理异常，修改代码，形成"菜鸟记单词 V2.0"版：

【源代码：recite02.py】

```python
def show_menu():
    print("--- 欢迎使用【菜鸟记单词】v2.0---")
    print("【1】显示所有英语生词")
    print("【2】添加新的英语生词")
    print("【0】退出 " 菜鸟记单词 "")
    print("-"*28)
lines=[]     # 列表 lines 存储文件中各行文本
file=None
# 读取单词文件 words.txt 的所有行到列表 lines 中；考虑读文件时的异常情况
try:
    with open(r"D:\words.txt",'r') as file:
        lines=file.readlines()
except OSError as re:
    print("无法加载单词文件的内容。")
    print(f"错误 {re}")


while True:
    show_menu()
    choice=input("请输入您所需的功能：")
    if choice=="1":
        print("*"*10," 单词列表 ","*"*10)
        for line in lines:   # 通过循环打印列表 lines 的每个元素
            print(line.strip('\n'))
        print("*"*28,"\n")

    elif choice=="2":
        line=input("请输入新单词、词性、中文翻译（三者空格隔开）：")
        lines.append(line+"\n")

    else:
    # 将列表 lines 的内容写入单词文件 words.txt 中；考虑写文件时的异常
        try:
            with open(r"D:\words.txt",'w') as file:
                file.writelines(lines)        # 将列表 lines 写入文件
        except OSError as re:
            print("退出系统，但单词未能写入文件！")
            print(f"错误：{re}")
        break
```

上述"菜鸟记单词 V2.0"版中，读写 words.txt 文件时均考虑了可能发生的异常情况。正常情况下代码运行结果与 V1.0 版一致，但发生异常情况时（如找不到文件 words.txt），则给出相应的提示信息，如下所示：

无法正确读取单词文件的内容。

发生了错误：[Errno 2] No such file or directory: 'D:\\words.txt'

任务 8.3　借助 pickle 模块，完成"菜鸟记单词 V3.0"

微课：任务 8.3 借助
pickle 模块，完成"菜
鸟记单词 V3.0"

任务分析

前述任务中，数据以字符串（文本）的形式存储在文件中；请读者思考，是否存在简便的方法可以将列表、字典、元组等复杂数据结构直接存储到文件中？

Python 提供了一个内置模块——pickle，该模块可以轻松地将复杂的数据结构直接写入磁盘文件，并且可以快速地读取、恢复。本项任务将借助 pickle 模块，进一步完善、优化"菜鸟记单词"程序，形成 V3.0 版，具体任务内容及相关知识点如表 8-5 所示。

表 8-5　具体任务内容及相关知识点

序号	具体任务内容	相关知识点
1	使用字典存储每一个单词的信息，样式为：{'单词'：'appoint'，'词性'：'vt.'，'翻译'：'任命，委派'}；使用列表存储所有的单词，列表的每一个元素是上述形式的单词字典	字典、列表
2	使用 pickle 模块将英语单词列表写入文件，从文件中读取英语单词列表	pickle 模块的 dump、load 方法
3	增加"随机抽背单词"功能，随机选择单词，显示其词性、中文翻译，要求用户输入英语单词；如输入正确，则询问是否从单词表中删除	列表元素的访问、列表元素的删除、random
4	优化"添加新单词"功能，用户通过键盘输入单词和中文翻译，选择单词词性编号；然后将单词信息添加到单词列表中	列表相关操作
5	采用模块化思路，将系统的相关功能封装到函数中，并将这些函数放入独立的模块文件中	模块、函数

完成上述任务内容后，程序最终运行效果如图 8-10 所示。

```
---欢迎使用【菜鸟记单词】v3.0---
【1】显示所有英语生词
【2】添加新的英语生词
【3】随机抽背英语生词
【0】退出"菜鸟记单词"
----------------------------
请输入您所需的功能：3
*****随机抽背单词*****
v. 任命，委派
请输入上述信息对应的单词：appoint
恭喜，回答正确！是否要从生词表中将该单词去掉？y/n?
```

图 8-10　菜鸟记单词程序 V3.0

知识储备

8.3.1　认识 pickle 模块

Python 提供了一个 pickle 模块，可以用一行语句实现序列化、反序列化。何为序列化？简单来说，序列化就是把内存中的数据转变为可存储或可传输的样式，在 Python 中称为 pickling，在其他语言中被称为 serialization、marshalling、flattening 等，其含义大致相同。程序可以把序列化后的数据写入磁盘，或者通过网络传输到其他设备中。反之，把序列化的数据重新读取到内存的过程称为反序列，Python 中称为 unpickling。

pickle 模块可以轻松实现列表、元组、字典等复杂数据结构的序列化与反序列化，大大降低了将这些数据结构写入文件的难度。

8.3.2　dumps() 与 loads() 函数

pickle 模块提供了 dumps()、dump() 函数实现序列化，其中 dumps() 函数可以把任意对象序列化成一个 bytes（二进制字节串），观察以下示例：

```
>>> import pickle          # 导入pickle模块
>>> word={'单词': 'waemelon', '词性': 'n.', '翻译': '西瓜'}
>>> word_bytes=pickle.dumps(word)      # 将字典word序列化
>>> print(word_bytes)
b'\x80\x03}q\x00(X\x06\x00\x00\x00\xe5\x8d\x95\xe8\xaf\x8dq\x01X\x08\x00\
x00\x00waemelonq\x02X\x06\x00\x00\x00\xe8\xaf\x8d\xe6\x80\xa7q\x03X\x02\x00\
x00\x00n.q\x04X\x06\x00\x00\x00\xe7\xbf\xbb\xe8\xaf\x91q\x05X\x06\x00\x00\
x00\xe8\xa5\xbf\xe7\x93\x9cq\x06u.'
```

上面的示例中使用了 pickle 模块的 dumps() 函数将字典 word 序列化，序列化的结果是难以理解的 bytes 字节串。对于序列化得到的内容，可以使用任务 8.1 中的 write() 方法写入文件或者通过网络传输给其他机器（应用程序），也可以使用 loads() 函数反序列化为字典：

```
>>> print(pickle.loads(word_bytes))
{'单词': 'waemelon', '词性': 'n.', '翻译': '西瓜'}
```

8.3.3　dump() 与 load() 函数

dump() 函数与 dumps() 函数类似，它可以直接把对象序列化后直接写入一个文件中，使用方式更加便捷，示例如下：

```
>>> import pickle
>>> word={'单词': 'waemelon', '词性': 'n.', '翻译': '西瓜'}
>>> file=open("D:\word_pickle.pk","wb")
>>> pickle.dump(word,file)            # 将字典word写入文件中
>>> file.close()
```

上述代码在使用 open() 函数打开文件时，将参数 mode 值设置为"wb"（以二进制形式打开文件），接下来使用 pickle 模块的 dump() 函数，将字典 word 直接写入文件对象 file 中。代码运行后，D 盘中出现一个文件 word_pickle.pk（因为该文件保存的是二进制数据，如果使用记事本打开，则显示乱码）。

对于生成的 word_pickle.pk 文件，可以使用 load() 函数加载并恢复为字典格式：

```
>>> import pickle
>>> file=open("D:\word_pickle.pk","rb")
>>> word_dict=pickle.load(file)
>>> print(word_dict)
{'单词': 'waemelon', '词性': 'n.', '翻译': '西瓜'}
```

因为 word_pickle.pk 以二进制形式保存数据，所以上述代码中采用"rb"模式打开该文件，然后使用 pickle 模块的 load() 函数，将文件中的数据恢复为字典对象。

小贴士:

pickle 模块功能强大，可以读写字典、列表、元组、集合、类（对象）等各种数据类型。

【文档：实训指导书 8.3】

 **任务实施**

本模块的实施思路与过程如下。

1. 整体设计

根据模块化设计的思想，本项目中将创建两个 Python 文件（模块）：main.py 和 recite_word.py，其中 recite_word.py 文件包含实现"菜鸟记单词"功能的 6 个函数（如表 8-6 所示）；而 main.py 文件则包括一个 while 循环，显示功能菜单后，由用户选择所需的服务，执行相关功能（调用 recite_word.py 中的函数）。

表 8-6　recite_word.py 文件中的 6 个函数

序号	函数名	功能说明
1	show_menu()	打印功能菜单，供用户参考
2	read_file()	调用 pickle 模块的 load() 方法，读取本地文件中的单词信息，返回一个列表 words_list
3	show_all()	显示现有的所有单词信息（英语单词、词性、中文翻译）
4	add_word()	用户输入新单词信息，添加到列表 words_list 中
5	word_random()	从单词列表 words_list 随机抽取一个单词，检验用户能否正确拼写；如正确拼写，则询问是否将其从单词列表 words_list 中删除
6	exit_save()	调用 pickle 模块的 dump() 方法，将单词列表 words_list 写入文件中

2. main.py 文件

在 main.py 文件头部导入 recite_word.py 模块，然后调用模块中的 read_file() 函数，从

而读取本地文件中的单词。编写一个 while 循环，提示用户选择所需的功能，直到用户选择
退出为止。main.py 文件具体代码如下：

【源代码：main.py】

```python
from recite_word import *          # 导入 reciteWord.py 模块
words_list=read_file()             # 读取本地文件中的单词信息，并返回单词信息列表 words_list
while True:
    show_menu()                    # 显示功能菜单
    choice=input("请输入您所需的功能：")
    if choice=="1":
        show_all(words_list)       # 显示 words_list 列表中所有的单词信息
    elif choice=="2":
        add_word(words_list)       # 添加新单词到 words_list 列表中
    elif choice=="3":
        word_random(words_list)    # 随机抽查单词
    else:
        exit_save(words_list)      # 将 words_list 列表信息写入本地文件中
        break
```

3. recite_word.py 文件

show_menu() 函数用于打印欢迎信息、系统功能菜单，以供用户参考，相关代码如下：

【源代码：recite_word.py】

```python
import pickle                      # 导入 pickle 模块，后面若干函数使用 pickle 完成文件读写
def show_menu():                   # 打印功能菜单
    print("--- 欢迎使用【菜鸟记单词】v3.0---")
    print("【1】显示所有英语生词")
    print("【2】添加新的英语生词")
    print("【3】随机抽查英语生词")
    print("【0】退出"菜鸟记单词"")
    print("-" * 28)
```

在 read_file() 函数中，使用 pickle 模块的 load() 函数加载文件 D:\words.pk 中的单词信息，
并恢复为单词列表 words_list。在 words_list 中，每个单词及描述信息为一个字典，如 {'单词'：
'appoint', ' 词性 '：' vt.', ' 翻译 '：' 任命，委派 '}、{' 单词 '：'watermelon', ' 词性 '：' n.', ' 翻译 '：' 西
瓜 '}；列表 words_list 样式为 [{' 单词 '：'appoint', ' 词性 '：' vt.', ' 翻译 '：' 任命，委派 '}，{' 单词 '：
'watermelon', ' 词性 '：' n.', ' 翻译 '：' 西瓜 '}，......]。read_file() 函数代码如下：

```python
def read_file():                   # 读取文件，返回单词信息列表
    words_list = []
    try:
        with open(r"D:\words.pk", "rb") as file:
            words_list = pickle.load(file)
    except OSError as re:
        print(f"读取文件错误，原因：{re}")
    return words_list
```

show_all() 函数使用 for 循环显示单词列表 words_list 中的所有单词信息，包括英语单词、

笔记

单词词性及中文翻译；show_all() 函数代码如下：

```python
def show_all(words_list):            # 显示所有单词信息
    print("*" * 20)
    for word in words_list:          # 通过 for 循环，打印 words_list 中的所有单词信息
        print(word["单词"], word["词性"], word["翻译"])
    print("*" * 20)
```

add_word() 函数是将用户输入的新单词添加到单词列表 words_list 中；要求用户输入的信息包括：英语单词、中文翻译及单词词性，其中单词词性由用户选择。add_word() 函数代码如下：

```python
def add_word(words_list):            # 添加新单词到 words_list 列表中
    word_english = input("请添加新单词: ")
    word_chinese = input("请输入中文翻译: ")
    word_kind = ""                   # 新单词的词性，名词、动词、形容词、副词等
    kinds_dict={"1":"n.","2":"v.","3":"adj.","4":"adv.","5":"OTH"}   # 单词词性字典,
OTH 表示 "其他"
    while True:                      # 通过循环，提示用户选择单词的词性
        kind_choice = input("请选择词性: 1.名称 2.动词 3.形容词 4.副词 5.其他: ")
        if kind_choice in ["1", "2", "3", "4", "5"]:        # 用户的选项在规定的范围
内, 即输入正确
            word_kind=kinds_dict.get(kind_choice,"")     # 从单词词性字典中，根据 key
取出相应的值（单词词性的缩写符号）
            break
        else:
            print("请输入正确的词性! ")
    word = {"单词": word_english, "词性": word_kind, "翻译": word_chinese}   #
拼装成一个字典
    words_list.append(word)                              # 将单词添加到 words_list 列表中
```

word_random() 函数从单词列表 words_list 中随机抽取一个单词，显示单词词性、中文翻译，要求用户拼写单词。如用户拼写正确，则提示是否从列表 words_list 中删除该单词（该单词已拼写过关）。word_random() 函数的代码如下：

```python
def word_random(words_list):                    # 随机抽查单词
    import random
    word=random.choice(words_list)              # 从 words_list 列表中随机抽取一个单词
    print("*****随机抽查单词*****")
    print(word.get("词性", ""), word.get("翻译", ""))
    word_input = input("请输入上述信息对应的单词: ")
    if word_input.strip() == word.get("单词", ""): # 判断用户拼写的单词与正确答案
是否相符
        choice = input("恭喜, 回答正确! 是否要从生词表中将该单词删除? y/n?")   # 询问
是否删除用户拼写正确的单词
        if choice == 'y':
```

```
            words_list.remove(word)        # 从生词表 words_list
        else:
            print(f" 很遗憾，回答错误！正确答案为：{word.get（'单词'，''）}")
            print(" 菜鸟记单词提醒您：继续努力哦。")
```

exit_save() 函数使用 pickle 模块，将 words_list 中的所有单词写入 D:\words.pk 中（覆盖文件的原有内容）。exit_save() 函数的代码如下：

```
def exit_save(words_list):                    # 将 words_list 写入文件中
    try:
        with open("D:\words.pk", "wb") as file:
            pickle.dump(words_list, file)
    except OSError as re:
        print(f" 单词文件写入错误！原因：{re}")
```

运行 main.py 程序，部分输出结果如下：

```
--- 欢迎使用【菜鸟记单词】v3.0---    ***** 随机抽背单词 *****
【1】显示所有英语生词                v. 任命，委派
【2】添加新的英语生词                请输入上述信息对应的单词：appoint
【3】随机抽背英语生词                恭喜，回答正确！是否要从生词表中将该单词删除？y/n？
【0】退出"菜鸟记单词"
----------------------------
请输入您所需的功能：3
```

项目总结

程序在运行过程中，可能需要读取文件中的数据，处理完毕的数据也可能需要长期保存以便后续进一步处理，这时会用到文件的读写操作。在"菜鸟记单词"项目中，我们完成了添加新单词、抽背单词、查看单词等功能；为了提升程序的健壮性，文件读写操作过程中加入了异常处理机制，当读写文件出现异常时，按照既定的逻辑进行处理；Python 内置的 pickle 模块，能够便捷地将列表、字典等各种数据类型存储到文件中，而且能够从文件中恢复出原始数据类型格式，极大地提升工作效率。

本模块的学习重点如下：

（1）使用 open() 函数打开文件；

（2）使用 read、readline、readlines 方法读取文件；

（3）使用 write 方法将字符串写入文件；

（4）使用 close 函数、with 语句关闭文件；

（5）try-except 异常处理的流程；

（6）使用 pickle 模块的 dump()/load() 函数完成数据的存取。

本模块的学习难点如下：

（1）使用 seek() 方法设置文件的读取指针；

笔记

笔记

（2）异常处理的逻辑流程；

（3）序列化与反序列化的含义。

能力检验

1. 选择题

（1）以下哪项不属于 open 函数的打开模式（　　）。

  A．r   B．rb   C．w   D．rd

（2）以下哪项不能用于读取文件的内容（　　）。

  A．open   B．read   C．readline   D．readlines

（3）如将字符串作为元素的列表写入文本文件中，可以使用下列哪个函数（　　）。

  A．writelines B．writeline C．write   D．close

（4）Python 的异常处理机制中，可以使用哪个关键字（　　）。

  A．try   B．except

  C．finally   D．以上各项均正确

（5）Python 提供了 seek() 方法将文件指针移动到指定位置，seek(n,0) 表示（　　）。

  A．从起始位置即文件首行首字符开始移动 n 个字符

  B．从当前位置向后移动 n 个字符

  C．从文件的结尾位置向前移动 n 个字符

  D．从起始位置即文件首行首字符开始移动 n+1 个字符

2. 填空题

（1）在 Python 中读写文件，首先需要使用函数_____打开文件。

（2）Python 文件对象中，readlines() 方法可以一次性读取文件的全部内容，返回的数据类型为_____。

（3）当一个文件对象不再使用时，可以使用_____函数将其关闭。

（4）如希望在文本文件末尾追加新内容，在使用 open 函数打开文件时，参数 mode 需要设置为_____。

（5)使用_____语句可以自动管理文件对象，不论因何种原因结束该语句中的语句体，都能够保证文件被正确关闭。

3. 编程题

（1）使用记事本创建一个含有信息的文本文件，使用 read(size) 方法每次读取 size 个字符并打印，直到全部读取完毕为止；size 的值由用户通过键盘输入。

（2）使用记事本新建一个包含多行信息的文本文件，编写程序读取该文件，逐行打印文件的内容及本行的长度。

（3）将列表 ['Python is good.','I like Python.',100,200] 的元素写入文本文件 test.txt 中，要求：列表的每个元素为文件的一行，考虑异常处理机制。

（4）编写一个函数，向该函数传递两个文件名作为参数，将第一个文件的内容追加到第二个文件中。

（5）使用 pickle 模块，将字典 scores={'tom':80,'jerry':90,'ken':92} 写入文件，然后读取该文件并恢复字典。

思辨与拓展

近年来，随着"节约环保低碳"校园活动的推行，"爱心书屋"在部分院校悄然兴起，同学们可将书籍捐赠给"爱心书屋"，也可以到爱心书屋免费领取图书；"爱心书屋"成为继"光盘"行动后，高校校园内又一道环保减排的新风尚。你参加了哪些绿色环保行动？对于这些活动，你有何感想？

某学院近期筹建了一所"爱心书屋"，主要流转校内需求量较大、价值相对较高的教材。为了便于管理大量书籍、提高工作效率，请尝试编写一个爱心书屋管理程序，当有学生或老师捐赠图书时，完成入库登记；当有学生领取图书时，完成出库登记。基本要求如下：

（1）功能菜单：【1】打印各种图书基本信息（含库存情况）；【2】图书入库（增加该图书库存）；【3】图书出库（减少该图书库存）；【4】退出程序；

（2）将物资信息存储到本地文本文件中，退出程序时，更新库存文件；

（3）物资出库时，判断现有库存量是否充足，并给予提示；

（4）采用模块化设计，将部分功能函数置于 Python 模块中。

笔记

模块 9

面向对象编程——协同合作，新思路
实现校园通讯录

微课：单元开篇

【PPT：模块 9 面向对象编程】

 情景导入

"一带一路"是"丝绸之路经济带"和"21 世纪海上丝绸之路"的简称，其主旨是相关国家发挥各自优势、携手共进，共同打造政治互信、经济融合、文化包容的利益共同体、命运共同体和责任共同体。在程序设计领域，面向对象程序设计是当前的主流开发方式之一，其思想与"一带一路"相同，将程序开发过程中遇到的事物都看作对象，对象之间相互协作，最终实现所需的功能。

通讯录是管理联系人信息的常用手段，手机、电话手表、电子词典等众多电子设备都内置了通讯录功能；本模块将按照面向对象的编程思路，开发一个小型校园通讯录，用以记录联系人（学生、授课教师）的姓名、性别、手机号、专业、办公室号等信息。

项目分解

为完成校园通讯录的开发，按照"由简到繁、逐步深入"的原则，我们将整个项目分解为 4 个任务，项目分解说明如表 9-1 所示。

表 9-1　项目分解说明

序号	任务	任务说明
1	体验面向对象编程	了解面向对象编程思想与优势，通过输入和运行程序亲自体验和熟悉面向对象编程思路和方法

续表

序号	任务	任务说明
2	类的创建与使用	创建 "People" 类，并由该类生成具体的对象 "Tom"，打印其电话信息、更新其电话号码
3	使用继承机制	创建 "Student" 类（继承自 "People" 类），并由该类生成若干学生对象；创建 "教师" 类（继承自 "人" 类），并由该类生成若干教师对象
4	实现校园通讯录	在 "学生" 类、"教师" 类基础上，按照面向对象编程思路，构建完整的校园通讯录程序

📖 学习目标

（1）初步了解面向对象编程的思路，理解类与对象的含义；

（2）能够根据业务需求设计所需的类，由类生成对象；

（3）调用对象的相应方法，完成特定的功能任务；

（4）利用继承机制，在父类的基础上创建子类；

（5）利用私有化机制，提升类（对象）的封装性。

任务 9.1　体验面向对象编程

🔍 任务分析

学习面向对象编程，首先要理解类、对象等基本概念，了解面向对象编程的基本思路。本项任务主要是通过输入并运行示例程序使读者体验面向对象编程的思路和方法，并进一步比较面向对象编程与面向过程编程的差异，具体任务内容及相关知识点如表 9-2 所示。

表 9-2　具体任务内容及相关知识点

序号	具体任务内容	相关知识点
1	通过输入和运行示例程序，体验面向对象程序设计	面向对象程序设计
2	思考总结面向对象编程思路、比较面向过程编程和面向对象编程的差异、分析面向对象编程的优势	面向对象编程思路、面向过程编程与面向对象编程的差异、面向对象编程的优势

微课：任务 9.1 体验
面向对象编程

🌱 知识储备

9.1.1　面向对象与面向过程的编程

面向对象编程（Object Oriented Programming，简称 OOP）和面向过程编程（Procedure Oriented Programming，简称 POP）是目前两种主流的程序开发方式。

面向过程编程是传统的编程方式之一，其核心是设计解决问题的步骤；编写程序时精心设计程序的流程，当程序需要实现某功能时，则定义相关函数去处理，程序开发人员只需要按照既定的步骤，堆叠代码即可。一个程序流程通常用来解决一个问题，如果遇到需求多变的情况（如功能的添加和删除），则会牵一发而动全身，可能需要重写（大量修改）、重新组织原有的代码，因此面向过程编程更适用于需求相对稳定的业务场景。

而面向对象编程更加"顾全大局"，先从宏观上设计出应用场景中涉及的事物模板（类），再去分析事物内部的特征、行为（生成对象）。在解决问题的过程中，多个对象相互协作（对象间开展消息的交互），每个对象都可以接收其他对象发送过来的消息，进而处理这些消息、并反馈结果。因此，程序的执行过程就是各个对象之间传递并处理消息的过程。该方式的优点在于需求变更的情况下，只需要修改局部代码，不影响程序的整体结构，必要时还可以增加代码，也不会影响程序的主要逻辑，因此大大增强了程序的适应性。

9.1.2　进一步理解面向对象编程思路

下面我们以一个示例来说明面向过程编程和面向对象编程在程序流程上的不同。假设我们要处理学生的考试成绩，面向过程编程可以将学生的姓名、成绩保存到字典 dict 中，例如 std1、std2 分别保存 Tom、Jerry 两人的成绩信息：

```python
std1 = { 'name': 'Tom', 'score': 92 }        # 存放 Tom 的成绩信息
std2 = { 'name': 'Jerry', 'score': 80 }      # 存放 Jerry 的成绩信息
```

处理学生成绩可以通过函数实现，比如打印学生的成绩：

```python
def print_score(std):
    print(f"学生姓名：{std['name']}，考试成绩：{std['score']}")
```

如果要打印 Tom 的成绩，则需要调用 print_score() 函数，并传递相关参数：

```python
print_score(std1)
```

如果采用面向对象的编程方法，我们首先要思考的不是程序的执行流程，而是定义一个学生 Student 模板（称为 Class 类），这个模板规定了所有学生应该具有 name、score 两个属性（数据）。Student 模板还规定了所有的学生都拥有一个打印成绩的功能 print_score()，这个功能称为方法（一种定义在类内部的特殊函数）。面向对象程序设计中定义模板（类）的代码如下：

```python
class Student:                       # 定义一个学生 Student 模板（Student 类）
    def __init__(self, name, score): # 初始化一个学生（指定其属性）
        self.name = name             # 所有学生都有姓名属性（数据）
        self.score = score           # 所有学生都有成绩属性（数据）
    def print_score(self):           # 所有学生都有的打印成绩功能（方法、函数）
        print('%s: %s' % (self.name, self.score))
```

如果需要打印一个学生 tom 的成绩，首先必须根据模板（类）创建学生对象 tom，然后向 tom 发送一个"print_score"消息（实际上是调用 tom 的 print_score 方法），程序将执行打印输出命令，具体代码如下：

```
tom = Student('Tom', 92)          # 使用 Student 模板，创建一个学生对象 tom
tom.print_score()                 # 给 tom 发消息（调用其 print_score 方法）
```

面向对象的程序设计思想由自然界中类（**Class**）和对象（**Object**）的概念衍生而来。类是一种抽象概念，比如刚才定义的 **Student** 类是指学生这个概念（模板），而学生对象则是一个个具体的学生，比如 tom 是一个具体的学生对象。

由此可见，面向对象编程的基本思路是先抽象出类，根据类创建对象，最后对象调用相关方法解决问题。类相当于一个模板（图纸），根据这个模板（图纸），可以生成多个具体的对象。面向对象编程的抽象程度比函数高，一个类或对象既包含数据，又包含操作数据的功能（方法）。

9.1.3　面向对象的优势

在面向对象编程中，类、对象是程序的基本元素；与前面定义的 **Student** 类相似，它们将数据与操作封装在一起、形成一个整体，并保护数据不被外界随意修改。面向对象编程得到广泛应用，主要因为其具有如下优势：

（1）可以保持对外接口（类的方法）不变的情况下，对内部进行修改，避免对程序整体产生干扰；

（2）通过继承等机制，大幅度减少代码的冗余，并且可以便捷地拓展现有功能，提高编程效率，降低代码维护成本；

（3）可重用现有的、已被测试过的类，使程序员快速满足业务需求并提升代码质量；

（4）根据设计的需要，对现实世界的事物进行抽象，进而生成"类"，该思路接近于日常生活中的问题思考方式，提高设计、开发程序的效率。

小贴士：

　　通常情况下，从编程效率、代码可维护性、团队协作等角度考虑，建议复杂的项目采用面向对象的编程方式。

📟 任务实施

本任务的实施思路与过程如下：

前面的"知识储备"模块中给出了一个典型的 **OOP** 实例（面向对象编程实例），现在我们对其稍加改编：在 **PyCharm** 中创建一个 **Python** 文件"student.py"，输入如下代码，体验面向对象编程并查看运行结果。

```
class Student:
 def __init__(self, name, score):
        self.name = name
        self.score = score
 def print_score(self):
```

【文档：实训指导书 9.1】

【源代码：student.py】

笔记

```
        print('%s: %s' % (self.name, self.score))
tom = Student('Tom', 92)
jerry = Student('Jerry', 80)
tom.print_score()
jerry.print_score()
```

尝试为上述代码添加详细的注释，从而检验自己是否已经初步了解面向对象编程的思路。

任务 9.2 类的创建与使用

微课：任务 9.2 类的创建与使用

任务分析

初步了解面向对象编程的概念与基本思路后，接下来我们将尝试创建类，并由此生成对象，然后调用相关方法解决问题，具体任务内容及相关知识点如表 9-3 所示。

表 9-3　具体任务内容及相关知识点

序号	具体任务内容	相关知识点
1	定义一个 People 类	类的定义
2	People 类拥有姓名 name、性别 gender、电话号码 phone 等基本信息	属性、__init__() 方法
3	People 类拥有打印个人基本信息方法 print_infor	类中的方法
4	People 类拥有更新电话号码的方法 update_phone()	类中的方法
5	生成 People 类的对象 tom、jerry，调用类中的相关方法	生成类的对象

完成上述工作后，程序最终运行效果如图 9-1 所示。

> 由**People**类生成一个对象，其信息如下：
> 姓名：**Tom**，性别：**male**，电话：**1357788**
>
> 更新该对象电话号码后，其信息如下：
> 姓名：**Tom**，性别：**male**，电话：**1337890**

图 9-1　由类创建对象

知识储备

如前所述，类是具有相同特征和行为的事物的统称，可以看作一组事物的抽象、模板；比如我们可以定义一个 People 类，类中规定每个人的姓名、性别等基本属性特征（数据），以及说话、吃饭、睡觉等行为功能（方法）；而对象则是根据类模板创建出来的一个个具体的"人"（比如张三、李四、王五等人），每个对象都拥有相同的方法，但各自的数据可能

不同。总之，类是一组对象的抽象，对象是类的实例。

9.2.1　类的定义

与其他面向对象的程序设计语言相同，Python 使用 class 语句来定义一个类，其语法格式如下：

```
class 类名：
        类主体
```

下面尝试编写一个表示汽车的类 Car，它表示的不是某辆特定的汽车，而是汽车这一种类。对于汽车，我们希望了解品牌、行驶里程、外观颜色、座位数等信息，此外汽车具备行驶、载客等行为功能。由于大多数汽车都具备上述 4 项信息（品牌、公里数、外观颜色、座位数）和 2 种行为（行驶、载客），因此我们可以编写一个封装上述属性与行为的 Car 类。

【源代码：9_1_car.py】

```
class Car:      # 定义一个类
    def __init__(self,brand,color,mileage,seats):    # 生成对象时调用该方法，完成对象属性值的初始化
        self.brand=brand              # 汽车品牌
        self.color=color              # 汽车颜色
        self.mileage=mileage          # 行驶里程
        self.seats=seats              # 座位数

    def run(self):                    # 汽车拥有的方法，汽车的"行驶"功能
        print('该车辆可以上路行使。')
        print(f'当前行驶里程为：{self.mileage}公里。')    # 打印车辆行驶里程

    def overload(self,num_passengers):  # 汽车拥有的方法，汽车的"载客"功能
        print(f'该车辆核载人数为：{self.seats}人。')        # 打印车辆荷载人数
        if num_passengers > self.seats:
            result='您已超载，请遵守道路交通安全法规！'
        else:
            result='未超载。'
        print(f'当前载客数量为：{num_passengers}人，',result)
```

类 Car 中有 3 个 def 定义的函数 __init__()、run()、overload()，称为方法。上述 3 个方法与普通函数并没有太大区别，但类中的方法第一个参数均为 self（参数 self 代指调用该方法的对象本身）。

> **小贴士：**
>
> 　　按照 Python 惯例，用 self 命名表示且作为类中普通方法的第一个参数。当然也可以使用其他名称代替 self（self 不是关键字），但这样会降低程序的可读性，因此强烈建议采用约定俗成的 self。

  __init__(self,brand,color,mileage,seats) 方法是一个较为特殊的方法（称为对象初始化方法或构造方法），其开头、末尾各有两个下画线" __ "，这是一种固定格式。每当使用 Car 类模板创建对象（即生成某个具体的"车辆"）时，Python 都会自动调用 __init__() 方法，用于初始化该对象，即通过 brand、color、mileage、seats 参数确定这个对象（某个具体"车辆"）的品牌、颜色、行驶里程和座位数信息。

  run(self) 方法用于输出某辆车的相关信息，如前所述第一个参数为 self，self.mileage 用于获取这辆车的行驶里程。

  overload(self,num_passengers) 方法用于判断某车辆是否超载；其中第一个参数为 self，第二个参数 num_passengers 表示该车辆当前的载客数量；该方法中，self.seats 用于获得该车辆的座位数。

9.2.2　生成对象

  可以使用 Car 类来创建某个汽车对象（即生成某辆特定的汽车），然后调用相关方法，代码示例如下：

```
my_car=Car('Hongqi','black',1500,5)# 生成 Car 类的对象 my_car, 调用 __init__ 方法完成
对象的初始化
my_car.run()                        # 调用 run() 方法
my_car.overload(6)                  # 调用 overload() 方法
```

  上述代码首先生成一个 Car 对象 my_car（创建一辆具体的汽车），生成汽车对象后将自动调用 __init__(self,brand,color,mileage,seats) 方法，完成该车辆品牌、颜色、里程、座位数等属性的初始化。my_car.run() 表示 my_car 对象调用自身的 run() 方法，打印该对象的行驶信息。my_car.overload(6) 表示 my_car 对象调用自身的 overload() 方法，打印其载客数量信息。

  上述代码的运行结果如下：

```
该车辆可以上路行使。
当前行驶里程为：1500 公里。
该车辆核载人数为：5 人。
当前载客数量为：6 人，  您已超载，请遵守道路交通安全法规！
```

小贴士：

  对象调用方法时，不需要提供 self 参数，程序会自动把该对象传递给 self 参数。

9.2.3　为属性指定默认值

【源代码：9_2_car.py】

  新出厂的车辆行驶里程为 0，因此在汽车类中，可以为"里程"属性设置默认值 0。修改 Car 类中的 __init__() 方法，将 mileage 属性值设置为 0：

```
# 部分代码省略
def __init__(self,brand,color,seats):
```

```
    self.brand=brand
    self.color=color
    self.seats=seats
    self.mileage=0    # 设置里程的默认值为 0
```

下面生成一个新的车辆 **my_new_car**，该车辆的行驶里程为 0，然后调用 run() 方法，输出当前的里程数：

```
my_new_car=Car('BYD','Red',5)
my_new_car.run()
```

上述代码运行结果如下：

```
该车辆可以上路行使。
当前行驶里程为：0 公里。
```

9.2.4　修改属性的值

一辆汽车在行驶过程中里程数不断增加，需要修改属性 mileage 的值；最简单的方式是该汽车对象直接访问 mileage 属性，并修改其值，相关代码如下：

```
my_new_car=Car('BYD','Red',5)
my_new_car.run()
my_new_car.mileage=500    # 直接修改 my_new_car 的 mileage 属性值
my_new_car.run()
```

代码 **my_new_car.mileage=500** 中，Python 通过对象 **my_new_car** 查找到其属性 mileage，然后将其值修改为 500，运行上述代码，输出结果如下：

```
该车辆可以上路行使。
当前行驶里程为：0 公里。
该车辆可以上路行使。
当前行驶里程为：500 公里。
```

9.2.5　私有保护

通过对象直接修改其属性的方式比较简单，但是会导致对象的属性过度暴露给用户，用户可以随意修改属性值，破坏对象的封装性。在 Python 中，用户可以将类的某些属性、方法私有化（保护起来），防止外界随意修改。例如，可以在 mileage 属性的前面加两个下画线 "__"，防止该属性被外部直接访问：

```
def __init__(self,brand,color,seats):
    self.brand=brand
    self.color=color
    self.seats=seats
    self.__mileage = 0    # 将 mileage 设置为私有属性
```

既然 mileage 属性被私有化（类的外部无法直接访问该属性），为了使用该属性，可以考虑提供方法用于访问、修改其值。因此，这里需要增加两个方法 get_mileage()、set_mileage()，其中 get_mileage() 方法用于获取车辆的行驶里程，set_mileage() 方法用于修改车辆的行驶里程。相关代码如下：

```
def get_mileage(self):                        # 定义一个方法，返回车辆的里程数
    return self.__mileage
def set_mileage(self,new_mileage):            # 定义一个方法，设置车辆的里程数
    self.__mileage=new_mileage
```

【源代码：9_3_car.py】

修改后的完整代码如下：

```
class Car:
    def __init__(self,brand,color,seats):
        self.brand=brand
        self.color=color
        self.seats=seats
        self.__mileage = 0                 # 将 mileage 设置为私有属性
    def get_mileage(self):                 # 定义一个方法，返回车辆的里程数
        return self.__mileage
    def set_mileage(self,new_mileage):     # 定义一个方法，设置车辆的里程数
        self.__mileage=new_mileage
    def run(self):
        print('该车辆可以上路行使。')
        print(f'当前行驶里程为：{self.get_mileage()}公里。')
    def overload(self,num_passengers):
        print(f'该车辆核载人数为：{self.seats}人。')
        if num_passengers > self.seats:
            result='您已超载，请遵守道路交通安全法规！'
        else:
            result='未超载。'
        print(f'当前载客数量为：{num_passengers}人，',result)

my_new_car=Car('BYD','Red',5)
my_new_car.set_mileage(1000)               # 调用 set_mieage() 方法，设置里程数
print(f'该车辆当前行驶里程为：{my_new_car.get_mileage()}')     # 调用 get_mieage()
方法，获取里程数
```

运行上述代码，输出结果如下：

```
该车辆当前行驶里程为：1000
```

小贴士：

　　将类中的属性（方法）私有化，体现了类（对象）的封装性。封装是面向对象的重要特性之一，其基本思想是对外隐藏类内部的细节，提供用于访问类内容的公开接口。该机制下，类的外部无须了解类的实现细节，只需要使用公开接口便可访问类的部分内容，这在一定程度上保证了数据的安全。

初学者可能觉得上述处理方式不够简便，需要添加两个额外的方法，但是这种方式能够保证 Car 类的封装性。此外，我们还可以在 set_mieage() 方法中添加更多的业务逻辑，例如为了应对二手车市场的 "调表" 现象（随意减少公里数），可以将 set_mieage() 方法修改如下：

```
def set_mileage(self,new_mileage):
    if new_mileage>self.__mileage:
        self.__mileage=new_mileage
    else:
        print('里程数禁止回调！')
```

任务实施

【文档：实训指导书 9.2】

【源代码：people.py】

本任务的实施思路与过程如下：

（1）定义一个 People 类，在 __init__() 方法中添加 name、gender、phone 等属性；为 People 类设置 print_infor() 方法，用于打印对象的姓名、性别、电话等信息；为 People 类设置 update_phone() 方法，用于更新对象的电话号码。

```
class People:
    """定义一个 People 类"""

    def __init__(self, name, gender, phone):
        self.name = name
        self.gender = gender
        self.phone = phone

    def print_infor(self):  # 打印输出对象的相关信息
        print(f"姓名：{self.name}，性别：{self.gender}，电话：{self.phone}")

    def update_phone(self, new_phone):  # 更新对象的电话号码
        self.phone = new_phone
```

（2）生成类的对象，并调用相关方法。

```
# 生成一个类对象 tom
tom = People("Tom", "male", "1357788")
print("由 People 类生成一个对象，其信息如下：")
# 调用 print_infor 方法，打印 tom 的相关信息
tom.print_infor()
# 调用 update_phone 方法，更新 tom 的电话号码
tom.update_phone("1337890")
print("\n更新该对象电话号码后，其信息如下：")
tom.print_infor()
```

运行上述程序，结果如下：

```
由 People 类生成一个对象，其信息如下：
```

姓名：Tom，性别：male，电话：1357788

更新该对象电话号码后，其信息如下：
姓名：Tom，性别：male，电话：1337890

任务 9.3 使用继承机制

微课：任务 9.3 使用
继承机制

任务分析

一个项目中可能需要大量的类，但并不是所有的类都要重新编写，如果要编写的类与另一个已有类存在许多相似之处，且可视为已有类的特殊版本，则可以使用继承机制，从而提升代码复用率。本任务将在 People 类的基础上，构造两个特殊的类，即 Student 学生类和 Teacher 教师类，具体任务内容及相关知识点如表 9-4 所示。

表 9-4 具体任务内容及相关知识点

序号	具体任务内容	相关知识点
1	定义 Student 类和 Teacher 类，二者均继承自有的 People 类	继承
2	Student 类拥有"所修专业 major"，Teacher 类拥有"办公室 office"等独特信息	子类可以拥有独特的属性
3	Student 类拥有"调换专业 update_major()"方法，Teacher 类拥有"调换办公室 update_office()"方法	类中的方法
4	Student 类、Teacher 类重写"打印信息 print_infor()"方法，从而打印输出自己的完整信息	子类重写父类的方法
5	生成学生对象、教师对象，调用相关方法	生成对象、调用方法

完成上述任务内容后，程序最终运行效果如图 9-2 所示。

生成一个学生对象，信息如下：
学生姓名：Tom，性别：男，电话：1356677，所修专业：云计算机技术
生成一个教师对象，信息如下：
教师姓名：Jerry，性别：男，电话：1891234，办公室：实验楼A203

更新手机号、所修专业后，学生信息：
学生姓名：Tom，性别：男，电话：1330011，所修专业：大数据技术

图 9-2 生成学生对象、教师对象

 **知识储备**

9.3.1　子类的定义

继承是面向对象编程的一个重要概念，当一个类继承另外一个类时，将自动获取另一个类的公有属性和方法。原有的类称为父类，而新的类称为子类。子类除了拥有父类的所有功能外，也可以拥有自身独特的属性与方法，还可以把父类中不合适的方法覆盖重写，从而实现更强大的功能。

例如，随着国家节能减排政策的推广以及各种补贴优惠活动的推出，越来越多的消费者选择购买电动汽车。电动汽车是一种特殊的汽车，因此我们可以在任务 9.2 中定义的 Car 类的基础上创建 ElectricCar 类，从而减少代码的重复。

【源代码：9_4_ElectricCar.py】

```
# 部分代码省略
class Car():                      # 定义父类 Car
    '''
    此处省略 Car 类内部的代码，具体见任务 9-2
    '''
class ElectricCar(Car):           # 定义子类 ElectricCar，继承自 Car
    def __init__(self,brand,color,seats):
        super().__init__(brand,color,seats)     # 调用父类的 init 方法
```

要实现继承，只需在子类名称后面添加一对圆括号，并将父类的名称放到括号内。上述代码中，class ElectricCar(Car) 表示定义一个新的 ElectricCar 子类，它继承自 Car 类。

代码中的 super() 方法较为特殊，在这里其作用是调用父类的方法；super().__init__(brand,color,seats) 表示调用父类 Car 的 __init__() 方法，完成对汽车的品牌、颜色、座位数等属性的初始化。

接下来，为了测试 ElectricCar 子类，我们生成一辆特定的电动汽车 my_byd，其品牌为 BYD，颜色为黑色，座位数为 5 个；然后 my_byd 调用自父类 Car 继承得到的 discribe_car() 方法，输出该电动汽车的相关信息。相关代码如下：

```
my_byd=ElectricCar('BYD','Black',5)     # 创建子类对象 my_byd
my_byd.discribe_car()        # my_byd 调用从父类 Car 中继承的 discribe_car() 方法
```

输出结果如下：

```
————车辆基本信息如下————
品牌：BYD，颜色：Black，座位数：5，当前行驶里程：0
```

9.3.2　子类可以拥有独特的方法与属性

通过继承机制，ElectricCar 类拥有与其父类 Car 同样的属性与方法，实际上 ElectricCar 还可以拥有自身独特的属性与方法，从而具备更加强大的功能。例如，电动汽车都有一组电池 battery 以及续航里程 endurance，我们可以将这些信息作为 ElectricCar 类的属性，此外，

【源 代 码: 9_5_ElectricCar.py】

还可以为 ElectricCar 类添加描述电池容量与续航里程的方法，部分代码如下：

```
# 部分代码省略
class ElectricCar(Car):              # 定义 ElectricCar 子类，继承自 Car
    def __init__(self,brand,color,seats,battery_capacity,endurance):   # 子类
拥有更多的属性
        super().__init__(brand,color,seats)           # 调用父类的 __init__() 方法
        self.battery_capacity=battery_capacity    # 为电动汽车的电池容量属性赋值
        self.endurance=endurance                  # 为电动汽车的续航里程属性赋值

    def discribe_battery(self):
        print(f' 该电动汽车电池容量 {self.battery_capacity} 千瓦时，续航里程 {self.endurance} 公里。')

my_byd=ElectricCar('BYD','Black',5,60,400) # 创建子类 ElectricCar 的对象 my_byd
my_byd.discribe_car()       # my_byd 调用从父类 ElectricCar 继承的 discribe_car() 方法
my_byd.discribe_battery()                 # my_byd 调用自己的 discribe_battery() 方法
```

上述代码中，ElectricCar 类拥有父类所不具备的 battery_capacity 和 endurance 两个属性，以及 discribe_battery() 方法。代码运行结果如下：

```
————本车基本信息如下————
品牌: BYD, 颜色: Black, 座位数: 5, 当前行驶里程: 0
该电动汽车电池容量 60 千瓦时，续航里程 400 公里。
```

9.3.3　子类重写父类的方法

通过继承机制，ElectricCar 子类拥有继承自父类的 discribe_car() 方法，还有自身独特的 discribe_battery() 方法用于描述电池容量和续航里程信息，能否将这两个功能整合到一个方法中？我们可以为 ElectricCar 子类重新编写一个的 discribe_car() 方法，用于描述车辆基本信息、电池容量及续航里程相关信息，具体代码如下：

【源 代 码: 9_6_ElectricCar.py】

```
# 部分代码省略
class ElectricCar(Car):
    def __init__(self,brand,color,seats,battery_capacity,endurance):
        super().__init__(brand,color,seats)
        self.battery_capacity=battery_capacity
        self.endurance=endurance

    def discribe_car(self):
        print('————车辆基本信息如下————')
        print(f' 品牌: {self.brand}, 颜色: {self.color}, 座位数: {self.seats}, 当前
行驶里程: {self.get_mileage()}')
        print(f' 该电动汽车电池容量 {self.battery_capacity} 千瓦时，续航里程 {self.endurance} 公里。')
```

```
my_car=Car('Hongqi','Red',5)              # 生成 Car 的对象 my_car
my_car.discribe_car()                     # my_car 调用 Car 类中的 discribe_car() 方法
my_byd=ElectricCar('BYD','Black',5,60,400)    # 生成 ElectricCar 的对象 my_byd
my_byd.discribe_car()              # my_byd 调用 ElectricCar 类中的 discribe_car() 方法
```

上述代码中，ElectricCar 子类重新编写了 discribe_car() 方法，通过该方法可以输出车辆的基本信息、电池及续航数据。生成父类 Car 的对象 my_car 后，my_car.discribe_car() 将调用 Car 类的 discribe_car() 方法，从而输出车辆的基本信息；而生成子类 ElectricCar 的对象 my_byd 后，my_byd.discribe_car() 则是调用子类 ElectricCar 的 discribe_car() 方法，从而输出车辆基本信息及电池、续航数据。由此可知，当子类重写父类的同名方法后，子类对象将调用自身的方法、舍弃父类的同名方法。上述代码的输出结果如下：

```
————————车辆基本信息如下————————
品牌：Hongqi，颜色：Red，座位数：5，当前行驶里程：0
————————车辆基本信息如下————————
品牌：BYD，颜色：Black，座位数：5，当前行驶里程：0
该电动汽车电池容量 60 千瓦时，续航里程 400 公里
```

任务实施

本任务的实施思路与过程如下。

（1）学生是一类特殊的群体，除具有普通人的特征与行为外，还有专业等独特属性和调换专业等独特方法，因此我们可以在 People 类的基础上，通过继承机制创建 Student 类。

【文档：实训指导书 9.3】

【源代码：inherit.py】

```
class People:
    def __init__(self, name, gender, phone):
        self.name=name
        self.gender=gender
        self.phone=phone
    def print_infor(self):
        print(f"姓名：{self.name}，性别：{self.gender}，电话：{self.phone}")
    def update_phone(self,new_phone):
        self.phone=new_phone


class Student(People):     # Student 类继承自 People 类
    def __init__(self, name, gender, phone, major):
        super().__init__(name, gender, phone)  # 调用父类 People 的 init 函数
        self.major=major     # 学生类拥有特殊属性——major 所修专业
    def print_infor(self):
        """ 重写（覆盖）继承自父类的 print_infor 方法，打印学生信息 """
        print(f"学生姓名：{self.name}，性别：{self.gender}，电话：{self.phone}，
所修专业：{self.major}")
    def update_major(self, new_major):
        """ 调换（更新）所修专业 """
```

```
            self.major=new_major
```

上述代码中的 Student 类继承自 People 类，为 People 类的子类，因此拥有 People 父类的属性与方法。但与 People 父类不同，Student 类拥有自身独特的属性 major、独特的方法 update_major()。除此之外，Student 类还需要重写（覆盖）继承自 People 父类的 print_infor() 方法，从而打印输出更多的属性信息。

（2）同理，下面的代码将在 People 类的基础上，通过继承机制创建 Teacher 类。

```
class Teacher(People):                    # Teacher 类继承自 People 类
    def __init__(self, name, gender, phone, office):
        super().__init__(name, gender, phone)
        self.office=office          # Teacher 类拥有独特的属性——office 办公室
    def print_infor(self):
        """ 重写（覆盖）继承自父类的 print_infor 方法，打印学生信息 """
        print(f" 教师姓名: {self.name}, 性别: {self.gender}, 电话: {self.phone},
办公室: {self.office}")
    def update_office(self,new_office):
        """ 调换（更新）教师办公室 """
        self.office=new_office
```

上述代码中的 Teacher 类继承自 People 类，为 People 类的子类，因此拥有 People 父类的属性与方法。但与 People 父类不同，Teacher 类拥有自身独特的属性 office、独特的方法 update_office()。除此之外，Teacher 类还可以重写（覆盖）继承自 People 父类的 print_infor() 方法，从而打印输出更多的属性信息。

（3）生成 Student 类、People 类的对象，并调用相关方法。

```
tom = Student("Tom", " 男 ", "1356677", " 云计算机技术 ")    # 生成 Student 对象
print(" 生成一个学生对象，信息如下: ")
tom.print_infor()                        # 调用自身的 print_infor 方法，打印学生信息
jerry = Teacher("Jerry", " 男 ", "1891234", " 实验楼 A203")  # 生成 Teacher 对象
print(" 生成一个教师对象，信息如下: ")
jerry.print_infor()                      # 调用自身的 print_infor 方法，打印教师信息
tom.update_phone("1330011")              # 调用继承自父类的 update_phone 方法，更新电话号码
tom.update_major(" 大数据技术 ")          # 调用自身的 update_major 方法，调换专业
print("\n 更新手机号、所修专业后，学生信息: ")
tom.print_infor()                        # 再次调用自身的 print_infor 方法，查看是否更新成功
```

运行上述程序，结果如下：

```
生成一个学生对象，信息如下:
学生姓名: Tom, 性别: 男 , 电话: 1356677, 所修专业: 云计算机技术
生成一个教师对象，信息如下:
教师姓名: Jerry, 性别: 男 , 电话: 1891234, 办公室: 实验楼 A203

更新手机号、所修专业后，学生信息:
```

学生姓名：Tom，性别：男，电话：1330011，所修专业：大数据技术

笔记

任务 9.4　实现校园通讯录

任务分析

了解面向对象的基础知识后，接下来我们将尝试完成简易的校园通讯录。通讯录中存储有学生和教师的基本信息，学生的基本信息包括姓名、性别、电话、所修专业，教师的基本信息包括姓名、性别、电话、所在办公室。通讯录能够实现查找联系人、增加联系人、显示联系人信息等功能，具体任务内容及相关知识点如表 9-5 所示。

微课：任务 9.4 实现校园通讯录

表 9-5　具体任务内容及相关知识点

序号	具体任务内容	相关知识点
1	所有联系人信息存放在文件中，读文件，生成联系人列表	pickle 模块的 load() 函数
2	校园通讯录功能菜单:【1】添加学生联系人、【2】添加教师联系人、【3】显示所有联系人、【4】查询联系人、【5】退出程序	print 函数、while 循环
3	用户选择功能【1】、【2】时，添加联系人（学生、教师）到联系人列表中	list 相关操作
4	用户选择功能【3】时，显示联系人列表中现有的所有联系人	for 循环、list 相关操作
5	用户选择功能【4】时，根据姓名查询联系人列表中某联系人的详细信息	for 循环、list 相关操作
6	用户选择功能【5】时，将联系人列表写入文件后，退出程序	pickle 模块的 dump() 函数

完成上述任务后，程序最终运行效果如图 9-3 所示。

```
************************************************
欢迎使用【通讯录管理系统】v1.0
1.添加学生
2.添加教师
3.显示所有联系人
4.查询联系人
0.退出系统
************************************************
请选择所需的功能: 3
----------------------------------------------
学生姓名: 王晓梅，性别: 女，电话: 1354321，所修专业: 大数据技术
学生姓名: 李海伦，性别: 女，电话: 1332211，所修专业: 人工智能技术
教师姓名: 宋光明，性别: 男，电话: 1895678，办公室: 实验楼A203
----------------------------------------------
```

图 9-3　校园通讯录效果图

知识储备

9.4.1 找出通讯录系统中的类

如前文所述，面向对象编程解决问题的核心是从应用场景中分析出需要哪些"类"，以及确定类中的属性和方法。对于校园通讯录系统，需要管理教师、学生的信息，因此需要定义学生 Student 类和教师 Teacher 类，学生类需要具有姓名、性别、电话、所修专业等属性；教师类需要具有姓名、性别、电话、所在办公室等属性。

进一步分析可以发现：教师类、学生类具有一些相同属性，比如都有姓名、性别、电话等属性。为了提升代码的复用性，可以预先定义一个"People 类"，People 类具有姓名、性别、电话等共有的基本属性，学生类和教师类继承自该类，并具有一些自身的独特属性（所修专业、所在办公室等）。

为了提升通讯录系统的模块性和逻辑性，依据面向对象的分析设计理念，将添加新联系人、显示所有的联系人、查询联系人等系统功能封装到一个名为 Manage 的类中，作为该类的方法。此外，为实现通讯录的相关管理功能，还需要为该类添加"联系人列表"属性，用于存储所有联系人对象。

9.4.2 通讯录系统的总体设计

对于复杂项目而言，通常不会将所有的代码写到一个 py 文件中，否则会为后续的项目维护、升级带来极大困难。我们已经接触过模块的概念，可以考虑将不同功能的代码放入不同模块中。

为此，我们在 Pycharm 工程中创建一个文件夹（命名为"通讯录管理系统"），在该文件夹中创建 3 个 Python 文件（模块）：main.py、manage.py、people.py，结构如图 9-4 所示。

```
✓ 📁 通讯录管理系统
    📄 main.py
    📄 manage.py
    📄 people.py
```

图 9-4　项目的框架结构

其中，main.py 文件为项目的入口，用来展示项目的欢迎界面与功能菜单，完成用户交互，调用函数（方法）、实现用户所选择的功能。

people.py 文件包含前面提到的三个类：People、Student、Teacher，其中 People 类为 Student 类、Teacher 类的父类。

manage.py 文件主要包括 Mange 类，实现通讯录的相关管理功能（包括添加新联系人、显示所有的联系人、查询联系人、退出系统等）。

9.4.3 通讯录系统的详细设计

1. main.py

main.py 文件用于显示系统功能菜单，供用户选择。根据通讯录系统的需求，现设计如下样式的系统功能菜单：

欢迎使用【通讯录管理系统】v1.0

```
1.添加学生联系人
2.添加教师联系人
3.显示所有联系人
4.查询联系人
0.退出系统
```

2. people.py 文件

在 people.py 文件中，People 类包含 3 个属性、2 个方法，相关说明如表 9-6 所示。

表 9-6　People 类的属性与方法

类成员	名称	功能（说明）
属性 1	name	联系人的姓名
属性 2	gender	联系人的性别
属性 3	phone	联系人的电话号码
方法 1	__init__	初始化方法，为 name、gender、phone 三个属性赋值
方法 2	print_infor	打印 name、gender、phone 属性信息

Student 类是 People 的子类，包含 1 个属性、2 个方法，相关说明如表 9-7 所示。

表 9-7　Student 类中的属性与方法

类成员	名称	功能（说明）
属性	major	学生所修专业
方法 1	__init__	初始化方法：（1）调用父类 People 的 __init__() 方法为 name、gender、phone 三个属性赋值；（2）为 Student 类自身的属性 major 赋值
方法 2	print_infor	重写（覆盖）print_infor() 方法，打印学生的 name、gender、phone、major 属性信息

Teacher 类也是 People 的子类，包含 1 个属性、2 个方法，相关说明如表 9-8 所示。

表 9-8　Teacher 类中的属性与方法

类成员	名称	功能（说明）
属性	office	教师的办公室
方法 1	__init__	初始化方法：（1）调用父类 People 的 __init__() 方法为 name、gender、phone 三个属性赋值；（2）为 Teacher 类自身的属性 office 赋值
方法 2	print_infor	重写（覆盖）print_infor() 方法，打印教师的 name、gender、phone、office 属性信息

3. manage.py

manage.py 文件中，Manage 类包含 2 个属性、6 个方法，相关说明如表 9-9 所示。

表 9-9　Manage 类的属性与方法

类成员	名称	功能（说明）
属性 1	people_list	联系人列表，用于存储所有联系人对象（Student、Teacher 对象）
属性 2	path	存储联系人数据的文件路径，如 "D:\card.txt"
方法 1	__init__	初始化方法，为 people_list、path 两个属性赋值；借助 pickle 模块，读取 path 文件中的联系人对象，赋值给 people_list 列表
方法 2	create_student	通过键盘输入学生姓名、专业、姓名、电话号码等信息，创建 Student 对象，并添加到 people_list 列表中
方法 3	create_teacher	通过键盘输入教师姓名、办公室、姓名、电话号码等信息，创建 Teacher 对象，并添加到 people_list 列表中
方法 4	show_all	输出 people_list 列表中所有联系人详情；通过循环方式，逐个输出联系人信息
方法 5	find	根据姓名，在 people_list 列表中查找是否存在该联系人；如果存在，则输出该联系人信息
方法 6	exit_pro	保存联系人信息（使用 pickle 模块将 people_list 列表中的联系人对象写入 path 文件中），然后退出系统

【文档：实训指导书 9.4】

 任务实施

根据前面介绍的通讯录系统设计，本任务的实施思路与方法如下。

（1）编写 main.py 主程序。

在 main.py 文件中定义一个 show_menu() 函数，该函数用于打印功能菜单信息，代码如下：

```
def show_menu():
    print("*" * 50)
    print(" 欢迎使用【通讯录管理系统】v1.0")
    print("1. 添加学生 ")
    print("2. 添加教师 ")
    print("3. 显示所有联系人 ")
    print("4. 查询联系人 ")
    print("0. 退出系统 ")
    print("*" * 50)
```

接下来设置一个 while 循环，在循环体内调用 show_menu() 函数；用户选择所需的服务项目后，程序将执行相应的功能，直到用户主动选择"0. 退出系统"，程序则跳出循环，实现代码如下：

```
while True:
    show_menu()                    # 调用函数 show_menu，显示功能菜单项
    choice=input(" 请选择所需的功能： ")
    if choice=="1":                # 添加学生联系人
        pass
    elif choice=="2":              # 添加教师联系人
```

```
        pass
    elif choice=="3":          # 显示所有联系人
        pass
    elif choice=="4":          # 查询某个联系人详情
        pass
    elif choice=="0":          # 退出系统
        break
    else:
        print("您的输入有误，请重新输入！")
```

小贴士：

　　Python 中关键字 pass 是空语句，一般用作占位语句，其目的是保持程序结构的完整性。上述代码中使用了 pass 占位，后续我们将用具体代码替换 pass，实现用户选择的功能。

　　（2）实现 people.py 中的三个类。

　　参照任务 9.3，定义 People、Student、Teacher 三个类，具体代码如下：

【源代码：people.py】

```
class People:
    def __init__(self, name, gender, phone):
        self.name=name
        self.gender=gender
        self.phone=phone
    def print_infor(self):
        print(f"姓名：{self.name}，性别：{self.gender}，电话：{self.phone}")


class Student(People):       # Student 类继承自 People 类
    def __init__(self, name, gender, phone, major):
        super().__init__(name, gender, phone)      # 调用父类 People 的 init 函数
        self.major=major                           # 学生类拥有特殊属性——major 所修专业
    def print_infor(self):
        """重写（覆盖）print_infor 方法，打印学生信息"""
        print(f"学生姓名：{self.name}，性别：{self.gender}，电话：{self.phone}，
所修专业：{self.major}")


class Teacher(People):       # Teacher 类继承自 People 类
    def __init__(self, name, gender, phone, office):
        super().__init__(name, gender, phone)      # 调用父类 People 的 init 函数
        self.office=office                         # Teacher 类拥有独特的属性——office 办公室
    def print_infor(self):
        """重写（覆盖）print_infor 方法，打印教师信息"""
        print(f"教师姓名：{self.name}，性别：{self.gender}，电话：{self.phone}，
办公室：{self.office}")
```

（3）完成 manage.py 中的系统功能。

manage.py 文件中的 Manage 类用于实现系统的主要功能，因 manage.py 文件代码较长，这里分片段进行介绍：

【源代码：manage. py】

```python
from people import People,Student,Teacher    # 导入 people.py 中的三个类
import pickle                                # 导入 pickle 模块

class Manage:
    def __init__(self,path):
        self.people_list = []                # 存储联系人的列表
        self.path=path                       # 存放数据的磁盘文件的路径
        # 读取数据文件中的联系人，添加到联系人列表中
        try:
            file=open(self.path,"rb")
            self.people_list=pickle.load(file)
        except:
            print(f"找不到数据存储文件【{self.path}】或文件损坏！")
        else:
            file.close()
```

上述代码中定义了一个 Manage 类，该类的 __init__() 方法中设置了联系人列表属性 people_list、数据文件路径属性 path；调用 pickle 模块的 load() 函数，读取 path 文件中已有的联系人数据，将其赋值给 people_list；读取失败则表示 people_list 为空。

```python
    def create_student(self):
        """根据用户输入的信息，创建一个学生对象"""
        name=input("请输入学生姓名：")
        gender=input("请输入性别：")
        phone=input("请输入电话号码：")
        major=input("请输入所修专业：")
        a_student=Student(name,gender,phone,major)
        # 将对象添加到列表 people_list 的尾部
        self.people_list.append(a_student)
        print(f"成功添加学生 <{name}>")
```

create_student() 方法用于生成一个 Student 类的对象，要求用户通过键盘输入学生姓名、性别、电话号码及所修专业后，创建对象 a_student；people_list.append(a_student) 则表示将 a_student 追加到联系人列表中。

```python
    def create_teacher(self):
        """根据用户输入的信息，创建一个教师对象"""
        name = input("请输入教师姓名：")
        gender = input("请输入性别：")
        phone = input("请输入电话号码：")
        office = input("请输入办公室：")
        a_teacher = Teacher(name, gender, phone, office)
```

```
        # 将对象添加到列表 people_list 的尾部
        self.people_list.append(a_teacher)
        print(f"成功添加教师 <{name}>")
```

create_teacher() 方法用于生成一个 Teacher 类对象，要求用户通过键盘输入教师姓名、性别、电话号码及办公室信息，创建对象 a_teacher；而 people_list.append(a_teacher) 则表示将 a_teacher 追加到联系人列表中。

```
def show_all(self):
    """ 显示所有联系人信息 """
    print("-"*50)
    # 通过循环打印出所有人的信息
    for people in self.people_list:
        people.print_infor()        # 调用 print_infor()，显示联系人信息
    # 如果联系人列表为空，输出相关信息
    if not self.people_list:
        print("目前没有联系人！")
    print("-" * 50)
```

show_all() 方法用于显示所有联系人的详情，借助 for 循环，逐个获取 people_list 列表中的联系人，调用 print_infor() 方法显示联系人的详情。

```
def find(self):
    """ 根据用户输入的姓名，查找联系人信息 """
    name=input("请输入姓名：")
    # 通过循环，查找姓名 name 的特定联系人
    for people in self.people_list:
        if people.name==name:
            people.print_infor()    # 调用 print_infor() 方法，显示联系人信息
            break
        else:
            print("抱歉，查无此人！")
```

find() 方法用于查找某个联系人，用户输入联系人的姓名，借助 for 循环遍历 people_list 列表，查看列表中是否存在与输入的名字一致的联系人；如果找到相应的联系人，则调用 print_infor() 方法显示该联系人的详情。

```
def exit_pro(self):
    """ 退成程序，并将 people_list 写入到磁盘文件中 """
    with open(self.path,"wb") as file:
        pickle.dump(self.people_list,file)
```

exit_pro() 方法调用 pickle 模块的 dump 函数，将 people_list 中的联系人对象写入 path 文件（下次运行程序时，可以从 path 文件中恢复联系人列表）。

（4）进一步完善 main.py。

我们在 manage.py 文件中编写了程序的主要框架，接下来用具体的代码替换 manage.py

中的 pass 语句，从而实现相应的功能，**main.py** 的完整代码如下：

```python
# main.py
import manage  # 导入 manage.py 模块
def show_menu():
    print("*" * 50)
    print(" 欢迎使用【通讯录管理系统】v1.0")
    print("1. 添加学生 ")
    print("2. 添加教师 ")
    print("3. 显示所有联系人 ")
    print("4. 查询联系人 ")
    print("0. 退出系统 ")
    print("*" * 50)
# 要求用户输入数据文件路径
path=input(" 请输入数据文件的路径（如 D:\card.txt ）:")
# 创建 Manage 类对象
manager=manage.Manage(path)
while True:
    show_menu()
    choice=input(" 请选择所需的功能: ")
    if choice=="1":
        manager.create_student()   # 调用 create_student 方法，创建学生对象
    elif choice=="2":
        manager.create_teacher()   # 调用 create_teacher 方法，创建教师对象
    elif choice=="3":
        manager.show_all()         # 调用 show_all 方法，显示所有联系人信息
    elif choice=="4":
        manager.find()             # 调用 find 方法，查找某个联系人信息
    elif choice=="0":
        manager.exit_pro()         # 调用 exit_pro 方法，保存联系人对象，退出系统
        break
    else:
        print(" 您的输入有误，请重新输入！ ")
```

运行 **main.py** 文件，部分效果如下：

```
请输入数据文件的路径（如 D:\card.txt ）:D:\card.txt
**************************************************
欢迎使用【通讯录管理系统】v1.0
1. 添加学生
2. 添加教师
3. 显示所有联系人
4. 查询联系人
0. 退出系统
**************************************************
请选择所需的功能: 3
```

```
-------------------------------------------------
学生姓名：王晓梅，性别：女，电话：1354321，所修专业：大数据技术
学生姓名：李海伦，性别：女，电话：1332211，所修专业：人工智能技术
教师姓名：宋光明，性别：男，电话：1895678，办公室：实验楼 A203
-------------------------------------------------
```

项目总结

　　面向对象编程是目前主流的编程方式之一，其本质是借助计算机程序模拟现实世界，通过一系列的类、对象及其交互完成系统功能。在程序开发中，根据项目的需要对现实世界的事物进行抽象，进而设计出类和对象，接近于日常生活和自然的思考方式，有利于提高开发效率和质量。在校园通讯录项目中，我们设计了 People 类，在此基础上派生出 Student 类和 Teacher 类；为了实现系统的主要功能，设计了 Manage 类；依据模块化思想，将不同代码、不同的类放置于不同的 Python 文件中。相对于函数，面向对象编程封装性更好，扩展性、维护性更佳。

　　本模块的学习重点如下：

　　（1）定义类，并为其添加属性与方法；

　　（2）生成类的对象，调用类中的方法；

　　（3）通过私有化，保护类中的属性与方法；

　　（4）由父类生成子类；

　　（5）子类添加独特的属性与方法；

　　（6）子类覆盖继承自父类的方法。

　　本模块的学习难点如下：

　　（1）类、对象的概念及面向对象编程的思路；

　　（2）私有属性与方法的意义与用法。

能力检验

　1. 填空题

　　（1）在面向对象编程中，类和_____是其中最为基本的概念。

　　（2）Python 中，使用____关键字定义一个类；类中主要包含_____和_____。

　　（3）在 Python 中，无论类的名称是什么，构造方法（对象的初始化方法）的名称都是_____。

　　（4）在 Python 中，若一个类 A 继承自另外一个类 B，那么类 A 称为类 B 的_____类。

　　（5）在 Python 类中，私有属性_____被外界直接访问（填写"可以"或"不可以"）。

　2. 选择题

　　（1）下列哪项不是面向对象编程的优势（　　　　）。

笔记

A．减少代码冗余　　　　　　　　B．提升设计、开发效率

C．封装性，减少外界干扰　　　　D．执行速度更快

（2）在 Python 中，下列关于类的说法错误的是（　　　）。

A．类可以看作一个模板　　　　　B．一个类只能产生一个对象

C．类使用 class 关键字来定义　　D．类中可以有若干属性和方法

（3）关于继承，下列说法错误的是（　　　）。

A．子类可以继承父类的方法　　　B．子类可以有自身的独特方法

C．子类与父类的方法必须一致　　D．子类可以重新定义继承自父类的方法

（4）由一个类 Student 生成一个对象 tom 时，下列说法错误的是（　　　）。

A．需要使用 new 关键字　　　　　B．自动调用类的 __init()__ 方法

C．可以为 tom 指定属性的具体值　D．tom 可以使用 Student 中的方法

（5）假设类 Student 继承了类 People，tom 是 Student 类的实例（对象），下列说法错误的是（　　　）。

A．tom 可以拥有 Student 类中方法

B．tom 不能使用 People 类中的方法

C．Student 类方法可以与 People 类的方法重名

D．tom 调用 Student 中的方法时，不需要加入 self 参数

3．编程题

（1）创建一个名为 Dog 的类，每只狗都有名字 name、年龄 age 及品种 brand 等描述性信息（数据），此外该类还包含"自我介绍"方法。创建 Dog 类的对象（实例）bingo，它的名字为"Bingo"、年龄为 3 岁，调用并验证相关方法。

（2）设计一个餐厅 Restaurant 类，餐厅具有名称 name、风味 flavor、老板 owner 等描述性信息（数据）；为了提升封装性，将 owner 属性设置为私有；提供 getOwner、setOwner 方法，用于访问、设置 owner 信息；餐厅还具有自我介绍 describe 功能，可以打印本餐厅的相关信息。创建餐厅的对象（实例），调用相关方法。

（3）在某系统中定义一个 User 用户类，类中需要记录用户的用户名 user_name 和密码 password 信息，以及 printInfor 打印自身信息的方法。管理员是一类特殊的用户，设置管理员类 Admin，该类继承自 User 类，管理员拥有独特的权限属性 privilege（假定以字符串形式记录该管理员的权限），管理员可以打印自身的权限 printPrivilege。此外，管理员还有 printInfor 打印自身信息的方法，而且可以打印输出更多的信息。生成 User 对象、Admin 对象，调用相关方法加以验证。

思辨与拓展

"乘众人之智，则无不任也；用众人之力；则无不胜也"，每个人的智慧与力量是有限的，

汇集众人的智慧与力量则可以战无不胜，我国倡导的"一带一路"、"上海合作组织"等，无不是强调组织、国家之间的平等互利、合作共赢。面向对象程序设计与之类似，本质上也是强调"对象之间相互协作"，在面向对象编程设计中，不同的对象是一个相对独立的"单元"，但它们之间有千丝万缕的联系（相互发送消息、传递数值），通过协作完成系统功能。你参加过哪些团队类活动？如何理解"协同合作、互利共赢"的理念？

为了进一步理解面向对象程序设计的理念，请尝试开发一个简易的学生选课系统，该系统包括学生信息管理、课程信息管理、学生选课、查看选课结果等功能，菜单如图 9-5 所示，选课系统开发具体要求如下：

（1）采用面向对象方式开发，自主设计相关类；

（2）能够添加、查看课程及学生信息；

（3）学生可以自由选修某门课程；

（4）选课完毕后，查看选课情况；

（5）各种数据需要长期保存到本地文件中。

```
欢迎使用【简易选课管理系统】v1.0
****************************
1.添加学生      2.查看学生信息
3.添加课程      4.查看课程信息
5.学生选课      6.查看选课情况
0.退出系统
****************************
请选择所需要的功能：
```

图 9-5   简易选课系统功能菜单

应用实战篇

模块 10

网络爬虫——光辉历程，获取热剧《觉醒年代》信息

微课：单元开篇

情景导入

近年来，表现党和国家艰苦卓绝奋斗历程的影视剧佳作不断涌现。2021 年主旋律电视剧《觉醒年代》热播，该剧讲述了《新青年》杂志编辑李大钊、陈独秀、胡适等一批受过现代教育的先进知识分子从相识、相知到相离，走上不同人生道路的传奇故事，生动再现了从新文化运动到中国共产党成立的光辉历程。自播出以来，该剧屡次登上热搜、相关主题进入多地高考试卷，在广大青年群体中引起广泛共鸣，成为党史教育的鲜活材料。

本模块将编写 Python 网络爬虫程序，从豆瓣网获取《觉醒年代》等 100 部高分电视剧的导演、编剧、演员、类型、评分等信息，最终将结果保存到 Excel 文件中，进而为后续的数据分析提供素材。

【PPT：模块 10 网络爬虫】

项目分解

通过网络爬虫获取 Web 数据，是数据采集的重要渠道。按照"爬取单网页→解析页面数据（提取信息）→爬取多网页→数据保存"的思路，将整个项目划分为 4 个任务，项目分解说明如表 10-1 所示。

表 10-1　项目分解说明

序号	任务	任务说明
1	爬取单个页面代码	爬取豆瓣网站电视剧《觉醒年代》主题页面 HTML 代码
2	解析网页数据	解析《觉醒年代》主题页面 HTML 代码，爬取导演、演员、评分等数据

续表

序号	任务	任务说明
3	爬取多部电视剧信息	一次性爬取并解析 100 部电视剧信息
4	保存爬取的信息	将爬取的 100 部电视剧信息保存到 Excel 表格中

📖 **学习目标**

（1）能够在 Pycharm 中安装 Requests、Beautiful、openpyxl 等第三方库；

（2）应用 Requests 库，获取指定网页的 HTML 代码；

（3）使用 BeautifulSoup 库的 find()、findAll() 函数获取 HTML 代码中特定的数据；

（4）能够模拟"翻页"功能，爬取多个网页的数据；

（5）利用 openepyxl 库，将爬取的数据保存为 Excel 文档，以便进行后续处理。

任务 10.1　爬取《觉醒年代》主题网页代码

 任务分析

为了通过网络爬虫获取 Web 数据，首先需要获取目标网页的相关内容（HTML 代码、json 字符串或二进制数据等）。本节任务将初步体验 Requests 库，使用该库中的方法获取豆瓣网站中电视剧《觉醒年代》主题页的 HTML 代码，具体任务内容及相关知识点如表 10-2 所示。

表 10-2　具体任务内容及相关知识点

序号	具体任务内容	相关知识点
1	安装 Requests、BeautifulSoup 库	pip install 命令
2	应用 Requests 库，获取豆瓣网《觉醒年代》主题网页的 HTML 代码	Requests 库的 get 函数、Response 对象
3	查看 Response 对象的状态码；打印《觉醒年代》网页代码	Response 对象

微课：任务 10.1 爬取《觉醒年代》主题网页代码

完成上述任务后，程序最终运行效果如图 10-1 所示。

```
获取网页成功！下面是该网页的内容：
<!DOCTYPE html>
<html lang="zh-CN" class="ua-windows ua-webkit">
<head>
    <meta http-equiv="Content-Type" content="text/html; charset=utf-8">
    <meta name="renderer" content="webkit">
    <meta name="referrer" content="always">
    <meta name="google-site-verification" content="ok0wCgT20tBBgo9_zat2iAcimtN4Ftf5ccsh092Xeyw" />
    <title>
```

图 10-1　获取《觉醒年代》主题页面代码

 **知识储备**

10.1.1　网络爬虫及其合法性

面对互联网中的庞杂数据，迅速、高效地抓取网络中的有用信息并进行分析成为主要需求。为了满足该需求，网络爬虫（又称为网络蜘蛛）作为一个自动下载网页的计算机程序或自动化脚本，迅速获得广泛认可。借助网络爬虫，人们可以按照既定的规则抓取特定网页中的文本、图片、视频等数据，进而开展各种分析，挖掘出有价值的信息。目前有多种语言都开发了可用作爬虫程序的程序包用于网络数据采集，例如 Python、Java、PHP 等。其中，Python 语言相对简洁，其脚本特性非常适合处理链接和网页，是目前网络爬虫最实用的工具之一。

学习爬虫技术之前，首先需要了解爬虫的合法性问题，从而规避法律和道德风险。当前，爬虫相关法律尚不完善；通常意义上讲，目前多数网站允许爬取的数据仅支持用于个人或科学研究，如用于其他用途则可能引起纠纷。根据我国现行的个人信息保护法、知识产权法等法律法规，个人隐私数据、明确禁止他人访问的数据、有署名的受版权保护的内容不能爬取或者用于商业用途。

为了保护数据安全，一些网站所有者使用 robots 协议（Robots Exclusion Protocol，又称为爬虫协议、机器人协议）。爬虫协议要求爬取该网站数据时需要遵守网站制定的协议（该协议规定了哪些内容可以爬取，而哪些内容禁止爬取）。编写网络爬虫也应当遵守该协议，从而避免被网站封禁 IP 地址，同时减少不必要的法律纠纷。

对于网站所有者来说，爬虫是不受欢迎的，主要原因是爬虫会消耗服务器的资源，降低其稳定性，增加网络运营成本；同时，如果网站中有价值的信息被对手轻易获取，可能造成自身竞争力的下降。因此，许多网站也通过一系列手段进行反爬，常见的反爬手段有，设置 User-Agent 校验、访问频度、验证码、账号权限，以及变换网页结构等。为了应对这些反爬虫机制，爬虫也需要有针对性地改善爬取策略。

10.1.2　爬取网页前的准备工作

除 Python 的语言特性外，Python 爬虫流行的另一个重要原因是市面上拥有丰富的第三方爬虫库，可以极大地提高爬取效率，降低学习成本。常见的第三方爬虫库包括基础型（urllib）、通用型（urllib3、requests）、HTML/XML 解析器（lxml、BeautifulSoup4）、框架（Scrapy）等多种类型，这些爬虫库的作用、使用方式、用户体验各不相同。本项目中，我们主要使用 Requests 库和 BeautifulSoup 库来爬取所需的信息。

为了顺利编写 Python 爬虫程序，我们需要完成如下准备工作。

1. 下载并安装 Chrome 浏览器

编写爬虫程序前，我们需要提前分析目标网页的结构、浏览其信息等。多数浏览器提供相关功能，其中 Chrome 浏览器容易定位网页源码、服务器地址、预览信息内容等，因此这里我们选择使用该浏览器。读者可自行到 "https://www.google.cn/chrome/" 官方网站下载并安装 Chrome 浏览器（具体安装过程省略）。

2. 安装第三方库

接下来，需要安装 Requests 库和 BeautifulSoup 库。我们可以在 Windows 的 "命令提示符" 窗口中输入 "pip install requests"、"pip install beautifulsoup4" 命令，完成两个库的安装，也可以直接在 PyCharm 中完成安装。在 PyCharm 窗口的菜单栏中依次选择 File → Settings 选项，打开 Settings 设置页面；在 Settings 页面左侧单击 Project Interpreter 选项，在页面下方单击加号按钮弹出 Available Packages 窗口；在 Available Packages 搜索框中输入需要安装的库名（requests 和 bs4），单击 install package 按钮即可在 Pycharm 中安装第三方库，如图 10-2 所示。

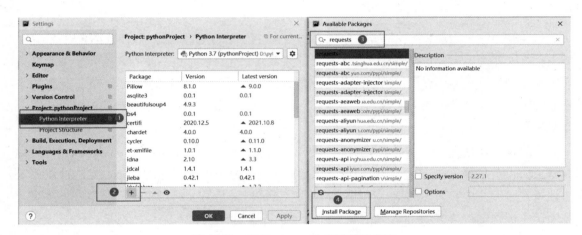

图 10-2 在 Pycharm 中安装第三方库

10.1.3 初步体验 Requests 库

Requests 库的主要作用是通过 HTTP 协议向网站申请获取网页数据。HTTP 请求过程为：HTTP 客户端向服务器发起一个请求，创建一个到服务器指定端口（默认是 80 端口）的 TCP 连接；HTTP 服务器从该端口监听客户端的请求，会向客户端返回一个状态以及响应的内容（如网页文件、错误消息或者其他消息等）。Requests 模块提供了 get() 函数用于请求目标网站，该函数返回 HTTP response 类型的对象。

在 PyCharm 中新建一个 Python 文件，编写简单的爬虫，模拟浏览器请求访问搜狗汉语网站：

【源代码：10_1_爬虫示例 1.py】

```python
import requests                          # 导入 Requests 库
url = 'https://hanyu.sogou.com'          # 输入要爬取的网站地址
response =requests.get(url)              # 向给定的 url 发出访问请求，返回 Response 对象
print(f'Response 状态返回码：{response.status_code}')   # 打印 response 返回状态码
print(response.text)                     # 打印 response 对象的文本（即网页的代码）
```

上述代码首先导入了 requests 库；接下来借助其 get() 函数，向给定的 url（本例中为 https://hanyu.sogou.com）发出访问请求，服务器端返回一个 Response 对象。response.

status_code 获得返回对象的状态码，如果状态码为 200，则表示请求成功；如果状态码为 400/403/404 等，则表示出现问题。print(response.text) 表示打印 response 对象的内容，即 Python 爬虫获取的搜狗汉语网页代码，如图 10-3 所示：

```
Response状态返回码：200
<!DOCTYPE html><html lang="zh-cn" data-env="production" data-
* https://tam.cdn-go.cn/aegis-sdk/v1.35.2/aegis.min.13.js
* Last Release Time Thu Nov 25 2021 22:10:42 GMT+0800 (GMT+0
**/
!function(e,t){"object"==typeof exports&&"undefined"!=typeof
(function(window) {
  if(!window.Aegis) return;
  window.aegis = new window.Aegis({
      id: 'uAkJVYKdgqmAnzaxOU',
      spa: true,
      beforeReport(log) {
          log = log || {};
          var level = log.level;
```

图 10-3　Python 爬虫获取的搜狗汉语网页代码

打开 Chrome 浏览器，输入搜狗汉语网站地址 "https://hanyu.sogou.com/"。在页面空白处单击右键，在弹出的菜单中选择"查看网页源代码"命令，也可以查看网页的源代码（如图 10-4 所示）。对比发现，通过 Python 爬虫程序获取的搜狗汉语网页代码与在 chrome 浏览器中查看的结果一致，说明我们成功爬取了搜狗汉语网站的首页。

图 10-4　Chrome 查看网页源代码

某些网站会采取反爬虫措施，一旦检测到请求的来源不是浏览器，就会阻止爬虫获取信息，导致爬虫返回的结果与在浏览器中查看到的 HTML 源代码不一致。这时需要在爬虫代码中加入请求头（headers），将爬虫程序伪装成浏览器再发出请求，以避免无法获取真正的网页信息。

在 Chrome 浏览器中，按下 F12 键（部分计算机需按下 Fn+F12 组合键）进入 Chrome 开发者工具（检查）视图；单击 Network，刷新网页后单击 Name 栏搜索定位搜狗汉语网址，右键单击 Headers，向下拖曳滑块并选择 Request Headers 选项，复制其中 User-Agent 属性的内容，这里请求头的内容为 Mozilla/5.0 (Windows NT 10.0; Win64; x64) AppleWebKit/537.36 (KHTML, like Gecko) Chrome/97.0.4692.71 Safari/537.36，如图 10-5 所示。

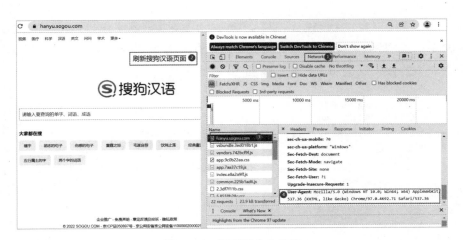

图 10-5　获取请求头信息

【源代码: 10_2_爬虫示例2.py】

　　然后，在爬虫程序中构建一个 header 字典，该字典的 key 为 User-Agent，value 为复制的相关信息；然后将 header 字典键入 get() 函数中，将爬虫示例 1 中的代码修改如下：

```python
import requests
url = 'https://hanyu.sogou.com'
header = {'User-Agent': 'Mozilla/5.0 (Windows NT 10.0; Win64; x64)
AppleWebKit/537.36 (KHTML, like Gecko) Chrome/97.0.4692.71 Safari/537.36'}
# 构建一个 header 键值对
response = requests.get(url, headers=header)          # 将键值对作为 get 函数的参数
print(response.status_code)
print(response.text)
```

【文档: 实训指导书 10.1】

📊 任务实施

　　本任务的实施思路与过程如下：

　　（1）使用 Chrome 浏览器打开豆瓣主页，搜索"觉醒年代"；单击进入豆瓣《觉醒年代》电视剧的主题页面，如图 10-6 所示；复制《觉醒年代》的主题页地址（https://movie.douban.com/subject/30228394/）作为目标网页 url。

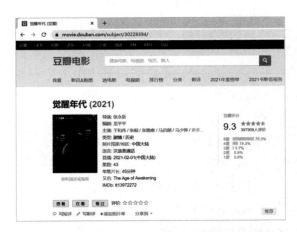

图 10-6　豆瓣《觉醒年代》电视剧的主题页面

（2）利用 requests 库获取目标网页信息，查看返回码的状态并打印网页 HTML 代码；
Python 爬虫代码如下：

【源代码：spider1.
py】

```
import requests
url = 'https://movie.douban.com/subject/30228394/'# 要爬取的《觉醒年代》主题页地址
header = {'User-Agent': 'Mozilla/5.0 (Windows NT 10.0; Win64; x64)
AppleWebKit/537.36 (KHTML, like Gecko) Chrome/97.0.4692.71 Safari/537.36'}
response = requests.get(url,headers=header)
if response.status_code==200:              # 返回码为 200，表示正常爬取了目标网页
    print(' 获取网页成功! 下面是该网页的代码: ')
    print(response.text)
else:
    print(f' 获取网页失败! 返回码 {response.status_code}')
```

运行上述程序，即可输出《觉醒年代》主题页面的 HTML 代码，部分结果如下：

```
获取网页成功! 下面是该网页的代码:
<!DOCTYPE html>
<html lang="zh-CN" class="ua-windows ua-webkit">
<head>
    <meta http-equiv="Content-Type" content="text/html; charset=utf-8">
    <meta name="renderer" content="webkit">
    <meta name="referrer" content="always">
    <meta name="google-site-verification" content="ok0wCgT20tBBgo9_
zat2iAcimtN4Ftf5ccsh092Xeyw" />
    <title>
        觉醒年代（豆瓣）
</title>
```

任务 10.2　提取《觉醒年代》主题网页信息

🔍 任务分析

在任务 10.1 中，我们获取了豆瓣影评网站中电视剧《觉醒年代》网页的 HTML 代码，
该电视剧的导演、编剧、演员、集数、评价人数、评分等重要信息隐藏在看似"杂乱无章"
的 HTML 代码中，需要通过一定手段进行提取。本任务将完成网页解析、数据提取工作，
具体任务内容及相关知识点如表 10-3 所示。

微课：任务 10.2 提
取《觉醒年代》主
题网页信息

表 10-3　具体任务内容及相关知识点

序号	具体任务内容	相关知识点
1	利用 Requests 库获取《觉醒年代》网页代码	Requests 库相关函数

续表

序号	具体任务内容	相关知识点
2	提取《觉醒年代》网页中所需的信息: 导演、编剧、演员、集数、评价人数、评分等	BeautifulSoup 库的 find、findAll 函数
3	将提取的信息放入列表中	字典
4	打印列表中保存的《觉醒年代》电视剧信息	for 循环

完成上述任务后，程序最终运行效果如图 10-7 所示。

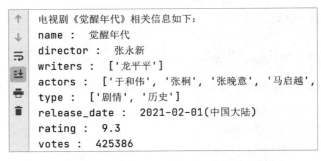

图 10-7　提取《觉醒年代》页面信息

 知识储备

10.2.1　BeautifulSoup 库

在前述任务中，我们使用 Requests 库获取了目标网页的 HTML 代码，接下来考虑如何从中提取有用的信息。可以使用字符串相关方法或者借助正则表达式，但这些方式处理效率相对较低，且难以定位特定节点并获取文本内容。

BeautifulSoup 库是一个 HTML/XML 解析器，它可以便捷地从 HTML 或 XML 文件中提取指定数据，以及很好地处理不规范标记并生成剖析树 (parse tree)，提供简单的搜索以及修改剖析树的功能，极大地提升信息抽取的效率，因此本任务将借助 BeautifulSoup 库完成信息的提取。

下面尝试使用 BeautifulSoup 库解析一段 HTML 代码，得到一个 BeautifulSoup 对象，进而使用 prettify() 方法格式化输出 HTML 代码:

【 源 代 码：
beautifulSoup 示例
1.py 】

```
from bs4 import BeautifulSoup                # 导入 BeautifulSoup 库
# 将一段 HTML 代码保存到字符串 html_doc 中
html_doc = """
<html><head><title>《觉醒年代》</title></head>
<body>
<p class="title"><b>觉醒年代简介 </b></p>
<p class="story"> 该剧以 " 五四 " 新文化运动为背景，讲述了
<a href="http://example.com/people1" class="people" id="link1"> 李大钊 </a>,
```

```
<a href="http://example.com/people2" class="people" id="link2">陈独秀</a>，
<a href="http://example.com/people3" class="people" id="link3">胡适</a>
等从相识、相知到相离，走上不同人生道路的传奇故事，展现了从新文化运动到中国共产党建立的光辉历程。
</p>
<p class="story">...</p>
</body> </html>
"""
soup=BeautifulSoup(html_doc,'html.parser')        # 根据 html_doc 文档，生成
BeautifulSoup 对象
print(soup.prettify())                            # 将文档内容进行规范化输出
```

上述代码中，BeautifulSoup(html_doc,'html.parser') 表示根据 html_doc 的内容生成 BeautifulSoup 对象（解析器设置为 html.parser，即 HTML 解析器），然后调用 BeautifulSoup 对象的 prettify() 方法，得到如下 HTML 格式化输出结果（使用缩进），如图 10-8 所示。

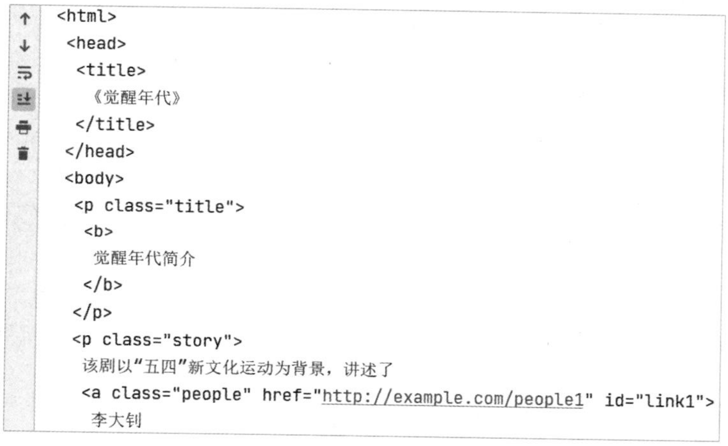

图 10-8　格式化输出结果（部分）

10.2.2　在网页中查找所需的信息

为了从庞杂的网页 HTML 代码中找到所需的信息，需要便捷的搜索查找方法。BeautifulSoup 库提供了许多搜索方法，其中最为常用的是 find()、findAll() 方法，find() 方法可以返回符合特定条件的第一个元素（该元素为 bs4.element.Tag 对象），其用法示例如下：

【源代码：10_4_beautifulSoup 示例 2.py】

```
# 部分代码省略
tag1=soup.find('title')                    # 找出名称为 title 的第一个标签
print(f' 标签对象 tag1: {tag1}')
print(f'tag1 中的文本信息: {tag1.string}')   # 使用 string 属性获取标签中间的文本
tag2=soup.find(class_='title')             # 找出 class 属性为 title 的第一个标签
print(f' 标签对象 tag2: {tag2}')
print(f'tag2 中的文本信息: {tag2.getText()}') # 使用 getText 方法获取标签中间的文本
```

上述代码使用 BeautifulSoup 对象的 find() 方法获取一个 Tag 标签对象，然后使用 Tag

标签的 string 属性或 getText() 方法获取标签中间的文本信息，上述代码输出结果如图 10-9 所示。

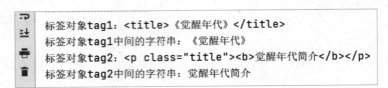

标签对象tag1: <title>《觉醒年代》</title>
标签对象tag1中间的字符串: 《觉醒年代》
标签对象tag2: <p class="title"><b>觉醒年代简介</b></p>
标签对象tag2中间的字符串: 觉醒年代简介

图 10-9　find() 方法应用

findAll() 方法与 find() 方法类似，其返回结果是符合特定条件的所有元素组成的列表，如果要从列表中获取真正的信息（过滤掉各种 html 标签符号），需要额外加以处理。比如，我们想获取文本中提到的三个人物（李大钊、陈独秀、胡适），观察三个人物的标签有相同的标签属性 class= "people"，因此可以采用如下代码：

```
soup_list=soup.findAll(class_='people')  # 找出 class 属性为 people 的所有标签
print('class 属性为 people 的所有标签 (soup_list 元素) 如下: ')
for elem in soup_list:                          # 打印列表 soup_list 的元素
    print(elem)
# 提取 soup_list 中的人物姓名，方法 1
people_list=[]                                  # 定义一个空列表，用于存放人名
for elem in soup_list:
    people=elem.string                          # 取出标签中间的字符串（人名）
    people_list.append(people)         # 将得到的字符串（人名）加入列表 people_list 中
print(" 提取 soup_list 中的人物姓名 :",people_list)
# 提取 soup_list 中的人物姓名，方法 2
people_list=[elem.string for elem in soup_list]    # 使用推导式
print(" 提取 soup_list 中的人物姓名 :",people_list)
```

上述代码使用 findAll() 方法获取了 class 属性为 people 的所有标签组成的列表 soup_list；然后使用两种方式成功获取了《觉醒年代》介绍文字中的三位人物，运行结果如图 10-10 所示。

class属性为people的所有标签(soup_list元素)如下:
<a class="people" href="http://example.com/people1" id="link1">李大钊</a>
<a class="people" href="http://example.com/people2" id="link2">陈独秀</a>
<a class="people" href="http://example.com/people3" id="link3">胡适</a>
提取soup_list中的人物姓名: ['李大钊', '陈独秀', '胡适']
提取soup_list中的人物姓名: ['李大钊', '陈独秀', '胡适']

图 10-10　findAll 提取网页信息

【文档：实训指导书 10.2】

💻 **任务实施**

使用 Chrome 浏览器在豆瓣网站主页中搜索 "觉醒年代"，可以进入电视剧《觉醒年代》主题页面（https://movie.douban.com/subject/30228394/），如图 10-11 所示。

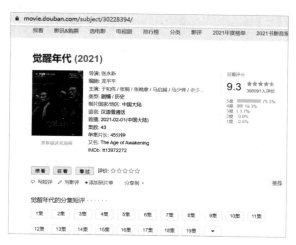

图 10-11　《觉醒年代》主题页面

在该网页中，按下 F12 键进入 Chrome 开发者工具页面。单击 Elements 面板，选择箭头符号后，将鼠标指针移动到左侧网页中要提取的信息处时，右侧代码区域将显示相应的 html 代码片段。例如在图 10-12 中，使用鼠标单击《觉醒年代》电视剧主题页上导演"张永新"文字时，相应的 html 代码片段（<a href="/celebrity/1343972/" rel="v:directedBy"> 张永新 </a>）将高亮显示，从而实现网页显示效果与源代码的关联。

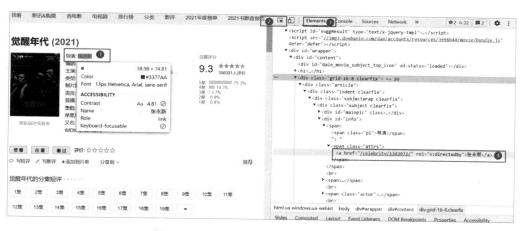

图 10-12　《觉醒年代》网页与代码对照

要得到该电视剧的导演信息，需要从 html 标签（<a href="/celebrity/1343972/" rel="v:directedBy"> 张永新 </a>）中提取出字符串"张永新"，可以使用 BeautifulSoup 对象的 find() 方法。根据常识及对于网页结构的分析，电视剧编剧、导演、类型等可能包含多个字段，适合使用 Beautiful Soup 库的 findAll() 方法。Python 完整爬虫代码如下：

【源代码：spyder2.py】

```
import requests
from bs4 import BeautifulSoup
url='https://movie.douban.com/subject/30228394/'
header={'User-Agent':'Mozilla/5.0 (Windows NT 10.0; Win64; x64)'
                    'AppleWebKit/537.36 (KHTML, like Gecko)
Chrome/97.0.4692.71 Safari/537.36'}
```

笔记

```
response=requests.get(url=url,headers=header)
soup=BeautifulSoup(response.text,'html.parser')
tv_infor={}                                    # tv_infor 字典，用于保存电视剧相关信息

# 1. 获取电视剧名称
name=soup.find(property="v:itemreviewed").string  # 根据属性 property=
"v:itemreviewed" 查找
tv_infor['name']=name                     # 将电影名称加入到字典 tv_infor 中
# 2. 获取导演
director=soup.find(rel="v:directedBy").string    # 根据属性 rel="v:directedBy"
查找
tv_infor['director']=director
# 3. 获取编剧
soup_list=soup.findAll(class_="attrs")[1].findAll('a')
writers=[elem.string for elem in soup_list]
tv_infor['writers']=writers
# 4. 获取演员
soup_list=soup.findAll(rel="v:starring")
actors=[elem.string for elem in soup_list]
tv_infor['actors']=actors
# 5. 获取类型
soup_list=soup.findAll(property="v:genre")
tv_type=[elem.string for elem in soup_list]
tv_infor['type']=tv_type
# 6. 首播时间
release_date=soup.find(property="v:initialReleaseDate").string
tv_infor['release_date']=release_date
# 7. 豆瓣评分
rating=soup.find(property="v:average").string
tv_infor['rating']=rating
# 8. 参评人数
votes=soup.find(property="v:votes").string
tv_infor['votes']=votes

print("电视剧《觉醒年代》相关信息如下:")
for key,value in tv_infor.items():
    print(key," : ",value)
```

运行上述代码，提取的电视剧《觉醒年代》信息如下:

```
电视剧《觉醒年代》相关信息如下:
name : 觉醒年代
director : 张永新
writers : ['龙平平']
actors : ['于和伟','张桐','张晚意','马启越','马少骅',（部分内容省略）
```

```
release_date ：　2021-02-01（中国大陆）
rating ： 9.3
votes ： 425386
```

Python 程序输出结果与网页显示的信息一致（注意投票人数和打分可能会随着时间推移有所不同），表明正确地获取了相关信息。

任务 10.3　爬取多个页面的信息

任务分析

微课：任务 10.3 爬取多个页面的信息

在实际业务中，可能需要一次性获取多部电视剧数据，从而进行横向比较、深度分析。本任务中，我们将在爬取单部电视剧功能的基础上，尝试一次性爬取 100 部高分电视剧的相关信息，具体任务内容及相关知识点如表 10-4 所示。

表 10-4　具体任务内容及相关知识点

序号	具体任务内容	相关知识点
1	使用 cookie 模拟登录，降低被网站封禁的概率	cookie、header
2	模拟登录"电视剧 Top100"页面，获取第 1 页所有电视剧（前 25 部）详细信息，并加入电视剧信息列表中	Requests、BeautifulSoup、列表、字典、for 循环
3	模拟浏览器"翻页"，获取剩余页面上的电视剧信息，并加入电视剧信息列表中	Requests、BeautifulSoup、列表、字典、for 循环
4	打印获取的 100 部电视剧信息	for 循环、字典、列表

完成上述工作，程序将输出获取的 100 部电视剧信息，部分显示效果如图 10-13 所示。

```
{'name': '觉醒年代', 'director': '张永新', 'writers': ['龙平平'], 'actors': ['于和伟', '张桐', '张晚意',
{'name': '山海情', 'director': '孔笙', 'writers': ['高满堂', '王三毛', '杨筱艳', '小倔', '王磊', '邱玉洁',
{'name': '乔家的儿女', 'director': '张开宙', 'writers': ['杨筱艳'], 'actors': ['白宇', '宋祖儿', '毛晓彤',
{'name': '跨过鸭绿江', 'director': '董亚春', 'writers': ['余飞', '辛志海', '韩冬', '郭光荣', '王乙涵'], 'ac
{'name': '我们的法兰西岁月', 'director': '康洪雷', 'writers': ['李克威'], 'actors': ['朱亚文', '钟秋', '李
{'name': '我在他乡挺好的', 'director': '李漠', 'writers': ['甤爽', '孙麒珺'], 'actors': ['周雨彤', '任素汐
{'name': '长沙保卫战', 'director': '董亚春', 'writers': ['钱林森'], 'actors': ['张丰毅', '郑昊', '徐永革',
{'name': '陈赓大将', 'director': '叶大鹰', 'writers': ['钟晶晶', '姚远', '邓海南', '徐远翔'], 'actors': ['
```

图 10-13　获取的 100 部电视剧信息（部分）

 知识储备

10.3.1　使用 cookie 模拟登录

在浏览网页时，我们经常会发现网站上出现提示询问是否接受 Cookie，那么 Cookie 到

底是什么？ Cookie 是某些网站为了辨别用户身份而储存在用户本地终端上的数据文件（通常是经过加密的数据文件），许多购物网站会利用 Cookie 来分析流量和用户行为以进行个性化广告推荐。

部分网站要求用户登录后方可查看更多信息，因此我们可以把用户登录后的 Cookie 信息加入爬虫代码中，从而模拟登录目标网站。以豆瓣网站为例，在 Chrome 浏览器中打开豆瓣首页后，以个人账户登录。按 F12 键进入开发者工具，单击 Network 选项卡后，刷新豆瓣网页。在 Name 栏中选择"www.douban.com"后，在 Headers 页面向下拖曳滑块可以查看 Cookie 信息，如图 10-14 所示。

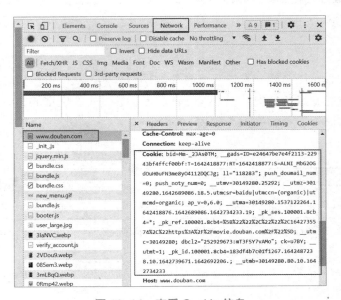

图 10-14　查看 Cookie 信息

当我们需要爬取的信息较多时，可以在请求头中加入 cookie 信息（模拟用户登录），从而降低 IP 封禁的风险、爬取更多信息。复制 Chrome 开发者工具中的 cookie 信息（Cookie 冒号之后的内容，即图 10-14 中的"bid=Mm-......"部分），加入爬虫代码中：

【源代码：10_5_添加 cookie 信息.py】

```python
import requests
url = 'https://movie.douban.com/'
# 将 Chrome 开发者工具中复制的 Cookie 信息赋值给变量
cookie='【替换为个人账户登录豆瓣后得到的 Cookie！】'
# 将 cookie 信息加入 header 字典中
header = {'User-Agent': 'Mozilla/5.0 (Windows NT 10.0; Win64; x64) '
                        'AppleWebKit/537.36 (KHTML, like Gecko) '
Chrome/97.0.4692.71 Safari/537.36',
        'Cookie':cookie}
response = requests.get(url,headers=header)
if response.status_code==200:
    print(' 获取网页成功！ ')
else:
    print(f' 获取网页失败！返回码 {response.status_code}')
```

如果上述代码输出结果为 **200**，表示可以通过模拟登录的方式成功访问豆瓣网站。

10.3.2　爬取一个页面上的多部电视剧信息

进入豆瓣网站中"高分经典电视剧排行榜"详情页面（https://www.douban.com/doulist/148260023/?start=0&sort=seq&playable=0&sub_type=），该榜单呈现了 100 部高分电视剧的相关信息，如图 10-15 所示，按 **F12** 键进入 Chrome 开发者工具（检查）视图。单击开发者工具左上角的箭头后，再单击左侧页面中需要查看的电视剧名称，可以在开发者工具中看到对应的源代码。

图 10-15　高分电视剧列表与对应的源代码

以《觉醒年代》为例，在源代码中单击三角符号，展开该电视剧名称对应的标签：

```
<div class="title">
    <a href="https://movie.douban.com/subject/30228394/" target="_blank"> 觉
醒年代  </a>
</div>
```

然后可以使用如下方式，获取本网页上所有电视剧的链接 URL 信息：

```
soup=BeautifulSoup(response.text,'html.parser')
soup_list=soup.findAll(class_="title")        # 本页面有25部电视剧，因此返回列表
for elem in soup_list:
    link=elem.find('a').get('href')            # 获得电视剧的主题网页链接 URL
print(link)                                    # 可打印输出该页面的 URL 确认是否正确
    # 接下来，可以使用任务2中的方式获取每一部电视剧的详细信息
```

10.3.3　模拟"翻页"功能

"高分经典电视剧排行榜"收录了 100 部电视剧，每个页面只显示 25 部，因此整个排行榜共分为 4 个页面，如图 10-16 所示。

图 10-16　电视剧排行榜页面

这 4 个页面的 URL 如下：

```
https://www.douban.com/doulist/148260023/?start=0&sort=seq&playable=0&sub_
type=
https://www.douban.com/doulist/148260023/?start=25&sort=seq&playable=0&sub_
type=
https://www.douban.com/doulist/148260023/?start=50&sort=seq&playable=0&sub_
type=
https://www.douban.com/doulist/148260023/?start=75&sort=seq&playable=0&sub_
type=
```

通过观察，可以发现 4 个页面的 URL 基本相同，区别仅在于"start=xx"部分；因此我们可以通过循环实现模拟翻页功能，核心代码如下：

```
url_part1 = 'https://www.douban.com/doulist/148260023/?start='
url_part2='&sort=seq&playable=0&sub_type='
for page in range(0,4):
    url=url_part1+ str(page*25) +url_part2          # 拼接出当前页面的 URL
    response = requests.get(url,headers=header)
    soup=BeautifulSoup(response.text,'html.parser')
    soup_list=soup.findAll(class_="title")    # 查找当前页面所有的 class="title"
的标签，即电视剧标签
    for elem in soup_list:
        link=elem.find('a').get('href')                    # 得到一部电视剧的链接 URL
        # 接下来可以使用任务 2 中的方式获取电视剧的详细信息
```

🖥 任务实施

【文档：实训指导书 10.3】

任务实现的思路与过程如下。

（1）导入库，完成设置 header、url 等准备工作。

【源代码：spyder3.py】

```
import requests
from bs4 import BeautifulSoup
cookie='【替换为个人账户登录豆瓣后得到的 Cookie！】'
```

```
header = {'User-Agent': 'Mozilla/5.0 (Windows NT 10.0; Win64; x64)
AppleWebKit/537.36 (KHTML, like Gecko) Chrome/97.0.4692.71 Safari/537.36',
          'Cookie':cookie}
url_part1 = 'https://www.douban.com/doulist/148260023/?start='
url_part2='&sort=seq&playable=0&sub_type='
```

（2）定义一个通过 URL 获取一部电视剧信息的函数，返回一个电视剧信息字典。

```
# 定义一个通过 URL 获取一部电视剧信息的函数，返回一个电视剧信息字典
def get_infor(url):
    response = requests.get(url=url, headers=header)
    soup = BeautifulSoup(response.text, 'html.parser')
    tv_infor = {}    # 字典，用于保存该电视剧相关信息
    # 1.获取电视剧名称
    name = soup.find(property="v:itemreviewed").string
    tv_infor['name'] = name
    # 2.获取导演
    director = soup.find(rel="v:directedBy").string
    tv_infor['director'] = director
    # 3.获取编剧
    soup_list = soup.findAll(class_="attrs")[1].findAll('a')
    writers = [elem.string for elem in soup_list]
    tv_infor['writers'] = writers
    # 4.获取演员
    soup_list = soup.findAll(rel="v:starring")
    actors = [elem.string for elem in soup_list]
    tv_infor['actors'] = actors
    # 5.获取类型
    soup_list = soup.findAll(property="v:genre")
    tv_type = [elem.string for elem in soup_list]
    tv_infor['type'] = tv_type
    # 6.首播时间
    release_date = soup.find(property="v:initialReleaseDate").string
    tv_infor['release_date'] = release_date
    # 7.豆瓣评分
    rating = soup.find(property="v:average").string
    tv_infor['rating'] = rating
    # 8.参评人数
    votes = soup.find(property="v:votes").string
    tv_infor['votes'] = votes
    return tv_infor
```

（3）模拟在浏览器中"翻页"，获取 100 部电视剧信息。

```
all_infor=[]                # 用于存放所有电影信息
for page in range(0,4):    # 模拟翻页
```

笔记

```
url=url_part1+ str(page*25) +url_part2          # 拼接成 1 个页面的 URL
response = requests.get(url,headers=header)
soup=BeautifulSoup(response.text,'html.parser')
# 获取当前页面中的所有 title 信息（含电视剧 url）
soup_list=soup.findAll(class_="title")
for elem in soup_list:
    link=elem.find('a').get('href')              # 一部电视剧的 URL
    tv_infor=get_infor(link)              # 调用 get_infor 函数，获取一部电视剧的信息
    print(tv_infor)
    all_infor.append(tv_infor)                    # 将该部电视剧信息加入列表 all_infor 中
```

（4）使用 for 循环打印 100 部电视剧信息。

```
for tv_infor in all_infor:
    print(tv_infor)
```

运行上述代码，部分结果如下：

```
{'name': '觉醒年代', 'director': '张永新', 'writers': ['龙平平'], 'actors': ['于和伟', '张桐', '张晚意', '马启越', '马少骅', '朱刚日尧', '曹磊', '夏德俊', '周显欣', '杨景天', '杨杏', '张思乐', '毕彦君', '武笑羽', '卢易', '高爽', '牟星', '张露', '岳鹏飞', '查文浩', '唐旭', '林俊毅', '侯京健', '何政军', '刘琳', '徐敏', '尹铸胜', '卫仑', '沈琳珺', '迟蓬', '封新天', '侯煜', '谭洋', '郑昊', '舒耀瑄', '朱泳腾'], 'type': ['剧情', '历史'], 'release_date': '2021-02-01（中国大陆）', 'rating': '9.3', 'votes': '424561'}
```

任务 10.4　利用 openpyxl 保存爬取的信息

微课：任务 10.4 利用 openpyxl 保存爬取的信息

任务分析

　　为了便于日后的数据处理与分析，通常需要将爬取到的信息妥善保存起来；按照之前的项目经验，我们可以将爬取到的数据写入文本文件中，但普通的文本文件不方便进行后续的分析处理。因此，在本项任务中，我们将尝试把获取的 100 部电视剧信息储存到 Excel 表格中，具体任务内容及相关知识点如表 10-5 所示。

表 10-5　具体任务内容及相关知识点

序号	具体任务内容	相关知识点
1	导入 openpyxl，创建工作簿	import、Workbook
2	在工作表中添加表头	append() 方法
3	将 100 部电视剧相关信息添加到工作表中	for 循环、append() 方法
4	保存工作簿，得到存储电视剧信息的 Excel 表格	save() 方法

完成上述任务后，程序将 100 部电视剧的信息保存到 Excel 表格中，如图 10-17 所示。

图 10-17　将 100 部电视剧的信息保存到 Excel 表格中

 知识储备

10.4.1　创建工作簿与工作表

openpyxl 是一个可处理 Excel 文件的 python 库，它能够同时读取和写入（修改）Excel 文档。作为第三方库，openpyxl 需要单独安装。与安装其他第三方库的方式类似，我们可以在 Windows 操作系统的"命令提示符"窗口中输入命令"pip install openpyxl"，也可以参照任务 10.1 中的方式直接在 Pycharm 中安装。

在操作 Excel 之前，需要先创建一个 Workbook 工作簿对象（每个 Workbook 代表一个 Excel 文档）。要访问一个已经存在的 Excel 文档，则可以使用 openpyxl 模块的 load_workbook() 函数，该函数有一个必要的参数 filename，即一个文件名或者一个文件对象。例如，现有一个 Excel 文档（D:\openpyxl_test.xlsx，如图 10-18 所示），可以使用下面的语句加载该文件，并生成一个 Workbook 对象：

```
>>>import openpyxl
>>>wb=openpyxl.load_workbook("D:\openpyxl_test.xlsx") # 加载指定的 Excel 文档
```

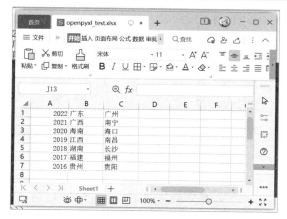

图 10-18　openpyxl_test.xlsx 文档内容

如果要新建一个文档，则可以直接使用 openpyxl 模块的 Workbook() 函数：

```
import  openpyxl
wb2=openpyxl.Workbook()     # 新建一个 Excel 文档
```

在 Excel 中，一个工作簿 Workbook 应至少包含一个工作表 WorkSheet，用户可以使用如下方法获取当前激活的 WorkSheet（默认第一个 Sheet1）：

```
ws = wb.active            # 获得当前的 WorkSheet 工作表
```

10.4.2　保存 Excel 数据

有了工作表 WorkSheet，用户可以访问或修改 Excel 文档中的特定单元格，比如要获得单元格 C1，可以使用如下命令：

```
>>> ws["C1"]                  # 通过 C1 索引直接访问单元格
<Cell 'Sheet1'.C1>
>>> ws.cell(1,3)              # 通过 cell() 函数访问 C1 单元格
<Cell 'Sheet1'.C1>
```

可以使用 value 属性获取单元格的值，也可以通过赋值语句修改单元格的值：

```
>>> ws["C1"].value           # 通过 C1 索引获取单元格 C1 的值
'广州'
>>> ws.cell(1,3).value       # 通过 cell() 函数获取单元格 C1 的值
'广州'
>>> ws.cell(1,3).value="广州市"   # 修改单元格 C1 的值
>>> ws.cell(1,3).value       # 查看修改后的单元格 C1 的值
'广州市'
```

还可以获取一行数据，并通过 for 循环遍历该行的所有单元格：

```
>>> ws[2]                     # 获取第 2 行
(<Cell 'Sheet1'.A2>, <Cell 'Sheet1'.B2>, <Cell 'Sheet1'.C2>)
>>> for cell in ws[2]:            # 使用 for 循环，遍历第 2 行中所有的单元格
        print(cell.value)        # 打印单元格的值


2021
广西
南宁
```

Worksheet 提供了 append() 方法，该方法可以将一组数据（列表、元组等可迭代对象）添加到当前工作表的末尾：

```
>>> list1=[10,20,30]
>>> ws.append(list1)         # 将 list1 插入到工作表中
```

修改或添加完数据之后，要想安全快捷地保存工作簿（保存为 Excel 文件），可以使用 Workbook 的 save() 方法：

```
>>> wb.save("D:\openpyxl_test123.xlsx")        # 保存为 D 盘 Excel 文件
```

小贴士：

Workbook 的 save() 方法将覆盖同名文件，且不会有任何警告，需谨慎使用。

任务实施

完成本项任务，保存爬取的影视剧信息，只需在本项目任务 3 的代码基础上添加以下
内容即可：

```
# 部分代码省略
import openpyxl
wb=openpyxl.Workbook()                  # 新建一个工作簿
ws=wb.active                            # 当前活动的工作表
ws.append(list(all_infor[0].keys()))    # 将影视剧的名称、导演等作为表头添加到工作表中
for tv_infor in all_infor:              # 将 all_infor 列表中所有电视剧的信息保存到工作表中
    infor_list=list(tv_infor.values())  # 提取每一部电视剧的名称、导演等信息，并转换为列表
    # infor_list 中编剧、演员等元素为列表，无法直接写入 worksheet，需要转换为字符串
    infor_list = [str(elem) for elem in infor_list]
    ws.append(infor_list)               # 将电视剧信息增加至 infor_list 列表
wb.save(r"D:\tv_infor.xlsx")            # 将 workbook 保存为 Excel 文档
```

【文档：实训指导
书 10.4】

【源代码：spyder4.
py】

根据本项目任务 3 可知，all_infor 是包含 100 部电视剧信息的列表，其样式为：[电视
剧 1 信息，电视剧 2 信息 .... 电视剧 100 信息]。每一部电视剧信息以字典形式呈现，其样
式为：{'name': ' 觉醒年代 ', 'director': ' 张永新 ', 'writers': [' 龙平平 '], 'actors': [' 于和伟 ', ' 张桐 ',
' 张晚意 ', ' 马启越 ', ' 马少骅 '], 'type': [' 剧情 ', ' 历史 '], 'release_date': '2021-02-01(中国大陆)',
'rating': '9.3', 'votes': '416019'}。

Openpyxl 库中的 ws.append(list(all_infor[0].keys())) 用于向 worksheet 写入表头信息，表
头信息取自第 1 部电视剧信息字典的 keys 部分(即名称、导演、编剧、演员等)。写入表头后，
即可通过 for 循环获取 100 部电视剧的具体信息，逐一添加到 worksheet 中。

infor_list=list(tv_infor.values()) 可提取每一部电视剧具体的名称、导演、编剧、演员、
评分等信息，并转换为列表。然而，infor_list 的元素中含有列表，如 [' 龙平平 ']、 [' 剧情 ',
' 历史 ']，列表无法直接写入 worksheet，因此我们可以通过列表推导式 infor_list = [str(elem)
for elem in infor_list] 语句，将所有的 infor_list 元素均转换为字符串。

项目总结

Python 爬虫是获取网络信息的重要手段，也是目前业界热点技术，本项目主要内容包
括（1）通过 URL 获取网页 HTML 代码；（2）对获取的 HTML 代码进行解析，获取所需
的信息。在爬取豆瓣网《觉醒年代》等电视剧项目中，我们采用 request 库获取网页代码，

笔记

进而采用功能强大、简单易用的 BeautifulSoup 库进行解析，提取所需的信息。为便于后续进一步数据分析，我们借助 openpyxl 库将电视剧信息保存到 Excel 表格中。

本模块的学习重点包括：

（1）使用 Requests 获取指定网页的 HTML 代码；

（2）使用请求头 header 模拟浏览器，并添加 cookies；

（3）使用 BeautifulSoup 库的 find()、findAll() 函数获取网页中的指定信息；

（4）使用 openepyxl 库将爬取的数据保存为本地 Excel 文档。

本模块的学习难点包括：

（1）Request 库中 headers、cookie 参数的含义；

（2）使用 BeautifulSoup 库中的 findAll() 函数查找符合条件的信息；

（3）爬取多个页面数据，实现"翻页"功能。

📖 能力检验

1. 判断题

（1）openpyxl 库可用于处理（读写）xlsx 文件。　　　　　　　　　（　　）

（2）在 Python 爬虫代码中，使用 Cookies 会增加 IP 封禁的风险。　（　　）

（3）使用 Requests 库访问网站，返回的状态码为 200 表示请求成功。（　　）

（4）编写爬虫要充分考虑合法性问题，遵守爬虫协议（又称为 robots 协议）。（　　）

（5）BeautifulSoup 的 findall() 函数会把所有符合条件的节点都筛选出来。（　　）

2. 选择题

（1）关于网络爬虫，下列说法错误的是（　　　）。

　　A．网络爬虫是获取信息的重要手段

　　B．BeautifulSoup 是解析网页的工具

　　C．网络爬虫只能爬取一个页面的数据

　　D．爬取的数据可以使用 openpyxl 等保存为本地文件

（2）使用 BeautifulSoup 进行规范化输出的代码为（　　　）。

　　A．print(soup.prettify())　　　　　　B．print(soup.regulatory())

　　C．print(soup.prettify)　　　　　　　D．print(soup.getText())

（3）属于 HTML/XML 解析器的第三方爬虫库包括（　　　）。

　　A．urllib　　　　B．Scrapy　　　　C．Requests　　　　D．BeautifulSoup

（4）openpyxl 模块新建文档需要使用下列哪个函数（　　　）。

　　A．load_workbook()　　　　　　B．workbook()

　　C．active()　　　　　　　　　　D．save()

3. 编程题

（1）登录"党史学习教育网"首页（http://dangshi.people.com.cn/），了解网站的内容、结构；尝试使用 Requests 库爬取该网站首页，查看返回码是否为 200。

（2）登录北京市碳排放交易平台（http s://www.bjets.com.cn/article/jyxx/），爬取交易数据。

（3）爬取豆瓣图书 Top250(https://book.douban.com/top250?start=20)，并保存书名、作者、出版社、评分、参评人数信息。

思辨与拓展

从在硝烟战火中痛悟落后就要挨打，到以崭新的姿态屹立于世界东方，我们的祖国走过了风雷激荡、巨变迭起的峥嵘岁月。无数优秀中华儿女向世界展示了天下兴亡、匹夫有责的爱国情怀，视死如归、宁死不屈的民族气节，不畏强暴、血战到底的英雄气概，百折不挠、坚忍不拔的必胜信念。

在悠久的历史长河中，涌现出了许多爱国将领、仁人志士、民族英雄，他们的故事和精神感动激励着一代又一代人。某班级为回顾党的历史，永远铭记革命先辈的英名和丰功伟绩，缅怀他们的精神和风范，将开展以"永远的丰碑"为主题的爱国志士宣传活动；"学习强国"学习平台（网站）中可以为他们提供丰富的信息资源。进入学习强国网站，单击"红色中国"模块下的"永远的丰碑"详情页面，可以看到 457 位历史丰碑人物的相关信息，如图 11-19 所示。

图 11-19　学习强国——永远的丰碑详情页面

请尝试通过网络爬虫获取历史人物素材信息，要求如下：

（1）编写 Python 爬虫，获取 457 条丰碑人物信息；

（2）将人物信息保存在名为 figure.xlsx 的 Excel 文件中。

（3）丰碑人物的介绍信息可能较长，尝试将其写入到文本文件中（每个人物的介绍单独保存为一个文件，文件名为"序号 + 人物姓名 .txt"，例如"01 李大钊 .txt"）。

模块 11

Pandas 数据分析——绿色低碳，统计分析"碳排放"数据

微课：单元开篇

📋 情景导入

工业革命以来，人类活动对气候影响日渐显现；工业化进程消耗了大量化石资源，造成碳排放量的急剧增加，进而导致温室效应。由于全球变暖，热浪、洪水、干旱、森林火灾、海平面上升等一系列极端天气屡见不鲜，生物多样性亦受到严重破坏。因此，实施绿色生产、减少碳排放、人与自然和谐共生已成为全人类共同的心声。

现有一组我国碳排放数据（如图 11-1 所示），反映了 1997 ~ 2019 年各种燃料产生的二氧化碳排放量，要求使用 Python 相关技术，完成对该组数据的分析，从而提升公众对碳排放的认识，为减碳宣传提供参考。

【PPT：模块 11 Pandas 数据分析】

	原煤	洗精煤	其他洗煤	型煤	焦炭	煤气	其他气体	其他焦化产	原油	汽油	煤油	柴油	燃料油	液化石油气	炼厂气体
1997	1837.27	31.08	48.73	12.54	286.67	28.33	38.87	7.33	15.72	96.73	20.66	163.5	112.99	31.26	16.68
1998	1766.73	31.2	47.49	10.34	297.06	27.24	36.31	3.45	17.25	97.22	20.37	163.22	117.28	36.85	17.06
1999	1721.72	26.37	56.53	15.06	278.6	26.15	32.39	3.72	16.56	98.69	25.01	192.75	120.51	37.56	19.15
2000	1766.97	24.65	62.32	10.33	295.75	27.9	69.33	4.1	19.9	102.07	26.41	205.87	106.99	45.38	22.74
2001	1868.23	25.28	66.87	10.89	325.58	29.05	128.4	4.49	20.15	104.77	26.75	220.7	115.77	42.59	22.53
2002	2049.29	20.58	68.15	11.61	350.09	30.16	92.9	5.02	21.17	110.81	27.56	240.21	112.21	49.06	23.24
2003	2433.87	34.31	74.45	14.14	435.22	33.58	94.4	6.06	25.12	122.26	28.62	264.5	130.7	55	23.88
2004	2787.68	50.92	94.52	14.4	493.85	40.16	113.41	7.4	22.55	137.05	32.01	314.94	147.11	61.4	27.36
2005	3151.09	53.69	98.13	15	687.29	58.18	160.26	7.31	26.33	141.85	32.6	339.1	129.69	62.17	31.07
2006	3488.05	58.78	112.74	19.2	763.42	62.84	196.63	9.16	29.24	158.27	34.65	373.16	136.4	67.05	32.06
2007	3752.11	65.5	132.62	23.44	852.7	61.02	275.85	11.49	24.89	161.19	37.59	385.66	127.26	70.73	33.54
2008	3872.21	80.38	139.65	24.9	875.59	78	261.85	13.48	19.62	179.5	39.1	418.16	98.52	64.12	35.74
2009	4163.5	86.89	156.2	27.26	992.24	76.53	310.7	15.65	20.1	180.35	43.95	418.64	85.69	64.83	41.36
2010	4407.76	88.1	166.34	67.63	1071.56	83.66	337.48	15.67	19.76	203.22	53.32	454	84.24	67.33	44.36
2011	4917.7	98.45	160.56	72.72	1169.05	93.16	401.19	15.81	13.74	222.09	55.04	483.04	76.73	69.57	48.26
2012	5076.8	98.06	171.93	76.05	1242.01	91.41	396.26	13.15	16.15	238.78	59.3	523.39	71.3	68.56	49.16
2013	5271.81	98.38	159.58	81.5	1265.43	96.5	471.52	16.49	16.68	273.8	65.61	529.69	71.83	78.14	51.1
2014	5009.92	116.71	180.01	67.63	1294.29	97.62	505.07	15.38	16.8	285.81	70.82	529.99	70.17	88.75	54.59
2015	4844.12	120.98	185.23	75.65	1212.1	92.75	493.47	17.22	20.01	332.44	80.79	534.66	69.34	104.82	57.6
2016	4807.12		240.61	73.02	1233.41	93.17	526.45	16.89	18.51	346.84	90.09	517.82	69.25	127.16	58.1
2017	4903.24		238.16	76.22	1212.19	96.22	553.52	18.77	11.38	359.58	100.9	517.78	71.11	139.22	61.19
2018	4956.71		221.6	73.38	1220.43	101.6	702.97	0.03	10.92	381.35	110.85	505.57	69.47	146.02	62.69

图 11-1　碳排放数据

项目分解

开展数据统计分析工作，通常会借助功能强大的 Pandas 模块。按照 Pandas 数据分析的逻辑过程，本项目分解为 3 个任务，任务分解说明如表 11-1 所示。

表 11-1　任务分解说明

序号	任务	任务说明
1	读取数据源，生成 DataFrame	读取 Excel、数据库等数据源，生成 Pandas 数据结构 DataFrame
2	使用 DataFrame 的基本操作完成数据预处理和简单查询	利用 DataFrame 完成数据清洗、数据特征查看、基本查询等工作
3	数据的进一步统计分析与存储	利用相对复杂的方法，完成进一步数据分析，并存储分析结果

学习目标

（1）读取 Excel、CSV 等不同数据源，生成数据分析所需的 DataFrame；

（2）利用 DataFrame 的基本操作，开展简单的数据预处理工作；

（3）能够使用 Pandas 完成基本的筛选、排序、统计等数据分析工作；

（4）将数据分析的结果保存至 Excel、CSV 文件中，以备后续使用。

任务 11.1　读取数据源生成 DataFrame

任务分析

实际工作中，要分析的数据通常保存在文件（csv、txt、xlsx、json 等）或者各类数据库（mysql 等）中。要使用 Pandas 进行数据分析，首先需要从数据源中读取数据，生成数据框 DataFrame。本任务具体内容及相关知识点如表 11-2 所示。

表 11-2　具体任务内容及相关知识点

序号	具体工作内容	相关知识点
1	安装 Pandas、Numpy 库	pip install 命令
2	安装数据分析环境 Jupyter Notebook	pip install 命令
3	从 Excel 中读取碳排放数据，生成 DataFrame	Pandas 的 read_excel() 方法
4	查看 DataFrame 的前 2 行数据，了解数据的基本情况	DataFrame 的 head() 方法
5	查看 DataFrame 的最后 2 行数据，了解数据的基本情况	DataFrame 的 tail() 方法

微课：任务 11.1
读取数据源生成
DataFrame

完成上述任务内容后，读取 CSV 生成 DataFrame 的部分效果如图 11-2 所示。

225

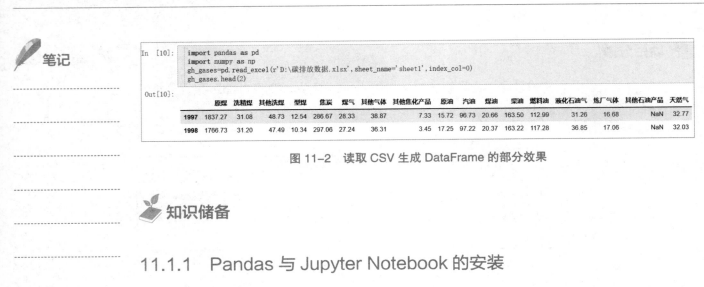

笔记

```
In [10]:  import pandas as pd
          import numpy as np
          gh_gases=pd.read_excel(r'D:\碳排放数据.xlsx',sheet_name='sheet1',index_col=0)
          gh_gases.head(2)

Out[10]:
```

	原煤	洗精煤	其他洗煤	型煤	焦炭	煤炭	其他气体	其他焦化产品	原油	汽油	煤油	柴油	燃料油	液化石油气	炼厂气体	其他石油产品	天然气
1997	1837.27	31.08	48.73	12.54	286.67	28.33	38.87		7.33	15.72	96.73	20.66	163.50	112.99	31.26	16.68	NaN	32.77
1998	1766.73	31.20	47.49	10.34	297.06	27.24	36.31		3.45	17.25	97.22	20.37	163.22	117.28	36.85	17.06	NaN	32.03

图 11-2　读取 CSV 生成 DataFrame 的部分效果

知识储备

11.1.1　Pandas 与 Jupyter Notebook 的安装

使用 Python 进行数据分析，不可避免会涉及使用 Pandas 库。Pandas 是 Python 的核心数据分析支持库，它提供了快速、灵活、明确的数据结构，旨在简单、直观地分析处理数据。

"Pandas"衍生自术语"panel data"（面板数据）和"Python data analysis"（Python 数据分析）。Pandas 可以看作分析结构化数据的工具箱，它可以从各种文件格式（比如 CSV、JSON、SQL、Microsoft Excel）导入数据，进而对数据进行各种运算、操作，比如归并、排序、选择；应用 Pandas 还可以轻松完成数据合并、数据清洗、数据标准化及数据转换等预处理工作。目前，Pandas 广泛应用在学术、金融、统计学等各个数据分析领域，几乎成为 Python 数据分析的必备工具。

用户只需在 Windows 的"命令提示符"窗口中应用"pip install"命令即可安装 Pandas 库。另外，Pandas 库是基于 Numpy 库开发的，分析过程中可能会用到 Numpy 库，因此建议同时安装两个库，具体命令如下：

```
pip install numpy
pip install pandas
```

数据分析不同于编写其他 Python 程序，通常需要将分析过程划分为若干步骤（阶段），每完成一步，观察分析结果、中间数据，并以此作为后续进一步处理的依据，因此交互式环境更有利于开展数据分析工作。Jupyter Notebook（早期称为 IPython Notebook）是以网页形式展现的交互式开发环境，使用 Jupyter Notebook 可以在网页页面中直接编写、修改和运行代码，代码的运行结果也会直接在网页中显示，非常方便。在编程过程中，如需要编写说明文档，也可在同一个页面中直接编写。本项目将在 Jupyter Notebook 环境下完成数据分析工作。

Jupyter Notebook 的安装过程非常简单，在 Windows 环境下进入"命令提示符"窗口，使用命令"pip install jupyter notebook"即可完成 Jupyter Notebook 的安装。要启动 Jupyter Notebook，则在"命令提示符"窗口中输入"jupyter notebook"命令启动服务，如图 11-3 所示。

图 11-3　启动 Jupyter Notebook

启动 Jupyter Notebook 后，在数据分析阶段不能关闭上述"命令提示符"窗口，浏览器会弹出如图 11-4 所示的启动界面，选择右侧"New"下拉列表框中的"Python 3"（选择 Python 解释器），进入如图 11-5 所示的 Jupyter Notebook 操作界面。

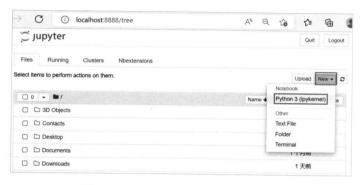

图 11-4　Jupyter Notebook 启动界面

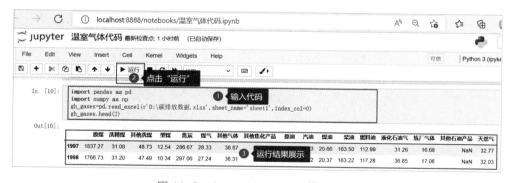

图 11-5　Jupyter Notebook 操作界面

Jupyter Notebook 提供了一个典型的交互式开发环境，"In[]"表示代码输入区域，用户可以在该区域输入 Python 代码。代码输入完毕后，单击"运行"按钮（或同时按下 Shift+Enter 键），将在"Out[]"区域输出相应运行结果。查看运行结果后，用户可修改代码或者在后面的输入区域继续输入代码，实现"边分析、边查看结果"功能。

11.1.2　Pandas 的一维数据结构——Series

使用 Pandas 库进行数据分析前，需要先了解 Pandas 的两种数据结构 Series 和 DataFrame。Series 是带标签的一维数组，与列表 list 类似，可以保存布尔型、字符串类型、数值型等多种数据。DataFrame 是带标签的二维数据结构，类似于 Excel 表格，有行列标签。

1. 创建 Series 对象

只需将一组数据传入 Series() 函数即可创建 Series 对象，代码如下：

```
In []:
import pandas as pd              # 导入 pandas 库
data=['tom','jerry','ken','petter']   # 创建数据列表
se=pd.Series(data)               # 创建 Series 对象 se
se                               # 查看 se 对象的内容
Out[]:
0       tom
1       jerry
2       ken
dtype: object
```

在输出结果 Out[] 中，左侧的数字"0、1、2"为索引号，默认从 0 开始依次递增；右侧"tom、jerry、ken"为 Series 元素。创建 Series 对象时，也可以人工指定索引项，示例代码如下：

```
In []:
data=['tom','jerry','ken','petter']   # 创建数据
index=['one','two','three','four']    # 创建索引
se_reind=pd.Series(data,index)        # 创建 Series 对象 se_reind
se_reind                              # 查看 se_reind 对象的内容
Out[]:
one         tom
two         jerry
three       ken
four        petter
dtype: object
```

上述代码在生成 Series 对象的过程中，通过 index 参数指定了索引名称"one、two、three、four"。为了便于后续学习，我们将从 0 开始的默认索引称为索引号，将上述"one、two、three、four"等称为索引名（或称为行标签）。

2. 访问 Series 元素

对于 Series 对象，可以通过索引名（行标签）或者索引号访问某元素的值：

```
In []:
se_reind['one']          # 通过索引名（行标签）访问 Series 值
Out[]:
'tom'
In []:
se_reind[0]              # 通过索引号访问，效果同上
Out[]:
'tom'
```

模块 11   Pandas 数据分析——绿色低碳，统计分析"碳排放"数据 /

11.1.3   Pandas 的二维数据结构——DataFrame

DataFrame 是类似于 Excel 表格的二维数据结构（容器），它可以存储多行和多列数据。如图 11-6 所示，DataFrame 有行标签（index），每行称为一条记录（record）；每列有列标签（column），其本质上就是一个 Series；DataFrame 可以看作具有相同行标签（index）的多个 Series 组成的二维表格。

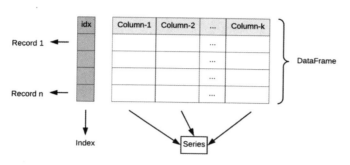

图 11-6   DataFrame 结构示意

1. 由字典创建 DataFrame

我们可以使用 pandas 库中的 DataFrame() 方法，由字典数据创建一个 DataFrame 对象，示例如下：

```
In []:
import pandas as  pd              # 导入 pandas 库
data={'Mongo':[4, 5, 6, 3, 1], 'Apple':[5, 4, 3, 0, 2], 'Banana':[2, 3, 5, 2,
7]}                               # 构建一个字典
fruits=pd.DataFrame(data)          # 生成 DataFrame 对象 fruits
fruits                            # 查看 fruits
Out[]:
      Mongo    Apple   Banana
0        4        5       2
1        5        4       3
2        6        3       5
3        3        0       2
4        1        2       7
```

上述代码生成的 DataFrame 对象，可以看作由 3 个 Series 对象（这三个 Series 对象拥有相同的 index）组合而成，如图 11-7 所示。

图 11-7   DataFrame 与 Series 的关系示意

笔记

我们也可以在生成 DataFrame 时，指定索引项（行标签），而不使用默认的数字索引，示例如下：

```
In []:
fruits.index=['one','two','three','four','five']
fruits
Out[]:
        Mongo   Apple   Banana
one      4       5       2
two      5       4       3
three    6       3       5
four     3       0       2
five     1       2       7
```

2. 由数据源创建 DataFrame

由 Python 字典等内存数据创建的 DataFrame 仅适用于测试、学习等场景，在真实的数据分析项目中，一般通过读取文件等方式生成 DataFrame。Pandas 库提供了 read_xxx() 系列方法用于读取 csv、json、excel、parquet、SQL 等各种数据源。read_xxx() 系列方法的用法类似，下面以 excel 文件为例，演示如何读取文件数据来创建 DataFrame。

现有 userbehavior.xlsx 文件，记录了某电商平台用户行为，文件内容如图 11-8 所示。

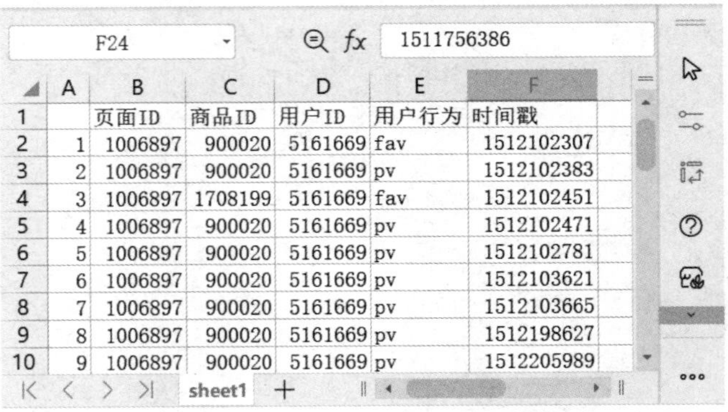

	A	B	C	D	E	F
1		页面ID	商品ID	用户ID	用户行为	时间戳
2	1	1006897	900020	5161669	fav	1512102307
3	2	1006897	900020	5161669	pv	1512102383
4	3	1006897	1708199	5161669	fav	1512102451
5	4	1006897	900020	5161669	pv	1512102471
6	5	1006897	900020	5161669	pv	1512102781
7	6	1006897	900020	5161669	pv	1512103621
8	7	1006897	900020	5161669	pv	1512103665
9	8	1006897	900020	5161669	pv	1512198627
10	9	1006897	900020	5161669	pv	1512205989

图 11-8　userbehavior.xlsx 文件内容

使用 Pandas 库中的 read_excel() 方法读取该 userbehavior.xlsx 文件中的工作表 sheet1，生成 DataFrame，文件的第一行作为列标签（列名称），文件的第一列作为行标签。代码如下：

```
In [17]:
import pandas as pd
df2=pd.read_excel(r'D:\userbehavior.xlsx',sheet_name='sheet1',header=0,index_
col=0)
df2.tail(3)          # 显示最后 3 行
Out[17]:
        页面 ID      商品 ID      用户 ID      用户行为      时间戳
1997   1001840      1274653      5071267      pv          1511593885
1998   1001840      1274653      5071267      pv          1511607459
```

1999	1001840	1274653	5071267	pv	1511607589

read_excel() 方法中，sheet_name='sheet1' 用于指定读取的 Excel 表格的工作表 sheet1，header=0 指定 Excel 表的第一行数据作为列标签，index_col=0 指定 Excel 表的第一列的值为行标签。由于"userbehavior.xlsx"文件数据量比较大，因此调用 tail(3) 显示最后 3 行。

> **小贴士：**
>
> DataFrame 还提供了 head(n) 方法，用于显示 DataFrame 的前 n 行，从而帮助数据分析人员观察数据集的情况。

📊 任务实施

【文档：实训指导书 11.1】

【源代码：碳排放数据分析 1.ipynb】

本任务的实施思路与过程如下：

（1）导入 Pandas 库，使用 read_excel() 方法读取碳排放数据并生成 DataFrame 对象（碳排放数据保存在文件"碳排放数据 .xlsx"中）。

```
In []:
import pandas as pd
gh_gases=pd.read_excel(r'D:\ 碳排放数据 .xlsx',sheet_name='sheet1',index_col=0)
```

（2）使用 head() 方法，展示 DataFrame 的前 2 行。

```
In [20]:
gh_gases.head(2)
Out[20]:
```

原煤	洗精煤	其他洗煤	型煤	焦炭	煤气	其他气体	其他焦化产品	原油
汽油	煤油	柴油	燃料油	液化石油气	炼厂气体	其他石油产品	天然气	
1997	1837.27		31.08	48.73 12.54	286.67		28.33 38.87	7 . 3 3
15.72	96.73	20.66	163.50	112.99 31.26	16.68 NaN	32.77		
1998	1766.73		31.20	47.49 10.34	297.06 27.24	36.31 3.45	1 7 . 2 5	
97.22	20.37	163.22	117.28	36.85	17.06 NaN	32.03		

（3）使用 tail() 方法，展示 DataFrame 的最后 2 行。

```
In [21]:
gh_gases.tail(2)
Out[21]:
```

原煤	洗精煤	其他洗煤	型煤	焦炭	煤气	其他气体	其他焦化产品	原油
汽油	煤油	柴油	燃料油	液化石油气	炼厂气体	其他石油产品	天然气	
2018	4956.71	NaN	221.60 73.38	1220.43		101.60 702.97	0 . 0 3	
10.92	381.35	110.85	505.57 69.47	146.02 62.69	16.46 399.50			
2019	4911.85	NaN	241.80 63.51	1292.59		113.12 745.61	1 7 . 2 4	
10.29	397.96	119.56	458.43 74.08	155.28 67.05	18.53 426.62			

任务 11.2　数据预处理和简单查询

任务分析

完成数据读取后，数据以 DataFrame 的形式存储在内存中，可以先从数据的分布、大小、类型等特征入手，了解现有数据的基本情况，然后根据具体指标，开展数据分析与处理，本任务的具体任务内容及相关知识点如表 11-3 所示。

表 11-3　具体任务内容及相关知识点

序号	具体任务内容	相关知识点
1	查看 DataFrame 各列的名称	columns 属性
2	查看 DataFrame 的形状（行列数）	shape 属性
3	对于 DataFrame 中的空值，使用 0 值填充	isnull() 方法、fillna() 方法
4	统计焦炭、原煤的碳排放数据	访问列
5	统计 2015—2018 年度，汽油、柴油、燃料油、天燃气的排放数据	loc 方法
6	分析哪些年份，由焦炭产生的二氧化碳排放量超过 1200 万吨	数据筛选

完成上述任务后，数据处理分析的 2015—2019 年部分碳排放数据如图 11-9 所示。

```
In [6]:   gh_gases.loc[2015:2019,['汽油','柴油','燃料油','天然气']]
Out[6]:
```

	汽油	柴油	燃料油	天然气
2015	332.44	534.66	69.34	316.77
2016	346.84	517.82	69.25	326.74
2017	359.58	517.78	71.11	357.68
2018	381.35	505.57	69.47	399.50
2019	397.96	458.43	74.08	426.62

图 11-9　2015—2019 年部分碳排放数据

知识储备

11.2.1　查看 DataFrame 的常用属性

DataFrame 提供了若干属性，如 values、index、columns、shape，可以分别获取 DataFrame 元素的值、索引（行标签）、列标签（列名称）、数据形状（行数、列数）。这里以任务 11.1 中由字典创建的 DataFrame 对象 fruits 数据为例，演示 DataFrame 常用属性的用法。

```
In []:
    fruits.values    # 查看 fruits 所有元素的值
```

```
Out[]:
          array([[4, 5, 2],
                 [5, 4, 3],
                 [6, 3, 5],
                 [3, 0, 2],
                 [1, 2, 7]], dtype=int64)
In []:
      fruits.index         # fruits 的行标签（索引名）
Out[]:
      Index(['one', 'two', 'three', 'four', 'five'], dtype='object')
In []:
      fruits.columns       # fruits 各列标签（列名）
Out[]:
      Index(['Mongo', 'Apple', 'Banana'], dtype='object')
In []:
      fruits.shape         # fruits 的形状，即行数、列数
Out[]:
(5, 3)
```

11.2.2　数据中重复值、缺失值的处理

数据分析过程中，经常遇到由于数据采集、存储等原因造成数据重复、数据缺失的情况，因此需要根据实际情况对这些数据进行处理。观察如下代码：

```
In []:
      import pandas as pd
       data={'name':['tom','jerry','lisa','lisa'],'age':[20,19,None,None],'sco
re':[86,90,92,58],'sex':['male','male','female','male']}
      stud_score=pd.DataFrame(data)
      stud_score
Out[]:
          name        age          score        sex
      0   tom         20.0         86           male
      1   jerry       19.0         90           male
      2   lisa        NaN          92           female
      3   lisa        NaN          58           male
```

上述代码构造了一个包含重复值、缺失值的数据框 stud_score，其 name 列中包含重复名字 lisa，age 列中存在缺失值 NaN。对于缺失值 NaN，可以采用多种处理方式，例如删掉缺失值所在的行、利用均值或特殊值填充缺失值等。

```
In []:
      stud_score_dropna=stud_score.dropna()      # 删除缺失值所在的行，返回一个新的
DataFrame
      stud_score_dropna
```

```
Out[]:
          name    age    score   sex
    one   tom    20.0    86      male
    two   jerry  19.0    90      male
In []:
    stud_score_mean=stud_score.fillna(stud_score.mean())  # 使用列平均值填充空值
    stud_score_mean
Out[]:
          name   age   score    sex
    0     tom    20.0   86      male
    1     jerry  19.0   90      male
    2     lisa   19.5   92      female
    3     lisa   19.5   58      male
```

对于存在的重复数据，比如 name 列中有两个 lisa，可能存在异常，可以借助 duplicated() 和 drop_duplicates() 方法进行处理。其中 duplicated() 用于标记是否重复，而 drop_duplicates() 用于删除重复数据。

```
In []:
    stud_score_mean.duplicated(subset='name',keep='first')  # 标记非第一次出现
的重复行
Out[]:
    0     False
    1     False
    2     False
    3      True
    dtype: bool
In []:
    stud_score_mean.drop_duplicates('name',keep='first',inplace=True)  # 删
除 name 列标记为重复的行
    stud_score_mean
Out[]:
          name       age      score      sex
    0     tom        20.0     86         male
    1     jerry      19.0     90         male
    2     lisa       19.5     92         female
```

11.2.3 访问 DataFrame 的数据

DataFrame 可以看作一个内存中的二维表格，有时我们希望访问（获取）二维表格中的部分数据，如某行数据、某列数据或者某个区域的数据块等，DataFrame 提供了多种访问方式，如表 11-4 所示。

表 11-4　DataFrame 的访问方式（df 表示 DataFrame 对象）

访问位置	方法	说明
访问列	df[列名] 或 df[[列名 1, 列名 2, ...]]	访问对应的列，如 df['name'] 选取 name 列
访问行	df[m:n]	访问 m 行到 n-1 行的数据，df[3:6] 表示返回第 4 行到第 6 行的数据（即索引为 3 ~ 5 的行）
访问数据块	df.loc[行索引名或条件，列索引名] 或 df.iloc[行索引号，列索引号]	loc 方法通过传入索引名实现切片操作，而 iloc 方法传入的是行索引号（位置）和列索引号（位置），两者可以实现一致的功能

1. 访问单列或多列

获取 DataFrame 的某列，则返回一个 Series：

```
In []:
    stud_score_mean[ 'name' ]    # 获取 name 列，返回一个 Series
Out[]:
    0    tom
    1    jerry
    2    lisa
    Name: name, dtype: object
```

获取 DataFrame 的多列，则返回一个新的 DataFrame：

```
In []:
    stud_score_mean[['name','score']]  # 获取 name、score 两列，返回一个新的
DataFrame
Out[]:
    name    score
    0    tom    86
    1    jerry  90
    2    lisa   92
```

2. 获取一行或多行

```
In []:
    stud_score_mean[0:2]    # 通过行标签号（位置），获取索引为 0、1 的两行
Out[]:
        name    age   score  sex
    0   tom     20.0  86     male
    1   jerry   19.0  90     male
```

3. 获取数据块

可以使用 loc 方法获取某数据块（行和列），该方法接收标签名作为参数：

```
In []:
    stud_score_mean.loc[[0,2],[ 'name' , 'score' ]]       # 行索引 0、1 与 name、
score 列交叉的数据块
```

```
Out[]:
        name      score
    0   tom       86
    2   lisa      92
```

iloc 方法也可以用于获取数据块（行和列），该方法接收索引号作为参数：

```
In []:
    stud_score_mean.iloc[[0,2],[0,2,3]]  # 行索引 0、2 与列索引 0、2、3 组成的数据块
Out[]:
        name      score sex
    0   tom       86    male
    2   lisa      92        female
```

11.2.4 筛选符合条件的数据

我们可以通过 DataFrame[条件] 筛选出符合特定条件的数据，示例如下：

```
In []:
    stud_score_mean[(stud_score_mean['age']>=19)]  # 筛选出年龄大于等于 19 的数据
Out[]:
        name      age    score  sex
    0   tom       20.0   86     male
    1   jerry     19.0   90     male
    2   lisa      19.5   92     female
In []:
    # 筛选出 score 大于 90，并且 sex 为 male 的数据
    stud_score_mean[(stud_score_mean['score']>=90) & (stud_score_mean
['sex']=='male')]
Out[]:
        name      age    score      sex
    1   jerry     19.0   90         male
```

📊 **任务实施**

【 文档：实训指导
书 11.2 】

本任务的实施过程与思路如下。

（1）通过 df.columns 查看各列的名称。

【 源代码：碳排放
数据分析 2.ipynb 】

```
In []:
    gh_gases.columns     # 查看 gh_gases 的列名
Out[]:
    Index(['原煤', '洗精煤', '其他洗煤', '型煤', '焦炭', '煤气', '其他气体',
'其他焦化产品', '原油', '汽油','煤油', '柴油', '燃料油', '液化石油气', '炼厂气体',
'其他石油产品', '天然气'],dtype='object')
```

（2）查看数据的形状（行列数），得知 gh_gases 共 23 行、17 列。

```
In []:
      gh_gases.shape
Out[]:
(23, 17)
```

（3）浏览文件数据可知，**gh_gases** 中有空值，用零填充空值。

```
In []:
      gh_gases.fillna(0,inplace=True)   # 用零填充空值；inplace=True 表示替换原有的
gh_gases
```

（4）获取焦煤、原煤的碳排放数据。

```
In []:
      gh_gases[[' 焦炭 ',' 原煤 ']]
Out[]:
            焦炭            原煤
      1997   286.67        1837.27
      1998   297.06        1766.73
      1999   278.60        1721.72
      （仅显示部分结果）
```

（5）获取 2015—2018 年汽油、柴油、燃料油、天然气的排放数据。

```
In []:
      gh_gases.loc[2015:2019,[' 汽油 ',' 柴油 ',' 燃料油 ',' 天然气 ']]
Out[]:
            汽油        柴油        燃料油      天然气
      2015   332.44     534.66     69.34     316.77
      2016   346.84     517.82     69.25     326.74
      2017   359.58     517.78     71.11     357.68
      2018   381.35     505.57     69.47     399.50
```

（6）获取焦炭排放超过 1200 万吨的年份。

```
In []:
      gh_gases[gh_gases[' 焦炭 ']>1200].index
Out[]:
      Int64Index([2012, 2013, 2014, 2015, 2016, 2017, 2018, 2019],
dtype='int64')
```

任务 11.3　数据的进一步统计分析

任务分析

在数据分析过程中，我们经常需要对数据进行统计性分析，pandas 库提供了许多函数，

微课：任务 11.3 数据的进一步统计分析

这些函数的应用在数据分析过程中是非常重要的。本任务将继续使用 pandas 的常用函数对数据做进一步分析，最终将结果保存到 Excel 表格、CSV 文件中；具体任务内容及相关知识点如表 11-5 所示。

表 11-5 具体任务内容及相关知识点

序号	具体任务内容	相关知识点
1	统计原煤产生的二氧化碳排放量最高的 3 个年份（Top3）	sort_values 方法、head 方法
2	计算汽油产生的二氧化碳排放均值、最大值、最小值	describe 方法
3	统计 2019 年各项燃料产生的二氧化碳排放量 Top3	loc、sort_values 方法、head 方法
4	统计 2010—2019 年各年度二氧化碳排放量	apply 方法、loc
5	将数据分析的结果保存到常用的 Excel 表格、CSV 中，以备后续使用	to_csv 方法、to_excel 方法

数据分析完毕后，输出 2010—2015 年碳排放总量如图 11-10 所示。

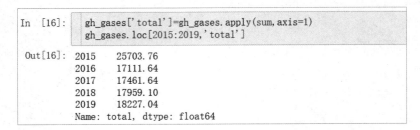

图 11-10 2010—2015 年碳排放总量

 知识储备

11.3.1 排序操作

数据分析过程中经常用到排序操作，DataFrame 提供了两种排序方式：（1）按照值进行排序，使用 sort_values(by= 字符串或者 list< 字符串 >,ascending = True,inplace = False) 函数，其中 by 表示排序的依据（如按照某些列进行排序），ascending 表示是否升序排列，inplace 表示是否修改原始的 Series；（2）按照索引进行排序，使用 sort_index(ascending = True,inplace = False) 函数，其中 ascending 表示是否升序排列，inplace 表示是否修改原始的 Series。以下是按照值进行排序的示例：

```
In []:
    # stud_score_mean 数据见任务 11.2
    stud_score_mean.sort_values(by= 'score',ascending=False,inplace=True)
# 按照 score 降序排列
    stud_score_mean
Out[]:
```

```
         name    age    score  sex
    2    lisa    19.5   92     female
    1    jerry   19.0   90     male
    0    tom     20.0   86     male
```

11.3.2　基本描述性统计

DataFrame 提供了 max()、min()、mean() 等方法用于统计某些列的值，具体示例如下：

```
In []:
    stud_score_mean['age'].mean()              # 求 age 列的平均值
Out[]:
    19.5
In []:
    stud_score_mean[['age','score']].max()     # 求 age、score 两列的最大值
Out[]:
    age     20.0
    score   92.0
    dtype: float64
```

除此之外，Pandas 还提供了 describe() 函数，可以一次性给出最大、最小、平均、标准差、四分位数等统计指标。

```
In []:
    stud_score_mean[['age','score']].describe()   # 对于 age、score 两列，给出统计指标
Out[]:
           age       score
    count  3.00      3.000000
    mean   19.50     89.333333
    std    0.50      3.055050
    min    19.00     86.000000
    25%    19.25     88.000000
    50%    19.50     90.000000
    75%    19.75     91.000000
    max    20.00     92.000000
```

11.3.3　灵活的 apply() 方法

Pandas 提供了对 DataFrame/Series 进行"行列操作"的若干方法（函数），其中 apply() 方法是最为灵活的一个。apply() 是一个高阶函数，它可以接收一个函数作为参数，由该函数完成数据的批量处理。apply() 函数的语法格式如下：

```
apply(func,axis=0,raw=False,result_type=None,args=(),**kwargs)
```

参数 func 为应用到行或者列数据的函数；参数 axis=0 表示在每列上应用函数 func()，

笔记

axis=1 表示在每行上应用函数 func。下面的示例用于求 age 列、score 列的最大值：

```
In []:
    stud_score_mean[['age','score']].apply(max,axis=0)
Out[]:
    age      20.0
    score    92.0
    dtype: float64
```

在上面的代码中，stud_score_mean[['age','score']].apply(max,axis=0) 表示将 max() 函数应用到 age 列和 score 列上，从而求出两列的最大值。

func() 函数也可以是用户自定义函数或者 lambda 匿名函数，例如将 score 列的值加 5，得到 final_score 列，代码如下：

```
In []:
    stud_score_mean['final_score']=stud_score_mean.apply(lambda
row:row['score']+5,axis=1)
stud_score_mean
Out[]:
          name     age      score    sex       final_score
    2     lisa     19.5     92       female    97
    1     jerry    19.0     90       male      95
    0     tom      20.0     86       male      91
```

11.3.4   分析结果的保存

数据经过分析处理后，得到的结果可能需要保存到 csv、excel 等文件或数据库表中，以备后续使用。Pandas 库提供了 to_xxx() 系列方法，用于将 DataFrame 写入各种数据文件中。下面尝试使用 to_csv() 和 to_excel() 方法，将 stud_score_mean 数据分别写入 csv、excel 文件。

```
In []:
 # 将 stud_score_mean 写入 csv 文件中
 stud_score_mean.to_csv(r'D:\stud_score_mean.csv',encoding='gbk',sep=',')
 # 将 stud_score_mean 写入 excel 文件中，并指定工作表 sheet 名称为 stud
 stud_score_mean.to_excel(r'D:\stud_score_mean.xlsx',sheet_name='stud_
score_mean')
```

【文档：实训指导书 11.3】

📊 **任务实施**

本任务的实施思路与过程如下。

（1）各年度原煤产生的二氧化碳排放量 Top3。

【源代码：碳排放数据分析 3.ipynb】

```
In []:
    sort_raw_coal=gh_gases.sort_values(by='原煤',ascending=False)
    sort_raw_coal['原煤'].head(3)
```

```
Out[]:
    2013    5271.81
    2012    5076.80
    2014    5009.92
    Name: 原煤, dtype: float64
```

（2）通过 describe() 函数，计算出汽油产生的二氧化碳排放均值、最大值、最小值。

```
In []:
    gh_gases['汽油'].describe()
Out[]:
    mean    205.766522
    min      96.730000
    max     397.960000
    Name: 汽油, dtype: float64
    注: 此处只展示了相关统计结果。
```

（3）统计 2019 年各项燃料产生的二氧化碳排放量 Top3。

```
In []:
    gh_gases.loc[2019].sort_values(ascending=False).head(3)
Out[]:
    原煤      4911.85
    焦炭      1292.59
    其他气体    745.61
    Name: 2019, dtype: float64
```

（4）添加一列 total（每年碳排放总量），进而获取 2015—2019 年排放量。

```
In []:
    gh_gases['total']=gh_gases.apply(sum,axis=1)    # gh_gases 中添加 total 列，
其值为每年碳排放总量
    gh_gases.loc[2015:2020,'total']
Out[]:
    2015    8567.92
    2016    8555.82
    2017    8730.82
    2018    8979.55
    2019    9113.52
    Name: total, dtype: float64
```

（5）将 gh_gases 数据分别写入 csv、excel 文件中。

```
In []:
    # 将 gh_gases 写入 csv 文件中
    gh_gases.to_csv(r'D:\碳排放数据_附件.csv',encoding='gbk',sep=',')
    # 将 gh_gases 写入 excel 文件中，并指定工作表 sheet 名称
    gh_gases.to_excel(r'D:\碳排放数据_附件.xlsx',sheet_name='碳排放数据')
```

笔记

项目总结

Pandas 是 Python 数据分析的利器，借助 Pandas 我们可以便捷地完成数据的清洗、处理与分析工作。"碳排放、碳达峰"是全球关注的热点环境问题，本项目针对我国碳排放数据，通过读取 excel 文件得到对应的 DataFrame（类似于二维表格），进而依靠 DataFrame 丰富的操作完成多维度数据分析。本章我们初步体验了 Pandas 的强大功能，相信通过进一步学习，Pandas 将成为我们进行数据统计分析的得力助手。

本模块的学习重点包括：

（1）由 CSV 等数据源生成 DataFrame；

（2）访问 DataFrame 中的部分数据；

（3）筛选出符合条件的数据；

（4）数据缺失值的简单处理（删除、填充）；

（5）数据重复值的处理；

（6）将数据分析的结果保存为 Excel 文件。

本模块的学习难点包括：

（1）以 loc、iloc 方式访问 DataFrame 中的数据块；

（2）使用 apply() 方法处理数据集；

（3）sort_values() 数据的排序操作。

能力检验

1. 选择题

（1）使用 Python Pandas 处理缺失值，以下哪个选项可以删除缺失值 NaN 所在的行（　　）

    A．isnull   B．Notnull   C．dropna   D．fillna

（2）进行数据预处理时，使用 pandas 模块中的去重函数 drop_duplicates，代码为：df.drop_duplicates(subset=['A','B','C'],keep= ,inplace=)，下列选项中说法不正确的是（　　）

    A．参数 subset 用于指定要去重的列名

    B．keep 指定要保留行，有两个可选参数 first 和 last

    C．inplace 表示是否要在原数据上操作或者存为副本

    D．去重后行标签不变，如需改变可使用 df.reset_index() 重置索引

（3）对 df(DataFrame 结构) 中的'数量'列进行降序排列，下列命令正确的是（　　）。

    A．df.sort_values(by='数量',ascending=True)

    B．df.sort_values(by='数量',ascending=False)

    C．df.sort_index(by='数量',ascending=False)

D．df.sort_index(by='数量'，ascending=True)

（4）对于 DataFrame 对象，下列说法错误的是（　　　　）

    A．DataFrame 对象是一个表格型的数据结构

    B．DataFrame 对象常用于表达二维数据，也可以表达多维数据

    C．DataFrame 对象的所有列的数据类型必须相同

    D．DataFrame 对象的每一列都是一个 Series 对象

（5）已知 s=pd.Series([1,2,3],index=[2,3,1])，则 s[2] 的值是（　　　　）

    A．1　　　　　　　B．2　　　　　　　C．3　　　　　　　D．报错

2．填空题

（1）Pandas 的核心是_____和_____两大数据结构。

（2）DataFrame 用来获取元素索引（行标签）和列标签（列名称）的属性分别为_____和_____。

（3）_____和_____是处理缺失值的常用方法。

（4）Python Pandas 处理缺失值，使用_____将 df 中的缺失值 NaN 用数据 1 进行填充。

（5）_____可以按照指定行或列的值进行排序。

3．编程题

（1）由字典 {'Tom':[80,92,83],'Jerry':[82,88,96],'Petter':[90,88,94]} 生成 DataFrame，并输出 DataFrame 的形状。

（2）构造一个含有缺失值的 DataFrame，使用 DataFrame 的相关方法练习删除缺失值行、填充缺失值。

（3）由字典 {'name':['Tom','Jerry','Ben','Lisa'],'age':[20,19,22,23],'score': [86,90,92,58],'sex': ['male','male','female','male']} 创建 DataFrame，按照年龄进行排序（升序），并找出年龄最小的学生。

思辨与拓展

近年来，中国绿色低碳转型发展取得了历史性的巨大成就。数据显示，2020 年中国碳排放强度比 2005 年下降 48.4%，超额完成向国际社会承诺的下降 40% ～ 45% 的目标。节约用水也是低碳生活的重要组成部分，我国是一个水资源短缺、水生态环境脆弱的国家，人均水资源占有量仅为 2300 立方米，不足世界平均水平的四分之一，位列全球第 110 位，已被联合国列为 13 个贫水国家之一。目前，节水降耗、绿色发展成为多地政府生态环境的治理方针，截至 2021 年底全国已建成 130 个国家节水型城市，节约用水的理念逐步深入人心。你认为可以采取哪些绿色低碳、节能减排等方面的举措？

现有 2020 年我国各省市用水总量数据，为了解我国水资源现实状况，请尝试使用 Pandas 模块完成数据分析工作，基本要求如下：

（1）读取 2020 年水资源消耗数据，生成 DataFrame；

（2）查看数据的首尾 3 行，了解数据的基本形态；

（3）查看数据中有无空值，若有则使用 0 值填充；

（4）分析 2020 年人均用水量超过 800 立方米的省市（自治区）；

（5）统计 2020 年总用水量的前 3 名 Top3。

模块 12

数据可视化——民族骄傲，绚丽图表再现冬奥盛典

微课：单元开篇

📋 情景导入

2022 年 2 月，全球瞩目的北京冬奥会成功举办；北京成为全球首座举办夏季奥运会、冬季奥运会的"双奥之城"，充分展现了中国风采、中国力量。本届冬奥会，我国运动员共取得 9 金、4 银、2 铜的优异成绩，点燃了大众对冰雪运动的热爱，激发了人们参与冰雪运动的热情，极大增强了中华民族的自信与凝聚力。

现从北京冬奥会官网获取了一组 2022 北京冬奥会奖牌榜数据，展示了各国（奥委会）获奖情况（如图 12-1 所示），要求使用 Python 完成奖牌数据的可视化，通过柱状图、饼图、折线图、地图等形式直观展示各国冬奥会的成绩。

【PPT：模块 12 数据可视化】

顺序	NOC	G	S	B	合计	总排名
1	挪威	16	8	13	37	1
2	德国	12	10	5	27	3
3	中国	9	4	2	15	11
4	美国	8	10	7	25	5
5	瑞典	8	5	5	18	6
6	荷兰	8	5	4	17	9
7	奥地利	7	7	4	18	6
8	瑞士	7	2	5	14	12
9	ROC	6	12	14	32	2
10	法国	5	7	2	14	12

图 12-1　北京冬奥奖牌榜

笔记

项目分解

Pyecharts 是一款流行的国产数据可视化工具（第三方库），在 Pyecharts 的加持下，使用少量代码即可绘制一张数据可视化图表，本项目按照"体验→实践→应用"的思路，分为 3 个任务，项目分解说明如表 12-1 所示。

表 12-1 项目分解说明

序号	任务	任务说明
1	绘制第一个图表	安装 Pyecharts 库，体验并绘制第一个数据可视化图表
2	绘制饼图与柱状图	根据北京冬奥会数据，绘制柱状图、饼图
3	绘制折线图与地图	根据历届冬奥会数据，绘制折线图、地图

学习目标

（1）熟悉利用 Pyecharts 库绘制图表的基本流程；

（2）应用 Pyecharts 库绘制基本的柱状图、饼图、折线图、地图；

（3）使用 options 配置项，完成图形的基本配置，提升显示效果；

（4）能够设置图表的大小、风格等初始化参数。

任务 12.1 绘制第一个 Pyecharts 图表

微课：任务 12.1 绘制第一个 Pyecharts 图表

任务分析

数据可视化是直观、形象展示数据的重要手段，本任务将介绍流行的数据可视化工具，带领读者体验使用 Pyecharts 绘制第一个数据可视化图表，具体任务内容及相关知识点如表 12-2 所示。

表 12-2 具体任务内容及相关知识点

序号	具体任务内容	相关知识点
1	安装 Pyecharts 库	pip install 命令
2	在 jupyter notebook 中绘制一个柱状图	柱状图
3	在 PyCharm 中绘制一个柱状图	柱状图

完成上述任务，绘制的柱状图效果如图 12-2 所示。

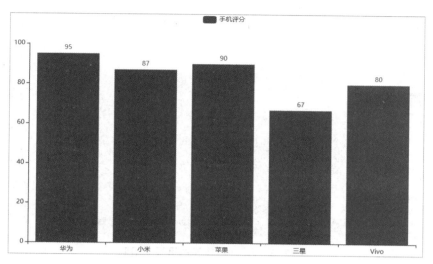

图 12-2　柱状图效果

知识储备

　　数据通常是枯燥乏味的，人们对于大小、形状、颜色等更容易产生浓厚的兴趣。数据可视化即通过编程、工具平台等手段，将枯燥乏味的数据转换为丰富生动的视觉效果，数据可视化不仅有助于简化分析过程，还可以有效提升数据利用的效果。

12.1.1　数据可视化库

　　目前，Python 拥有较为丰富的第三方可视化库，如 Matplotlib、Seaborn、Ploty、Pyecharts 等。Matplotlib 是最早的 Python 数据可视化库，它是类似 matlab 的纯 Python 第三方库，其初衷是利用 Python 实现 matlab 的部分功能，是 Python 中最出色的绘图库之一；同时 Matplotlib 也继承了 Python 简洁的风格，可以方便地设计和输出二维及三维数据。

　　Seaborn 是基于 matplotlib 的图形可视化 python 包，它在 matplotlib 的基础上进行了更高级的 API 封装，从而使应用过程更加便捷，便于用户制作出各种有吸引力的统计图表，与 matplotlib 相比，Seaborn 拥有更美观、更现代的调色板设计。

　　Pyecharts 是由中国团队基于 Echarts 开发的、用于生成 Echarts 图表的类库。Echarts 是百度开源的一个数据可视化 JS 库，凭借良好的交互性和精巧的图表设计，得到了众多开发者的认可。Pyecharts 可以看作 Python 与 Echarts 的对接，通过编写 Python 代码、调用 Py-echarts 接口，可以生成 Echarts 的各类图表，本项目将使用 Pyecharts 实现冬奥数据可视化。

12.1.2　Pyecharts 的安装

　　ECharts 是一款基于 JavaScript 的数据可视化图表库，能够提供直观、生动、可交互、可个性化定制的数据可视化图表。ECharts 最初由百度团队开发，并于 2018 年初捐赠给 Apache 基金会；2021 年 1 月，Apache 基金会官方宣布 ECharts 项目成为 Apache 顶级项目。

读者可登录 Echarts 官网（ https://echarts.apache.org ）了解其支持的可视化图表，如图 12-3 所示。

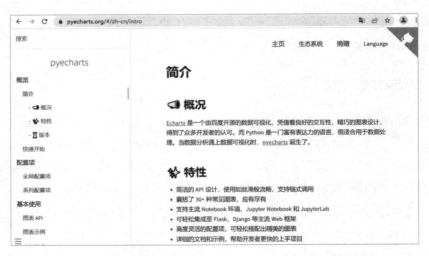

图 12-3　Echarts 支持的可视化图表

Pyecharts 是将 Python 与 Echarts 结合起来，用户只需熟悉 Python 基础语法，即可编写出绚丽、动态交互的 Echarts 可视化图表。此外，Pyecharts 官网文档默认为中文，对于国内用户极为友好，便于学习。登录 Pyecharts 官网可以查看 Pyecharts 介绍及使用手册（ 如图 12-4 所示 ）。

图 12-4　Pyecharts 官网中的 Pyecharts 介绍及使用手册

Pyecharts 的安装极为简便，在 Windows 的"命令提示符"窗口中，使用 pip 命令即可完成安装：

```
pip  install  Pyecharts
```

如果选用 Pycharm 作为开发工具，可以在 Pycharm 环境下安装 Pyecharts（ 路径：File->Setting->Python Interpreter，具体可参照前述项目 ）。

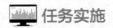
【 文档：实训指导书 12.1 】

💻 **任务实施**

本任务的实施思路与过程如下。

（1）以 Jupyter Notebook 作为开发工具，绘制一个柱状图表。按照模块 11 中介绍的方式，进入 Jupyter Notebook 开发环境，输入下面的代码并执行。

【源代码：第一个柱状图 .ipynb】

```
In[ ]:
    from pyecharts.charts import Bar          # 导入 Pyecharts 中的柱状图 Bar 类
    x_data=['华为','小米','苹果','三星','Vivo']    # 定义 x 轴数据
    y_data=[95,87,90,67,80]                    # 定义 y 轴数据
    bar=Bar()                                  # 生成一个柱状图 Bar 对象
    bar.add_xaxis(x_data)                      # 为 Bar 对象添加 x 轴数据
    bar.add_yaxis('手机评分',y_data)            # 为 Bar 对象添加 y 轴数据
    bar.render_notebook()                      # 在 jupyter notebook 中提交显示
Out[ ]:
```

上述代码中，首先导入了 Pyecharts 库中的柱状图 Bar 类，然后生成了一个 Bar 类对象 bar，并为 bar 对象添加 x 轴、y 轴的数据（x 轴数据为 5 个手机品牌，y 轴数据为各手机品牌的销量），最后在 jupyter notebook 中显示该柱状图。

（2）在 PyCharm 中完成同样的功能：在 PyCharm 工程中新建一个 Python 文件，输入下面的代码。

```
from pyecharts.charts import Bar
x_data=['华为','小米','苹果','三星','Vivo']
y_data=[95,87,90,67,80]
bar=Bar()
bar.add_xaxis(x_data)
bar.add_yaxis('手机评分',y_data)
bar.render()                        # 提交，在当前路径下生成 render.html 文件
```

上述代码与 Jupyter Notebook 中的代码基本一致，但最后一行 bar.render() 表示直接提交，即在当前路径（Python 文件的目录下）生成一个名为 "render.html" 的网页，使用浏览器打开 render.html，可以看到生成的柱状图（图 12-5 所示）。

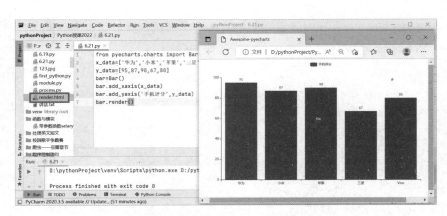

图 12-5 生成并查看 render.html 文件

任务 12.2 根据北京冬奥会数据绘制柱状图、饼图

微课：任务 12.2 根据北京冬奥会数据绘制柱状图、饼图

 任务分析

在 2022 北京冬奥会上，29 个国家的运动员喜获奖牌，我国运动健儿更是取得了 9 枚金牌的骄人成绩，刷新了我国冬奥金牌记录。本项任务要求使用 Pyecharts 完成的具体工作及相关知识点如表 12-3 所示。

表 12-3 具体任务内容及相关知识点

序号	具体任务内容	相关知识点
1	读取北京冬奥会奖牌榜数据，生成 DataFrame	Pandas
2	获取 DataFrame 中，各国所获金牌数量	Pandas
3	绘制柱状图，展示各国所获金牌情况（Top10）	柱状图 Bar
4	绘制饼图，展示各国所获金牌情况（Top10）	饼图 Pie

完成上述任务后，程序运行效果如图 12-6 所示。

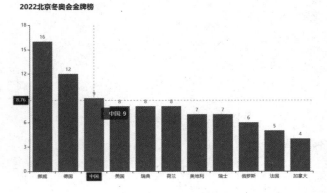
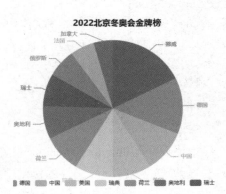

图 12-6 金牌榜柱状图、饼图

📖 **知识储备**

12.2.1　为柱状图设置效果

在任务 1 中，我们使用短短的 6 行代码完成了一个柱状图的绘制，但是这个柱状图不包含标题、提示框等信息，且显示风格比较单一。要实现更加绚丽、动态交互的图表，需要设置各种 Options 配置项（正如官网强调的"在 Pyecharts 中，一切皆 Options"）。

Pyecharts 的 Options 配置项如图 12-7 所示，包括全局配置项和系列配置项两大类。

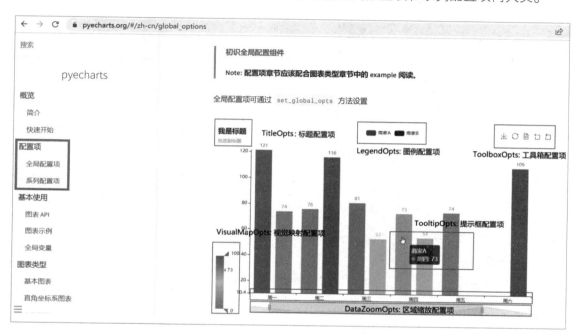

图 12-7　Pyecharts 的配置项

Options 配置项中，InitOpts 配置项是生成图像图表对象时，可添加的初始化配置项，用于设置画布、图表风格、出场动画等。下面通过示例演示 InitOpts 的用法：

【源代码：柱状图、饼图 .ipynb】

```
In [ ]:
    from pyecharts.charts import Bar
    from pyecharts import options
    from pyecharts.globals import ThemeType
    x_data=[' 华为 ',' 小米 ',' 苹果 ',' 三星 ','Vivo']
    y_data=[95,87,90,67,80]
    # 设置初始化参数：画布尺寸（长 600、宽 400），图表主题风格为 'macarons'
    bar=Bar(init_opts=options.InitOpts(width='600px',height='400px',theme='macarons'))
    bar.add_xaxis(x_data)
    bar.add_yaxis(' 手机销量 ',y_data,bar_width=40)    # bar_width=40 设置柱子宽度
    bar.render_notebook()
```

Out[ ]:

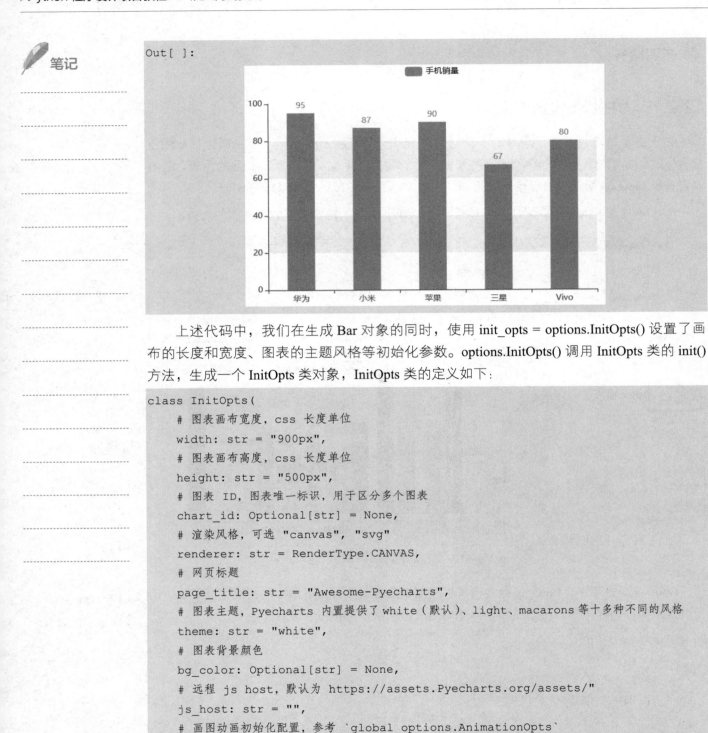

上述代码中，我们在生成 Bar 对象的同时，使用 init_opts = options.InitOpts() 设置了画布的长度和宽度、图表的主题风格等初始化参数。options.InitOpts() 调用 InitOpts 类的 init() 方法，生成一个 InitOpts 类对象，InitOpts 类的定义如下：

```
class InitOpts(
    # 图表画布宽度，css 长度单位
    width: str = "900px",
    # 图表画布高度，css 长度单位
    height: str = "500px",
    # 图表 ID，图表唯一标识，用于区分多个图表
    chart_id: Optional[str] = None,
    # 渲染风格，可选 "canvas", "svg"
    renderer: str = RenderType.CANVAS,
    # 网页标题
    page_title: str = "Awesome-Pyecharts",
    # 图表主题，Pyecharts 内置提供了 white（默认）、light、macarons 等十多种不同的风格
    theme: str = "white",
    # 图表背景颜色
    bg_color: Optional[str] = None,
    # 远程 js host，默认为 https://assets.Pyecharts.org/assets/"
    js_host: str = "",
    # 画图动画初始化配置，参考 `global_options.AnimationOpts`
    animation_opts: Union[AnimationOpts, dict] = AnimationOpts(),
)
```

除 InitOpts 初始化 Options 外，其他类型的 Options 可通过图表对象调用 set_global_opts() 函数完成；以下示例展示了如何设置图表的主副标题 TitleOpts、提示框 TooltipOpts。

In [ ]:

```
from Pyecharts.charts import Bar
```

```
from Pyecharts import options
from Pyecharts.globals import ThemeType
x_data=[' 华为 ',' 小米 ',' 苹果 ',' 三星 ','Vivo']
y_data=[95,87,90,67,80]
 bar=Bar(init_opts=options.InitOpts(width='600px',height='400px',theme='macarons'))
    bar.add_xaxis(x_data)
    bar.add_yaxis(' 手机销量 ',y_data,bar_width=40)
    # 设置 TitleOpts 标题信息、TooltipOpts 提示框信息
    bar.set_global_opts(title_opts=options.TitleOpts(title=' 柱状图示例（标题）',subtitle='（副标题）'),
            tooltip_opts=options.TooltipOpts(trigger_on="mousemove",axis_pointer_type="cross"))
    bar.render_notebook()
Out[ ]:
```

上述代码中 title_opts=options.TitleOpts(title=' 柱状图示例（标题）',subtitle='（副标题）') 用于设置图表的主标题、副标题信息。tooltip_opts=options.TooltipOpts(trigger_on="mousemove",axis_pointer_type="cross") 用于设置提示框，trigger_on="mousemove" 表示鼠标在图表上移动时显示提示框，axis_pointer_type="cross" 用于显示十字准星交叉线。

小贴士：

正如 Pyecharts 官网所言："在 Pyecharts 中，一切皆 Options"，为了配置出更加绚丽、交互感更强的图表，需要根据需求查阅官方文档、设置 Options 配置项，建议读者参照官网示例，多多尝试。

总结上述示例，我们可以发现使用 Pyecharts 绘制图形的过程比较清晰，具体步骤如下：

（1）构造一个图表对象（柱状图、饼图、折线图等各类图表对象）；

（2）为图表对象添加数据（x 轴数据、y 轴数据）；

笔记

（3）为图表设置 Options 配置项；

（4）提交输出图表。

12.2.2　绘制饼图

绘制饼图的方法与绘制柱状图类似，观察以下示例：

```
In [ ]:
    from pyecharts import options as opts
    from pyecharts.charts import Pie
    # 饼图数据 data
    data=[(' 华为 ',95),(' 小米 ',90),(' 苹果 ',72),(' 三星 ',36),('Vivo',85)]
    # 通过 InitOpts 初始化配置项，设置图表的长宽及主题风格（light 风格）
     pie=Pie( init_opts= opts.InitOpts(width='600px',height='400px',theme='light'))
    pie.add('',data_pair=data)
    # 通过配置项，设置标题为"手机销售饼图示例"、居中，设置图例位于 bottom 底部
     pie.set_global_opts(title_opts=opts.TitleOpts(title=' 手机销售量饼图示例 ',pos_left='center'),
                legend_opts=opts.LegendOpts(pos_top='bottom')
                )
    pie.render_notebook()
Out[ ]:
```

饼图中，数据格式要求为 [(key1, value1), (key2, value2)] 样式，例如上述代码中的 [(' 华为 ',95),(' 小米 ',90),(' 苹果 ',72),(' 三星 ',36),('Vivo',85)]。

title_opts=opts.TitleOpts(title=' 手机销售量饼图示例 ',pos_left='center')，用于设置标题内容及标题位置。legend_opts=opts.LegendOpts(pos_top='bottom')，用于设置图例的位置（位于图表的底部）。

12.2.3　链式调用

根据 Pyecharts 官方文档，Pyecharts 图表的所有方法均支持链式调用（上一个方法返回

的对象，继续调用下一个方法，依次类推）。比如下列 **Pyecharts** 官网中展示的几种调用方法，其效果相同：

```
from pyecharts import options as opts
from pyecharts.charts import Pie
data=[(' 华为 ',95),(' 小米 ',90),(' 苹果 ',72),(' 三星 ',36),('Vivo',85)]
# 方法 1：非链式调用
pie= Pie()
pie.add('',data_pair=data)
pie.set_global_opts(title_opts=opts.TitleOpts(title=" Pie- 基本饼图"))
pie.render_notebook()
# 方法 2：链式调用
pie= (Pie()
    .add('',data_pair=data)
    .set_global_opts(title_opts=opts.TitleOpts(title=" Pie- 基本饼图"))
)
pie.render_notebook()
# 方法 3：链式调用
c = (
    Pie()
    .add('',data_pair=data)
    .set_global_opts(title_opts=opts.TitleOpts(title=" Pie- 基本饼图"))
    .render_notebook()
)
c
```

📉 任务实施

【文档：实训指导书 12.2】

本任务的实施思路与过程如下。

（1）读取数据表格，生成 DataFrame。

【源代码：根据北京冬奥会数据绘制柱状图、饼图 .ipynb】

```
In [ ]:
    import pandas as pd
    from pyecharts.charts import Bar
    from pyecharts import options as opts
    df=pd.read_csv(r'D:/Medals_Standing.csv')
```

（2）Pandas 获取所需的数据（前 10 名国家名称、金牌数量）。

```
In [ ]:
    gold=df.loc[0:10,'Gold']
    y_data=list(gold)
    noc=df.loc[0:10,'NOC']
    x_data=list(noc)
```

（3）绘制柱状图。

```
In [ ]:
    bar=Bar()
    bar.add_xaxis(x_data)
    bar.add_yaxis('',y_data,bar_width=50)
      bar.set_global_opts(title_opts=opts.TitleOpts(title='2022北京冬奥会金牌
榜',pos_left=60),
            tooltip_opts=opts.TooltipOpts(trigger_on="mousemove",axis_pointer_
type="cross"))
    bar.render_notebook()
```

（4）绘制饼图。

```
In [ ]:
    from pyecharts.charts import Pie
    data=list(zip(x_data,y_data))
     pie=Pie(init_opts= opts.InitOpts(width='600px',height='400px',theme='li
ght'))
    pie.add("",data_pair=data)
     pie.set_global_opts(title_opts=opts.TitleOpts(title='2022北京冬奥会金牌榜',
pos_left='center'),
                legend_opts=opts.LegendOpts(pos_top='bottom')
                )
    pie.render_notebook()
```

任务 12.3　根据历届冬奥会数据绘制折线图、分布地图

任务分析

折线图、数据地图也是常用的可视化图表，本任务将使用 Pyecharts 绘制这两种图形，具体任务内容及相关知识点如表 12-4 所示。

表 12-4　具体任务内容及相关知识点

序号	具体任务内容	相关知识点
1	根据 1992—2022 年冬奥会中国、法国获得的奖牌情况，绘制折线图	折线图 Line
2	根据 2022 北京冬奥会金牌情况，绘制金牌数据地图	数据地图 Map

完成上述任务，生成的可视化图表效果如图 12-8 所示。

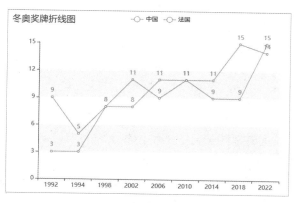

图 12-8 折线图与数据地图

 **知识储备**

12.3.1 绘制折线图

折线图 Line 的绘制方式与柱状图类似，下面通过实例演示绘制两个商家水果销售情况的折线图：

```
In [ ]:
    import pyecharts.options as opts
    from pyecharts.charts import Line
    x_data=['草莓','葡萄','橘子','香蕉','雪梨','樱桃']
    y_data=[82,63,98,46,32,78]
    c = (
     Line(init_opts=opts.InitOpts(width='600px',height='400px',theme='macar
ons'))
    .add_xaxis(x_data)
    .add_yaxis("商家A", y_data)    # 添加 y 轴数据 y1_data
    .set_global_opts(title_opts=opts.TitleOpts(title="水果销售情况"))
    )
    c.render_notebook()
Out [ ]:
```

【源代码：折线图、分布地图 .ipynb】

在上述代码中，首先生成一个 Line 折线图对象，然后分别添加 x 轴数据和 y 轴数据，从而展示某商家的水果销售情况。代码采用了链式调用写法，读者也可以根据需要改写为非链式调用。

12.3.2　绘制分布地图

数据分布地图是将数据与地图结合的一种图像，它可以在地图上展现某些地区的数据，广泛用于数据可视化展示场景。下面的示例代码将绘制珠三角地区 9 个城市的 GDP 数据地图：

```
In [ ]:
    import pyecharts.options as opts
    from pyecharts.charts import Map
    cities=['广州市','深圳市','佛山市','东莞市','惠州市','珠海市','江门市','中
山市','肇庆市']
    gdps=[30665,28232,12157,10855,4977,3882,3601,3566,2650]
    c = (
    Map()
    .add('城市 GDP', list(zip(cities,gdps)), "广东")
    .set_global_opts(
        title_opts=opts.TitleOpts(title="珠三角 9 市 GDP"),
    visualmap_opts=opts.VisualMapOpts(max_=30000)
    ) )
    c.render_notebook()
Out[2]:
```

上述代码使用 map() 方法生成一个地图对象；add(' 城市 GDP', list(zip (cities,gdps)), " 广东 ") 方法用于加载数据及广东省地图；由于地图对象数据要求为 [(key1, value1), (key2, value2)] 样式，因此通过 list(zip (cities,gdps)) 将数据转换为符合要求的格式。opts. VisualMapOpts(max_=30000) 用于设置 Options 配置项，数据的最大值设置为 30000。

🖥 任务实施

【文档：实训指导书 12.3】

自 1980 年我国首次参加冬季奥运会以来，成绩稳步提升，已知 1992—2022 年中、法两国历届冬奥会奖牌获得情况如表 12-5 所示。

表 12-5　1992—2022 中、法两国历届冬奥会奖牌获得情况

年份	1992	1994	1998	2002	2006	2010	2014	2018	2022
中国	3	3	8	8	11	11	9	9	15
法国	9	5	8	11	9	11	15	15	14

【源代码：根据历届冬奥会奖牌数据绘制折线图、分布地图 .ipynb】

由此，绘制折线图代码如下：

```
In [ ]:
    import pyecharts.options as opts
    from pyecharts.charts import Line
    x_data=['1992','1994','1998','2002','2006','2010','2014','2018','2022']
    y1_data=[3,3,8,8,11,11,9,9,15]
    y2_data=[9,5,8,11,9,11,11,15,14]
    c = (
      Line(init_opts=opts.InitOpts(width='600px',height='400px',theme='macaro
ns'))
    .add_xaxis(x_data)
    .add_yaxis("中国", y1_data)     # 添加 y 轴数据 y1_data
    .add_yaxis("法国", y2_data)     # 添加 y 轴数据 y2_data
    .set_global_opts(title_opts=opts.TitleOpts(title="冬奥奖牌折线图"))
    )
    c.render_notebook()
```

绘制北京冬奥金牌地图的过程如下：

（1）导入相关库，由冬奥会数据 csv 文件生成 DataFrame。

```
In [ ]:
    import pandas as pd
    import pyecharts.options as opts
    from pyecharts.charts import Map
    df=pd.read_csv(r'D:/Medals.csv')
```

（2）提取数据中的国家、金牌数两列。

```
In [ ]:
    gold=df.loc[0:20,'Gold']
    y_data=list(gold)
    noc=df.loc[0:20,'NOC']
    x_data=list(noc)
    data=list(zip(x_data,y_data))
```

（3）设置地图类型 maptype="world"，绘制全球金牌地图。

```
In [ ]:
    c = (
    Map()
    .add('金牌数', data, maptype="world")
    .set_global_opts(
      title_opts=opts.TitleOpts(title="2022 北京冬奥会金牌地图"),
      visualmap_opts=opts.VisualMapOpts(max_=18)
    )
    )
    c.render_notebook()
```

笔记

项目总结

数据可视化本质上是视觉对话，借助图形化的手段，将复杂的分析结果以丰富的图表信息形式呈现给用户，提升决策支持力度。Python 有多个常用的可视化第三方库，其中 Pyecharts 是中国团队开发的开源库，使用 Python 代码即可绘制出绚丽的可视化图表。北京冬奥数据可视化项目中，我们利用 Pyecharts 完成了冬奥数据柱状图、饼图、直线图及分布地图的绘制，通过图形图表展现了我国冬季奥林匹克运动的巨大进步，激发了我们参与冰雪运动的热情。

本模块的学习重点包括：

（1）Pyecharts 柱状图的绘制；

（2）Pyecharts 饼图的绘制；

（3）Pyecharts 折线图的绘制；

（4）Pyecharts 数据地图的绘制。

本模块的学习难点包括：

（1）InitOpts 参数的设置；

（2）set_global_opts() 函数的使用；

（3）在 Map 地图中添加展示数据。

能力检验

1. 选择题

（1）Pyecharts 库中用于实现饼图的模块为（　　）。

　　A．Pie　　　　　B．Annular　　　　C．Line　　　　　D．Bar

（2）下列用于绘制柱状图的 Pyecharts 模块是（　　）。

　　A．Bar　　　　　B．Line　　　　　C．ThemeRiver　　　D．Wordcloud

（3）在 Pyecharts 中，给图形添加图例需要使用（　　）。

　　A．ToolboxOpts　B．LegendOpts　　C．TitleOpts　　　D．TooltipOpts

（4）在 Pyecharts 中绘制图形，若标题是"s"，以下设置绘图区标题的命令写法正确的是（　　）。

　　A．title_opts=options.Titleopts(title='s')

　　B．title_opts=options.Titleopts(subtitle='s')

　　C．title_opts=options.legendopts(title='s')

　　D．title_opts=options.legendopts(subtitle='s')

（5）在 Pyecharts 中，设置标题位置水平居中的命令写法正确的是（　　）。

　　A．pos_left='middle'　　　　　　B．pos_right='center'

C．pos_top='center'   D．pos_bottom='center'

2．填空题

（1）Python 中常用的第三方可视化库包括_____、_____、_____等。

（2）Pyecharts 库的_____函数默认将会在当前目录下生成一个 render.html 文件。

（3）_____图能够将数据与地图结合起来，从而在地图上直观展示不同地区的数据情况。

（4）Pyecharts 图表的所有方法均支持_____，即上一个方法返回的对象，继续调用下一个方法。

（5）Pyecharts 中可以使用_____方法生成折线对象。

3．编程题

（1）7 月份，某汽车 4S 店销售的 5 款汽车销量分别为 320 辆、248 辆、38 辆、87 辆、135 辆，要求使用 Pyecharts 绘制柱状图、饼图，从而直观展示销售情况。

（2）某汽车 4S 店 1～6 月份的销售数据为：570 辆、436 辆、307 辆、358 辆、393 辆、415 辆，要求使用 Pyecharts 绘制销售折线图，从而直观反映销售趋势。

思辨与拓展

北京冬奥会的成功举办离不开无数建设者的艰辛付出；自 2015 年申奥成功以来，建设者们历经七年努力，穿越风雪，踏过关山，冲破新冠肺炎疫情的阴霾，竭力打造巧夺天工、世界一流的场馆设施，他们是筑梦冬奥的"硬核力量"。从人扛肩背到飞机吊装，从开山筑路、爆破作业到赛道混凝土喷射等施工作业，建设者全力以赴、从容应战，持续以"精益求精，万无一失"的标准，做好各项赛事保障工作，为冬奥健儿保驾护航。冬奥会不仅传递着奥林匹克的精神和文化，同时也在传承冬奥建设者的中国"工匠精神"。你是如何理解"工匠精神"的？

"工匠精神"要胸怀热忱、追求卓越，坚持精益求精的态度和吃苦耐劳的精神。本项目中利用 Pyecharts 绘制图表展现了各国冬奥会的成绩，我们将持续发扬工匠精神和自主探究精神，利用北京冬奥会数据从更多维度剖析，并在此基础上绘制出更加绚丽、赏心悦目的图表再现冬奥盛典。基本要求如下：

（1）根据北京冬奥会数据从各个维度（如各国参赛人数分布、各项目国家获奖情况、运动员获奖牌的排名等）进行分析并绘制各类图表。

（2）自主学习探究，查找 Pyecharts 官方文档中的相关资料对基础图表进行升级改造，制作更加精致、绚丽的图表。

模块 13

微课：单元开篇

Python 与 AI——科技创新，带你认识奇妙的野生动物

【PPT：模块 13 Python 与 AI 】

情景导入

"绿水青山就是金山银山"，守卫绿色家园、保护生物多样性日渐成为人们的共识；随着信息技术的飞速发展，利用人工智能（Artificial Intelligence，简称 AI）技术提升人们的环保意识、保护珍稀野生动植物资源，也是目前业界的研究应用热点。

百度 AI 平台是一款功能强大的人工智能服务平台，可以完成图形识别、语音识别、人脸识别、知识图谱、自然语言处理等工作，且支持 Python、Java、PHP、C++ 等多种编程语言。本项目将结合百度 AI 开放平台，编写一个动物识别程序；用户可以选择本地的一张图片，通过程序调用百度 AI 接口，完成动物识别；程序还可以调取百度百科资料，获取所识别动物的相关介绍，带领用户认识奇妙的野生动物。

项目分解

按照"在线体验→编制简单识别程序→编制具有图形界面的识别程序"的思路，本模块划分为 3 个任务，项目分解说明如表 13-1 所示。

表 13-1　项目分解说明

序号	任务	任务说明
1	体验百度 AI	在线体验百度 AI 动物识别功能，注册为百度 AI 开放平台的开发者，进而获取相应的权限
2	调用百度接口识别野生动物	采用 SDK 方式，调用百度 AI 平台提供的动物识别接口，识别某个图片，并返回识别结果

续表

序号	任务	任务说明
3	编写具有图形界面的动物识别程序	借助 Python 自带的 Tkinter 库，开发具有图形用户界面的动物识别程序

笔记

📖 学习目标

（1）完成百度 AI 开发者的注册工作，获取免费服务资源；

（2）使用百度 AI 平台 SDK 方式完成单个图形的识别；

（3）应用 Tkinter 模块创建简单的图像用户界面 GUI；

（4）将 AI 动物图像识别与 GUI 结合，完成动物识别程序。

任务 13.1　体验百度 AI 与开发者注册

🔍 任务分析

百度 AI 开放平台是一个功能强大、使用简便的开放 AI 平台，即使是没有任何 AI 编程经验的人员，也能开发出功能强大的 AI 应用，具体任务内容及相关知识点如表 13-2 所示。

微课：任务 13.1 体验百度 AI 与开发者注册

表 13-2　具体任务内容及相关知识点

序号	具体任务内容	相关知识点
1	登录百度 AI 平台，在线体验平台中的动物识别功能	体验动物识别功能
2	完成百度 AI 开发者注册，为后续的开发提供基础	注册成为百度 AI 开发者
3	百度 AI 平台中，创建图像识别应用，并获取免费的服务资源	创建应用

🌱 知识储备

13.1.1　Python 与人工智能

近年来，人工智能、大数据等新一代 IT 技术飞速发展，与之密不可分的 Python 程序设计语言也异常火爆。得益于 Python 简洁的语法、丰富的第三方库和超高的开发效率，人工智能领域中的 PyTorch、TensorFlow、Keras 等知名计算框架均将 Python 作为主要开发语言。作为一门全场景编程语言，目前 Python 已经广泛应用于自然语言处理、计算机视觉、机器学习等众多人工智能细分领域，成为人工智能领域的"必修"语言。

13.1.2　体验百度 AI 开放平台

百度 AI 开放平台（亦称百度大脑）是汇集了百度公司多年人工智能技术积累和业务实

笔记

践的人工智能服务平台，包含视觉、语音、自然语言处理、知识图谱、深度学习等 AI 核心技术。通过百度 AI 开放平台，初学者即使没有人工智能技术基础，也可以轻松完成图像识别、语音识别、自然语言处理、文字识别等各项任务。在开发 AI 应用之前，我们先来体验百度的在线动物识别功能。

1. 进入百度 AI 官网

进入百度 AI 官网（如图 13-1 所示），百度 AI 官网展示了其支持的各种技术，并提供了详细的使用指南。用户可以依次选择"开放能力"→"图像技术"→"动物识别"选项，进入"动物识别"网页，体验动物识别功能。

图 13-1 百度 AI 官网

2. "动物识别"功能介绍

百度"动物识别"功能可以识别近八千种动物，接口返回动物名称及置信度信息，并获取识别结果对应的百科信息（支持获取识别结果的百科信息，返回百科词条 URL、图片和描述，用户可自定义返回词条数）。用户还可以使用 EasyDL 定制训练平台，定制识别分类标签。"动物识别"功能主要适用于拍照识图、幼教科普、图像内容分析等场景。

3. 在线体验"动物识别"

输入网络图片的 URL 或者上传本地图片后，页面会出现识别结果（动物名称及置信度），如图 13-2 所示。百度 AI 平台会默认给出 6 个预测的动物名称及置信度，当图片不是动物时，将显示提示信息。

图 13-2　在线体验动物识别

💻 **任务实施**

【文档：实训指导书 13.1】

百度 AI 开放平台目前支持 Python、Java、PHP、C#、C++、NodeJS 等开发语言，提供了便捷的 API（应用程序接口）与 SDK（软件开发工具包）。要通过程序调用百度 AI 开放平台的图像识别能力，需要注册为百度 AI 开放平台的开发者，进而获取相应的权限并领取免费资源。

1. 注册百度智能云账号

在百度 AI 开放平台官网菜单中单击右上角的"控制台"选项，可以在打开的页面中注册或登录百度智能云控制台（如图 13-3 所示）。

图 13-3　百度智能云用户注册 / 登录

2. 创建应用

登录并进入百度智能云控制台总览页面（如图 13-4 所示），单击左上角的菜单，选择"图

笔记

像识别"选项；在"图像识别"的"概览"窗口中单击"创建应用"按钮，如图 13-5 所示。在"创建应用"页面中填写应用信息。

图 13-4　百度智能云控制台总览

图 13-5　创建新应用

创建新应用完毕后，单击应用列表，可以看到应用名称、AppID、API Key、Secret Key 等后续调用接口的重要参数信息（如图 13-6 所示）。

图 13-6　用户 AppID 等信息

3.　获取免费资源

创建新应用后，单击左侧菜单栏中的"概览"选项，可以看到目前创建的应用情况。为了后续能够顺利调用百度 AI 接口，需要进一步获取百度资源。百度提供了部分免费资源，单击"领取免费资源"按钮（如图 13-7 所示），可以获得一定次数的免费图像识别服务，足以满足学习需求。

图 13-7　单击"领取免费资源"按钮

任务 13.2　调用百度接口识别动物

🔍 任务分析

注册为百度 AI 开发者并获取免费资源后，即可按照平台提供的 SDK 或者 API 方式开发一个简单的动物识别程序。本任务将针对本地某动物图片，调用百度 AI，返回置信度最高的动物名称及百度百科信息，需要完成的具体任务内容及相关知识点如表 13-3 所示。

微课：任务 13.2 调用百度接口识别动物

表 13-3　具体任务内容及相关知识点

序号	具体任务内容	相关知识点
1	安装并导入 baidu-aip 包	pip install、import
2	新建 AipImageClassify 对象	AipImageClassify 类
3	调用 animalDetect() 方法识别图片	animalDetect() 方法
4	分析结果，打印动物名称、置信度、百度百科信息	字典、print 函数

完成上述任务后，图片识别结果示例如图 13-8 所示。

笔记

动物名称：帝王企鹅
置信度：0.990719
帝王企鹅（学名：Aptenodytes forsteri）：也称为皇帝企鹅，是企鹅家族中个体最大的物种，

图 13-8　图片识别结果示例

知识储备

13.2.1　SDK 方式调用百度 AI

百度 AI 平台提供了两种调用方式：SDK 方式和 API 方式。SDK 是一个软件开发工具包，其中涵盖辅助开发某一类软件的相关文档、范例和工具的集合。使用 SDK 方式调用百度 AI 需要安装百度 AI 平台提供的 SDK 中的 baidu-aip 包，用户可以在 Windows 的"命令提示符"窗口中使用 pip 命令完成安装（也可以在 Pycharm 中安装）：

```
pip  install  baidu-aip
```

AipImageClassify 类是图像识别的 Python SDK 客户端，它为开发人员提供了一系列的交互方法。新建一个 AipImageClassify 对象的参考代码如下：

```
from aip import AipImageClassify
""" 你的 APPID AK SK """
APP_ID = '你的 App ID'
API_KEY = '你的 Api Key'
SECRET_KEY = '你的 Secret Key'

client = AipImageClassify(APP_ID, API_KEY, SECRET_KEY)
```

在上述代码中，三个变量 APP_ID、API_KEY、SECRET_KEY 是在百度智能云控制台创建完应用后，由系统分配、用于标识用户的验证信息，用户可以在 AI 服务控制台的应用列表中查看它们的值（具体见本模块任务 1）。

AipImageClassify 提供了 animalDetect(image, options) 方法，该方法用于识别一张图片，即对于输入的一张图片（要求可正常解码，且长宽比适宜），输出动物识别结果。参数 image 为需要识别的图像数据，options 为可选参数。基本示例如下：

```
# 读取图片
filePath='读取的图像文件'
with open(filePath, 'rb') as fp:
        image=fp.read()
# 调用动物识别方法
client.animalDetect(image)
# 可选参数字典
options = {}
options["top_num"] = 3
```

```
options["baike_num"] = 5
# 带参数调用动物识别方法
client.animalDetect(image, options)
```

　　代码中，filePath 为要读取的文件（路径），open(filePath，'rb'）命令用来打开 filePath 图像文件，rb 表示以二进制模式打开（注意图像文件需要使用 b 模式打开）。options 为选项字典，top_num 为返回的预测得分最高的条目数量，baike_num 为百度百科信息的结果数（默认不返回）。animalDetect() 图片识别返回结果以字典形式呈现，示例如下：

```
{
  "log_id": 7392482912853822863,
  "result": [{
    "name": "叉角羚",
"score": "0.993811",
    "baike_info": {
      "baike_url": "http://baike.baidu.com/item/%E5%8F%89%E8%A7%92%E7%BE%9A/8
01703",
        "description": "叉角羚（学名：Antilocapra americana）：在角的中部角鞘有向前
伸的分枝，故名。体型中等，体长 1~1.5 米，尾长 7.5~10 厘米，肩高 81~104 厘米，体重 36~60 千
克，雌体比雄体小；背面为红褐色，颈部有黑色鬃毛，腹部和臀部为白色，颊面部和颈部两侧有黑色块
斑；......"
    }
  }]
}
```

　　animalDetect() 返回结果数据参数的相关说明如表 13-4 所示。

表 13-4　animalDetect 返回结果数据参数的相关说明

参数	类型	是否必须	说明
log_id	uint64	是	唯一的 log id，用于问题定位
result	array(object)	是	识别结果数组
+name	string	是	动物名称，示例：蒙古马
+score	uint32	是	置信度，示例：0.5321
+baike_info	object	否	对应识别结果的百科词条名称
++baike_url	string	否	对应识别结果百度百科页面链接
++image_url	string	否	对应识别结果百科图片链接
++description	string	否	对应识别结果百科内容描述

13.2.2　API 方式调用百度 AI

　　百度 AI 开放平台使用 OAuth2.0（一种关于授权认证的开放网络标准）方式调用开放 API，调用 API 时必须在 URL 中附带 access_token 参数。获取本人的 Access Token 可以使

用如下代码：

```
import requests
# client_id 为官网获取的AK，client_secret 为官网获取的SK
host = 'https://aip.baidubce.com/oauth/2.0/token?grant_type=client_
credentials&client_id=【官网获取的AK】&client_secret=【官网获取的SK】'
response = requests.get(host)
if response:
    print(response.json().get('access_token'))
```

使用上述代码，需要将 client_id 改为个人 AK、client_secret 改为个人 SK，代码最后一行 print(response.json().get('access_token')) 可打印输出个人的 Access Token（注意：Access Token 的有效期为 30 天）。

获取 Access Token 后，可以参考如下代码识别动物：

```
import requests
import base64
request_url = "https://aip.baidubce.com/rest/2.0/image-classify/v1/animal"
# 以二进制方式打开图片文件
f = open('[本地文件]', 'rb')
img = base64.b64encode(f.read())
params = {"image":img,"top_num":3,"baike_num":5}
access_token = '[调用鉴权接口获取的token]'
request_url = request_url + "?access_token=" + access_token
headers = {'content-type': 'application/x-www-form-urlencoded'}
response = requests.post(request_url, data=params, headers=headers)
if response:
    print (response.json())
```

API 方式返回的结果与 SDK 方式一致：以字典的形式返回动物名称、置信度及百度百科等信息。

🖥 任务实施

【文档：实训指导书 13.2】

本任务的实施思路与过程如下：

（1）针对本地某动物图像文件，采用 SDK 方式进行识别，返回置信度最高的动物名称及百度百科信息。

【源代码：animal1.py】

```
from aip import *
APP_ID = '你的 App ID'
API_KEY = '你的 Api Key'
SECRET_KEY = '你的 Secret Key'
client=AipImageClassify(APP_ID ,API_KEY,SECRET_KEY)
with open(r'C:\Users\zsz\Desktop\dog.png','rb') as file:
    image=file.read()
```

```
options = {}
options["top_num"] = 3
options["baike_num"] = 2
result=client.animalDetect(image,options)
print(result)
```

上述代码中，APP_ID、API_KEY、SECRET_KEY 需要替换为个人应用的相关信息。result 返回的结果样式如下：

```
{'result': [{'name': '帝王企鹅', 'score': '0.990719', 'baike_info': {'baike_
url': 'http://baike.baidu.com/item/%E6%8B%89%E5%B8%83%E6%8B%89%E5%A4%8C%8E
%E7%8A%AC/452983', 'image_url': 'https://bkimg.cdn.bcebos.com/pic/810a19d8
bc3eb13506f224af1ea8d3fc1f4456', 'description': '帝王企鹅（学名：Aptenodytes
forsteri）：也称为皇帝企鹅，是企鹅家族中个体最大的物种，一般身高在 90 厘米以上，最大可达到
120 厘米，体重可达 50 千克。'}},　【部分内容省略】 ], 'log_id': 1494923082265971853}
```

（2）进一步解析返回的结果数据，得到所需的信息，例如输出置信度最高的动物名称及其百度百科简介等。

```
name=result.get('result')[0].get('name')
score=result.get('result')[0].get('score')
description=result.get('result')[0].get('baike_info').get('description')
print(f'动物名称：{name}')
print(f'置信度：{score}')
print(f'百度百科介绍：{description}')
```

运行上述代码，部分结果如下：

```
动物名称：帝王企业
置信度：0.990719
帝王企鹅（学名：Aptenodytes forsteri）：也称为皇帝企鹅，是企鹅家族中个体最大的物种，一般
身高在 90 厘米以上，最大可达到 120 厘米，体重可达 50 千克。
```

任务 13.3　开发具有图形界面的动物识别程序

🔍 任务分析

任务 13.2 中，调用百度 AI 接口完成了单张动物图片的识别，但该程序存在两个明显缺点：（1）图片名称及存储路径固定在代码中，无法自由选择，不够灵活；（2）缺乏可视化的图形用户界面（GUI），用户体验不够友好。本任务将使用 Python 的内置库 Tkinter 开发一个包含图形用户界面的动物识别程序，具体任务内容及相关知识点如表 13-5 所示。

微课：任务 13.3 开发具有图形界面的动物识别程序

表 13-5　具体任务内容及相关知识点

序号	具体任务内容	相关知识点
1	安装并导入 baidu-aip、tkinter 、PIL 等包	pip install、import
2	定义通过百度 AI 识别图片的函数，返回识别结果	AipImageClassify 类、animalDetect 方法、字典
3	使用 TKinter 创建图形用户界面，包含：（1）主窗口，（2）选择本地图片的按钮，（3）显示图片的标签 label1，（4）显示识别结果信息的标签 lable2	Tinker 主窗口、Label 标签、Button 按钮
4	为按钮关联函数，用户单击窗口中的按钮则弹出文件选择器，选取所要识别的动物图像文件；调用图片识别函数，并将图片显示在标签 label1 中，识别结果（动物名称、置信度、百度百科信息）显示在标签 lable2 中	文件选择框、PIL 读取图像文件、Tkinter 的 PhotoImage 对象、标签的 configure 方法

　　完成上述任务后，动物识别程序运行效果如图 13-9 所示，通过文件选择框选取要识别的野生动物图片后，在窗口中显示识别结果。

图 13-9　动物识别程序运行效果

知识储备

13.3.1　Tkinter 简介

　　Python 提供了多个用于开发图形界面的库，常用的有以下几种。

　　（1）Tkinter：Tkinter 模块是 Tk GUI 套件的标准 Python 接口。Tk 可以在大多数 Unix 平台上使用，同样可以应用在 Windows 和 Mac 系统中。Tkinter 8.0 的后续版本可以实现本地窗口风格，并在绝大多数平台中良好地运行。

　　（2）wxPython：wxPython 是一款开源软件，是一套优秀的 Python 语言 GUI 图形库，方便 Python 程序员创建完整的、功能健全的 GUI 用户界面。

（3）Jython：Jython 是一个使用 Java 语言编写的 Python 解释器，Jython 程序可以与 Java 无缝集成。Jython 不仅提供了 Python 库，同时也提供了所有的 Java 类，因此 Jython 也可以使用 Java 的 GUI 工具包 Swing、AWT 或者 SWT，同时也可以编译成 Java 字节码。

Tkinter 是 Python 内置的应用库，无须单独安装，通过 import Tkinter 语句导入即可。本项任务中，我们将使用 Tkinter 构建动物识别程序的图形用户界面。

13.3.2　生成主窗口

在 Tkinter 库中，Tk 类为窗口类，用户可以使用如下方法生成一个程序主窗口。

【源代码：13_1_tkinter 窗口 .py】

```
import tkinter
root=tkinter.Tk()                    # 生成一个主窗口
root.title(' 窗口 Title 名称 ')          # 设置窗口的 title
root.geometry('300x200')             # 设置窗口的大小，长 300，宽 200
root.mainloop()                      # 显示窗口，进入消息循环
```

在上述代码中，tkinter.Tk() 用于生成一个窗口，title() 方法用于设置窗口的名称，geometry() 方法用于设置窗口的大小，mainloop() 方法则用于显示窗口并进入消息循环开始监听，生成的 Tkinter 窗口效果如图 13-10 所示。

13.3.3　Label 标签

在 Tkinter 窗口中，我们可以添加标签、按钮、菜单、列表框等各种常用控件。Tkinter 标签控件 Label 可以用于显示文本和图像，比如需要在 Label 上显示一行或多行文本，可以参考如下代码：

图 13-10 Tkinter 窗口效果

【源代码：13_2_带标签的 tkinter 窗口 01.py】

```
import tkinter
root=tkinter.Tk()
root.title(' 窗口 Title 名称 ')
root.geometry('300x200')
lab=tkinter.Label(master=root)          # 生成一个标签 Label
lab.configure(text='I like Python!')    # 设置（修改）标签的文字
lab.pack()                              # 将标签添加到 root 窗口中
root.mainloop()
```

图 13-11　带标签的窗口效果

上述代码中，Label(master=root) 表示生成一个标签对象，其父容器为 root 窗口；lab.configure(text=' I like Python!'）用于设置（修改）标签的文本；lab.pack() 将标签添加到其父容器（即 root 窗口）中，带标签的窗口效果如图 13-11 所示。

除了可以显示文本外，标签也可以显示图片。需要注意的是 Tkinter 本身仅支持 gif 格式图片，而对于 png、jpg 等格式图片，可以借助 PIL 库加以处理。以下代码可以实现在标

【源代码：13_3_带标签的 tkinter 窗口 02.py】

签中显示一个图片。

```
import tkinter
from PIL import Image,ImageTk
root=tkinter.Tk()
root.title(' 窗口 Title 名称 ')
root.geometry('300x200')
lab=tkinter.Label(master=root)
# 打开图像文件，得到一个 PIL 图像对象
img=Image.open(r" C:\Users\zsz\Desktop\dog.png")
# 修改图像对象的尺寸
img=img.resize((200,150))
# 将 PIL 图像对象转换为 Tkinter 的 PhotoImage 对象
img_Tk=ImageTk.PhotoImage(img)
# 将图片加载到标签上
lab.configure(image=img_Tk)
lab.pack()
root.mainloop()
```

在上述代码中，Image.open() 用来打开本地图片文件，得到一个 PIL 图像对象 img。为了适应窗口大小，可以通过 img 的 resize() 函数调整图像的尺寸；ImageTk.PhotoImage() 则是将 PIL 图像对象转换为 Tkinter 的 PhotoImage 对象；lab.configure(image=img_Tk) 则将图片加载到标签上；在标签中显示图像的效果如图 13-12 所示。

图 13-12 在标签中显示图像的效果

13.3.4　Button 按钮

Tkinter 按钮组件用于在 Python 应用程序中添加按钮，按钮上可以放置文本或图像，也可以监听用户行为。按钮能够与一个 Python 函数关联，当按钮被按下时，自动调用该函数。

在下面的例子中，单击 Button 按钮，标签中将显示"您单击了一次 Button！"

【源代码：13_4_带按钮的 tkinter 窗口 .py】

```
import tkinter
# 定义一个函数，用于修改 num 计数器，并更新标签 lab 显示的文本信息
def click_fun():
    global num
    num=num+1
    lab.configure(text=f' 您单击了 {num} 次 Button！ ')

root=tkinter.Tk()
root.title(' 窗口 Title 名称 ')
root.geometry('300x200')
lab=tkinter.Label(master=root)
lab.configure(text='I like Python!')
```

```
lab.pack()
# 定义一个计数器，记录单击的次数
num=0
# 生成一个 Button 对象；按钮关联 click_fun 函数，当按钮被单击时，执行该函数
but=tkinter.Button(master=root,text=' 单击 ',command=click_fun)
# 将 Button 对象添加到窗口中
but.pack()
root.mainloop()
```

在上述代码中，Button(master=root,text=' 单击 '，command=click_fun) 用于生成一个
Button 对象；master=root 表示，该对象的父容器为 root
窗口；text=' 单击 '，表示在按钮上显示"单击"；com-
mand=click_fun 表示按钮关联 click_fun 函数，当单击按钮
时，执行 click_fun 函数。

图 13-13　带按钮的窗口效果

click_fun 函数用于修改计数器 num 的值，并更新标签
lab 显示的文本信息，该函数与按钮对象关联后，每单击
一次按钮，标签 lab 的文本即更新一次，带按钮的窗口
效果如图 13-13 所示。

任务实施

本任务实施的思路与过程如下。

1. 构建程序的图形用户界面

程序的图形用户界面包括：主窗口、按钮（用于选择图片文件，并调用百度 AI 接口获
取动物识别信息）、标签 1（用于显示所选的图片）、标签 2（用于显示动物识别信息）。

【文档：实训指导
书 13.3 】

【源代码：animal2.
py 】

```
# 部分代码省略

from tkinter import *
from PIL import Image,ImageTk
# 定义按钮的响应函数；pass 暂时占位
def choosepic():
    pass
# 定义一个窗口
root=Tk()
# 设置窗口的 title
root.title('AI 助力动物识别——热爱我们的家园 ')
# 设置窗口的大小
root.geometry('600x500')
# 定义一个按钮，单击按钮时调用 choosepic 函数
button=Button(root,text=' 选择图片 ',command=choosepic)
# 通过 pack 布局，将 button 置于 root 窗口中
```

笔记

```
button.pack()
# 定义一个标签 label1，将其置于 root 窗口中
label1=Label(root)
label1.pack()
# 定义标签 label2，当文字宽度超过 450 像素时换行，文字左对齐
label2=Label(root,wraplength = 450,justify='left')
label2.pack()
# 进入消息循环（保持窗口运行，显示窗口）
root.mainloop()
```

　　2. 定义函数 getInfor() 调用百度 API 接口

　　getInfor() 函数的功能是根据给定的图片，调用百度 AI 接口，返回动物名称、置信度、百度百科等信息。

```
from aip import AipImageClassify

# 通过百度 AI 接口实现动物识别，返回识别结果（字典）
def getInfor(file_path):
APP_ID = '你的 App ID'
APP_ID = '你的 Api Key'
SECRET_KEY = '你的 Secret Key'
    client = AipImageClassify(APP_ID, APP_ID, SECRET_KEY)
    with open(file_path, 'rb') as file:
        image = file.read()
    options = {}
    options[ "top_num" ] = 2
    options[ "baike_num" ] = 2
    result = client.animalDetect(image, options)
    return result
```

　　3. 定义函数 choosepic()，并关联 button 按钮

　　choosepic() 函数为本项目的核心代码，当用户单击 **button** 按钮时，调用该函数，该函数功能包括：①弹出文件选取对话框，由用户选择要识别的图片文件；②调用 **getInfor()** 函数，获取图片中的动物名称、置信度等信息；③在标签 label1 中显示图片；④将得到的动物名称、置信度等信息展示在标签 **label2** 中。

```
from tkinter.filedialog import askopenfilename
from PIL import Image,ImageTk

# 选择图片函数
def choosepic():
    path=askopenfilename(title=" 选择图片文件 ")
    # 打开图像文件，得到一个 PIL 图像对象
    img_pil=Image.open(path)
```

```
# 修改图片的大小
resized_img=img_pil.resize((300, 250))
# 将 PIL 图像对象转换为 Tkinter 的 PhotoImage 对象
img_tk=ImageTk.PhotoImage(resized_img)
# 将图片加载到 label1 上
label1.configure(image=img_tk)
label1.image=img_tk
# 调用 getInfor 函数，通过百度 AI 接口获取动物信息
result=getInfor(path)
# 获取置信度最高的动物 name、score、description 等信息
name=result.get('result')[0].get('name')
score=result.get('result')[0].get('score')
description=result.get('result')[0].get('baike_info').get('description')
# 将上述信息链接成字符串 infor
infor=f' 动物名称: {name},     置信度: {score} \n 百科信息: {description}'
# 将 infor 添加到 label2 中
label2.configure(text=infor)
```

4. 项目的完整代码

将上述三段代码整合到一个 Python 文件中（animal2.py），运行结果如图 13-9 所示。

项目总结

近年来，以人工智能、大数据为代表的新一代 IT 技术飞速发展，社会已经开始进入"数智时代"。在 AI 动物识别项目中，我们使用百度公司的 AI 平台接口，将本地图像上传到百度 AI 平台，完成动物识别后，返回识别结果、置信度及百度百科等相关信息；并且借助 Python Tkinter 模块开发了图形化用户界面，用户通过文件框选动物图片，识别结果在标签中展示，提升了用户体验。

本模块的学习重点包括：

（1）注册百度开发者账号，获取免费资源；

（2）通过 SDK 方式调用百度 AI 接口；

（3）利用 Tkinter 库生成简单的图像用户界面；

（4）在图像用户界面中显示动物识别的结果。

本模块的学习难点包括：

（1）理解并解析百度动物识别接口的返回值；

（2）为 Button 按钮关联相应函数。

能力检验

1. 选择题

（1）百度 AI 平台可以完成下列哪项工作（　　　）。

    A．图像识别　　　　　　　　　　B．人脸识别

    C．声音识别　　　　　　　　　　D．以上各项均正确

（2）下列说法错误的是（　　　）。

    A．要想调用百度 AI 接口，需要注册为开发者

    B．百度 AI 提供了部分免费资源

    C．我们在创建百度 AI 应用的过程中，创建了 APP_ID

    D．百度图像识别结果以字符串形式返回

（3）百度 AI 动物识别不可以返回下列哪种信息（　　　）。

    A．动物名称　　　　　　　　　　B．置信度

    C．百度百科信息　　　　　　　　D．所选图片的大小

（4）下列哪一项可以用于构建图形用户界面（　　　）。

    A．Tkinter　　　　　　　　　　　B.Jython

    C．wxPython　　　　　　　　　　D．以上各项均正确

（5）下列说法错误的是（　　　）。

    A．Tkinter 中，TK() 用于生成一个窗口

    B．Tkinter 中的标签仅能显示文本

    C．对于标签、按钮等，需要使用 pack() 将其置于窗口中

    D．对于按钮，可以根据需要绑定某个自定义函数，从而实现某项功能

2. 判断题

（1）采用 API 方式调用百度 AI 时，Access Token 永久有效。　　　　　（　　）

（2）在百度动物识别功能中，默认会返回若干个可能的动物及其可信度。　（　　）

（3）Tkinter 本身支持 gif、png、jpg 等多种格式。　　　　　　　　　（　　）

（4）需要调用 mainloop() 函数，从而显示 TK 窗口并等待响应。　　　　（　　）

（5）百度动物识别结构，返回的是一个字典数据类型。　　　　　　　　（　　）

3. 编程题

（1）编写一个图像用户界面程序，在窗口中显示两个按钮（button1、button2）及一个标签 lable1；当单击 button1 时标签上显示"您单击了 button1 按钮"，当单击 button2 时标签上显示"您单击了 button2 按钮"。

（2）调用百度 AI 接口，识别一个动物图像，打印识别结果前 5 名（置信度前 5 名的动物名称）。

思辨与拓展

　　工业革命以来，随着人类活动的加剧，生态环境持续变化，渡渡鸟、大海雀、塔斯马尼亚虎和西部黑犀牛等大批野生动物已经灭绝，另有数以万计的动植物面临灭绝风险，保护环境、维护生态多样性刻不容缓。随着信息技术的不断发展，以图形识别为代表的人工智能技术已经应用于动植物识别、生活环境监控、偷猎行为预警等诸多植物保护领域，请思考人工智能、大数据等新一代 IT 技术在动植物保护方面还可以有哪些应用？

　　除了识别各种野生动物，百度 AI 还可以识别各种植物，这也为植物科普、保护珍稀植物资源提供了技术支持。现在参照本模块完成的野生动物识别程序，开发一个植物识别、信息保存的程序，具体要求如下：

　　（1）选择本地植物图片，完成植物识别，返回植物名称、置信度、百度百科等信息；

　　（2）提供一个图形用户界面，用户通过文件窗口选择需要识别的图片，从而提升程序的易用性；

　　（3）将识别结果显示在主窗口中；

　　（4）将植物识别的结果信息保存到本地文件中。